집을 짓다

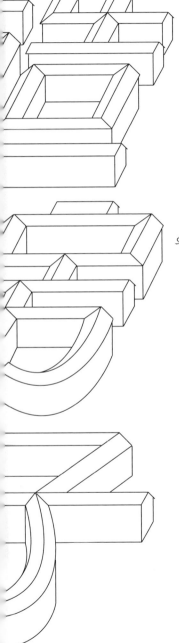

집을 짓다

건축을 마주하는 태도

왕수 지음 ∘ 김영문 옮김

아트북스

송백의 푸른빛을 떠올리다

얼마 전 『집을 짓다』 중국어판 편집자의 메일을 받았다. 이 책 한국어판이 곧 출판될 테니 서문을 써달라는 부탁이었다. 나는 조금도 망설이지 않고 바로 승낙했다. 왜냐하면 이 책이 한국에 대한 나의 몇 가지 느낌과 잘 맞아떨어지고, 마음속에서 바로 그런 느낌의 흥취가 솟아났기 때문이다.

나는 한국에 단 한 번 가보았지만 몇 가지 면에서 깊은 인상을 받았다. 거의 10년의 세월이 흘렀어도 지금도 당시의 광경이 여전히 방금 겪은 일처럼 선명하게 떠오른다.

광경 하나는 서울의 이화여자대학교에서 있었던 일화다. 나는 초청 강연을 하러 그곳에 갔다. 강연 전인지 강연 후인지 기억이 분명하지 않다. 당시 총장(여성)이 식사에 초대해서 많은 사람들과 함께 학교 중심부의 한국식 전통 건물에 자리를 잡고 앉았다. 건물 뒤편에는 푸른 송백이 우거진 작은 산이 자리하고 있었다. 나는 그 건물에 중국 송대宋代 건축의 함의가 매우 풍부하게 내포되어 있다는 인상을 받았다. 건물의 구조는 송대 그림 속의 건축과 유사하게 전체 건물이 지면에서 조금 떨어진 낮은 누마루 방식이었다. 그러나 특별한 두 가지 디테일이 내가 송대 그림에서 봤던 방식과 달랐다. 한 가지는 위에서 여닫는 목제 격자창으로 송대 그림에서는 모두 밖으로 열게 되어 있지만 그 건물에서는 안으로 열게 되어 있고, 그것을 쇠갈고리로 건물 안쪽 들보에 매달아 두게 되어 있었다. 편리하게 여닫으려고 그렇게 설치했겠지만 평평하게 늘어뜨린 창은 매우 낮아서 키가 작은 사람도 대번에 머리를 부딪칠 것 같았다. 그러나 한국의 전통 방식은 방바닥에 앉아서 식사를 하기 때문에 전혀 문제가 될 것이 없어 보였다. 게다가 그 창은 마치 움직이는 수평 천장이 머리 위에 한 겹 더 설치되어 있는 듯했고, 그 창의 하얀색 창호지를 통해 햇볕이 투과되면서 좌석의 분위기가 더욱 정취 있게 연출되고 있었다.

가장 특별한 느낌을 받은 또 하나는 그 건물의 뒤창이었다. 중국의 민간 가옥, 그중에서도 특히 북방의 가옥은 음陰을 등지고 양陽을 끌어안는 남향으로 짓기에 보통 북쪽 벽에 높다랗게 작은 창을 하나만 낸다. 그러나 이화여대의 그 가옥은 건물의 북쪽 벽을 완전히 열 수 있었고 그것도 안쪽으로 열게 되어 있었다. 이 때문에 나는 식사를 하면서 넋이 나갔다. 총장께서 열정적으로 많은 이야기를 해주었지만 나는 여전히 넋이 나가 있었다. 왜냐하면 북쪽 창밖 송백 숲의 푸른빛이 너무 강하게 나를 유혹했기 때문이다.

시도 때도 없이 산들바람이 건물 안으로 뚫고 들어와서 내 얼굴을 스쳤다. 나는 이 건물이 내가 전에 설계하고 지은 적이 있는 것처럼 느껴졌다. 나의 한국 친구 최부득(崔富得, 그도 건축사로 그날 함께 자리에 있었다)이 내가 설계한 항저우 샹산캠퍼스 건물에 내린 평가가 떠오른다. 그는 내가 설계한 건물이 서양인의 설계와 다르다고 인식했다. 왜냐하면 내가 지은 건물에는 도처에 공기가 풍부하지만 서양인이 설계한 건물에는 이런 공기가 거의 없기 때문이다. 나는 이제야 그가 왜 우리 샹산캠퍼스 건축과에서 강의하기를 좋아했고 또 퇴직할 때까지 이 학과에 재직했는지 분명하게 알게 되었다. 신선한 공기가 넘나드는 건축을 좋아했기 때문이리라.

다른 광경 하나는 대구에서 있었던 일화다. 나는 영남대학교 건축과에서도 한 차례 강연을 했다. 강연이 끝나고 그다음 날 한국 교수 몇 분이 나를 어떤 서원으로 데리고 갔다. 그들은 모두 내가 틀림없이 그곳을 좋아할 것이라고 말했다.

물론 그들의 말이 맞았다. '병산屛山'이라고 이름 붙은 그 서원은 내가 상상한 것보다 훨씬 좋았다. 서원 남쪽의 산은 정말 그림 속의 병풍과 같았다. 산과 서원 사이에는 호수와 같은 강물이 반짝이는 햇볕과 산들바람 속에서 찰랑대고 있었다. 그 물결은 남송 화가 마원(馬遠, 1160~1225)의 그림과 흡사했고, 그 산도 송대 그림 속에서 내려와 앉은 듯했다. 이런 감각이 존재하는 것은 그 서원이 그곳에 존재하기 때문이다. 지금 내 기억으로 전체 병산서원은 본 건물로 들어갈 때 두 번 진입하는 구조가 아닌가 싶다. 그러나 실제로는 모든 건물이 강물을 향한 비탈 위에 앉아 있었다.

서원을 거닐면 우리는 발과 몸으로 비탈과 강물이 서로 대화를 하고 있다고 느끼게 된다. 그 서원의 영혼은 만대루晩對樓로 명명된 건물에 있다고 봐야 한다. 그것은 텅 빈 누마루로 지은 대형 정자다. 서원의 정당正堂으로 들어가려면 이 누마루 아래를 지나 계단을 거쳐 올라야 한다. 그것은 중국 우타이산五臺山 포광쓰佛光寺 대전으로 들어가는 느낌과 유사하다. 그 누마루 정자는 정말 커서 마치 횡으로 벽공碧空을 펼쳐놓은 듯하다. 중국에서는 당·송 시기에만 이러한 대형 정자 짓기를 좋아했다. 대형 정자에서 학문을 강의하고,

빈객에게 연회를 베풀고, 춤과 노래를 즐겼다. 서원의 정당으로 오르는 계단 위에서 남쪽을 향해 고개를 돌리면 보이는 만대루가 남쪽 강물과 한 몸이 되어 정말 그림 같은 풍경을 연출한다.

당시에 이 서원에서 공부한 학자들에게 매일 제공된 가장 훌륭한 교재는 그 건물과 강물이 화답하는 그림 같은 풍경이었으리라. 만대루라는 이름이 가리키는 의미는 저녁 무렵의 정취가 가장 아름답다는 것인가, 아니면 인생의 저녁 정취가 아름답다는 것인가?

우리가 쉽게 놓치는 점 중의 하나는 한국 서원에서 느낄 수 있는 재질감이다. 커다란 석재와 색을 칠하지 않은 목재가 도처에서 투박한 듯한 질감을 드러내는데, 이는 거친 듯하면서도 직접적인 감각이다. 나는 이런 감각에 아주 익숙하다. 그것은 내가 잘 아는 중국 저장성 남부 시골 가옥의 느낌과 거의 같기 때문이다. 이 두 가지는 적어도 아주 가깝지만 한국의 건물이 조금 더 투박하고 조금 더 단순하다.

나는 이 모든 것이 좋다. 이는 내 마음속 깊은 곳에서 우러나는 좋아함이다. 바로 이러한 정취가 새로운 건축설계의 발단이 된다. 예컨대 그 만대루가 선사한 이미지를 나는 자나 깨나 잊지 못해서 그 후 일련의 건축설계 초안을 스케치할 때 반복해서 그려보곤 했다.

설계 초안도 그와 같고, 그 건물도 그와 같고, 이 글도 그와 같다.

왕수王澍 쓰다.

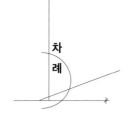

언어言語

대화對話

맺음말

옮긴이의 말

일러두기

1 이 책은 『집을 짓다造房子』(王澍 著, 湖南美術出版社, 2018)의 한국어 완역본이다.

2 이 책의 중국어 고유명사 우리말 표기는 원칙적으로 국립국어원 중국어 표기법을 따랐다. 다만 중국 고대 지명이 고대의 문장에 언급되거나 분명하게 고대를 서술하는 상황에 사용된 경우에는 우리말 발음으로 표기했다. 인명의 경우는 1840년 아편전쟁을 기준으로 그 전에 사망한 사람은 우리 한자음으로, 그 이후에 사망한 사람은 현대 중국어 발음으로 표기했다. 중국에서는 통상 아편전쟁을 중국 근대의 기점으로 삼고 있기 때문이다.

3 책·잡지·신문명은 『 』, 전시회명은 〈 〉, 작품명은 「 」으로 묶어 표기했다.

4 이 책에 오류가 있는 경우에는 원본 그대로 번역하고 옮긴이 주에서 교정했다.

5 원주는 •로 본문에 끼워넣었고, 옮긴이 주는 1), 2), ······로 하단에 각주 처리했다.

소박함을 집으로 삼다

素朴爲家

1

나의 격정시대에서 이야기를 시작하고자 한다.

지난 세기 1980년대 말, 온 사회는 비판적 분위기로 가득했다. 당시 나는 둥난대학교東南大學에서 2학년까지 공부하다가 호기롭게도 교수들을 향해 공개적으로 "나를 가르칠 사람은 아무도 없다"라고 선언했다.

나는 이미 그 교수들의 처지를 분명하게 간파했기 때문이다. 나는 스스로 독학을 하기로 결심했다. 당시 사회 분위기는 사람의 마음을 움직이고 격동시키기에 충분했다. 학우들은 농담 삼아 우리 반을 '대사반大師班'이라고 일컬었다. 매번 과제물에 통과하지 못한 학생들조차도 스스로를 촉망받는 인재로여겼다. 모두 자신의 과제물이 훌륭하다고 확신하며 교수들과 "왜 내 과제물이 불합격인지" 논란을 벌였다. 당시는 모두가 그런 학습 심리를 갖고 있었기에 밤 12시에도 헤겔 책을 받들고 계단에 앉아 열심히 읽는 친구를 흔히 볼 수 있었다. 그들은 새벽 3시가 되어서도 자신의 방으로 돌아가지 않았다. 모두 독학 상태에 빠져 있었다. 그런 분위기는 수능시험이 부활되고 대학이 새로운 교과과정을 시행한 지 얼마 지나지 않은 상황과 관련이 있다. 당시 교수들은 학생들을 가르칠 수 있는 능력이 매우 제한적이었다. 마침 학생들은 새로운 예술과 새로운 사조를 마주하고 모두 여러 방식으로 독학할 기회를 잡으려 했다.

1987년 스물네 살의 나는 아무도 안중에 없는 혈기왕성한 청년이었다. 나는 당시에 「현대 중국 건축학의 위기當代中國建築學的危機」라는 긴 논문을 써서 중국 근대건축계의 모든 상황을 비판했다. 건축학 대가에서 시작하여 나의 지도교수까지 비판했다. 대가의 명단에는 량쓰청[1]도 들어 있었다. 하지만 논문은 발표할 지면을 얻지 못했다. 당시 우리 세대 사람 가운데, 나라도 좀더 깊이 있게 건축학 문제를 탐색해야 한다고 생각했다. 다수의 사람이 나서서 비판하는 가운데서도 나는 늘 한 가지 의문을 품고 있었다. 비판이 끝나면 우리는 뭘 해야 하나? 비판, 즉 이런 혁명을 거친 후 정말 새로운 가치관이나 새로운 사물이 탄생할 수 있을까? 당시에 나는 그런 일이 일어나리라고 긍정할 수 없었다. 이러한 '건설적인' 각성은 내가 대학 1학년 때 만난 학장이자 은사인 첸중한[2] 선생에게서 유래한다. 그분은 나에게 영원히 잊을 수 없는 스승이다.

---

1 량쓰청(梁思成, 1901~72): 중국 근현대의 지명한 건축사. 부친인 량치차오(梁啓超, 1873~1929)가 무술변법戊戌變法에 실패한 후 일본으로 망명했을 무렵 량쓰청을 낳았다. 량쓰청은 중국 고대 건축 연구와 보호에 진력했으며, 1949년 중화인민공화국 건국 후 새로운 베이징시 건설 책임자로 활동했다. 톈안먼 광장의 인민영웅기념비, 중화인민공화국 휘장 등을 설계했다. 『중국 건축의 특징中國建築的特徵』『동아시아 도시건설과 개조東亞城市建設與改造』 등 다양한 저서를 남겼다.

대학은 아홉 개 학과로 구성되었다. 대학에 입학하자 모든 학과에서 학생 대표를 한 명씩 뽑아 학장의 훈화訓話를 듣게 했다. 나에게 그 행운이 주어졌다. 사실 지금 생각해 봐도 그때 내가 무슨 연유로 건축과 학생 대표로 뽑혔는지 분명하게 알 수 없다. 첸중한 선생은 첸중수[3] 선생의 사촌동생으로 당시로서는 매우 특이한 인물이었다. 그는 유럽에서 장장 일고여덟 해를 공부했지만 어떤 학교도 졸업하지 않아서 아무 학위도 취득하지 못했다. 그는 주로 학교 도서관에서 시간을 보냈다.

그는 귀국 후 '첸씨정리'[4]를 발표했고, 이 '정리'로 인해 모두에게 존경받는 학자로 우뚝 섰다. 당시에 그는 이렇게 두각을 나타낸 인물이었다. 그는 우리에게 훈화를 할라치면 주로 어떻게 교수들에게 도전해야 하는지를 가르쳤다. "여러분은 교수를 전적으로 맹신하지 말아야 합니다. 여러분의 교수는 전날 수업 준비를 전혀 하지 않았을 수도 있습니다. 여러분이 성실하게 수업 준비를 했다면 몇 가지 질문만으로 교수를 강단에서 끌어내릴 수도 있습니다." 그는 학생이라면 이럴 수 있어야 하고, 이런 학생이 훌륭하다고 인정하면서, 적응만 잘 하고 학점만 잘 받는 학생이 되어서는 안 된다고 가르쳤다.

대학에 갓 입학한 학생이 이런 가르침을 받을 수 있다는 건 참으로 행운이라 할 만했다. 그 가르침으로 인해 나는 이후 대담한 사람이 될 수 있었다.

---

2 첸중한(錢鍾韓, 1911~2002): 중국 열자동화 분야의 개척자이자 원로학자. 상하이교통대학교上海交通大學를 졸업하고, 런던대학교 대학원에서 공부했다. 중국과학원 원사院士다. 난징공과대학 학장, 둥난대학교 명예총장을 지냈다. 저서로는 『교육개혁에 관한 몇 가지 관점關於教育改革的幾點看法』 등이 있다.

3 첸중수(錢鍾書, 1910~98): 중국과 서양 학문에 모두 해박한 학자이자 문학가. 칭화대학교清華大學를 졸업하고, 옥스퍼드대학교에서 공부했다. 칭화대학교 교수와 중국사회과학원 부원장 등을 지냈다. 문학작품에 장편소설 『위성圍城』, 학술 저작에 『담예록談藝錄』『관추편管錐編』 등 다수를 남겼다.

4 첸씨정리(錢氏定理): GDP 계산원리의 일종. 하지만 '첸씨정리'는 첸중한이 고안한 계산원리가 아니라, 경제학자인 샤먼대학교厦門大學의 첸보하이(錢伯海, 1928~2004)가 고안했다. 이 책의 저자 왕수의 기억에 착오가 있는 듯하다.

대학 3학년 때의 일로 기억한다. 나는 교수에게 상업용 컬러 렌더링[5] 문제를 제기했다. "왜 모든 작업을 그런 효과로 마무리합니까?" 내가 볼 때 그것은 기본적으로 속임수에 불과하고 순수 상업 효과에 지나지 않으며 갑 측의 호감을 얻으려는 수작일 뿐이었다. 당시에는 개인 상업이 아직 발생하지 않고 겨우 싹을 틔우던 단계였지만 나는 렌더링의 이 같은 성질을 의식했다. 이 때문에 나는 교수에게 이런 그림을 거부하겠다고 말했다. 물론 교수는 분노했다. 나중에 사태가 커지자 교수들이 말했다. "너희 학생 대표 몇 명을 학과 연구실로 오라 해라. 우리와 담판을 짓자." 나는 대표 네 명과 학과 연구실을 찾았다. 담판 결과, 교수들이 태도를 바꾸어 학생들이 어떤 형식을 써도 좋다고 동의했다. 그 후 학생들은 그런 렌더링 그림에 제한을 받지 않게 되었다. 교수들이 학생들에게 이처럼 개방적인 태도를 보인 사례는 건축과 최초의 사건이었다. 그것은 우리가 투쟁으로 얻은 결과물이었다. 이후에도 이와 유사한 일이 종종 일어났고, 그럴 때마다 학과에서는 그 근원을 나에게 귀결시켰다.

석사과정을 마칠 때 내 논문은 심사위원의 만장일치로 통과되었지만, 학위위원회에서는 끝내 내게 학위를 수여하지 않았다. "이 학생은 너무 광적이다." 그 전에 이미 내가 논문을 수정하지 않으면 학위를 받을 수 없다고 귀띔해 준 사람이 있었다. 나의 논문 제목은 「죽은 집 수기死屋手記」였다. 분명 우리 학교 건축과와 중국 전체 건축학계 상황을 빗댄 제목이었다. 나에게 그 후 20년간 중국 건축학계에서 발생한 일이 모두 그 논문에서 일찌감치 토론되었다고 말해 준 사람도 있었다. 나는 한 글자도 고치지 않았으며, 학교를 떠나기 전에 다섯 부를 복사하여 학교 열람실에 비치했다. 나중에 많은 학생들이

---

5 렌더링(rendering): 그래픽 용어. 2차원 그림에 광원·위치·조명·농도·색상 등 외부 정보를 참작하여 사실감을 부여하면서 입체감이 들도록 3차원 화상을 만드는 과정이다.

내 논문을 읽었지만 당시 교수들은 읽어도 기본적으로 이해하지는 못했을 것이다.

2

10년 후인 1997년 나는 둥난대학교 개교 80주년 기념식에 참가하게 되었다. 당시 건축학과의 젊은 교수가 나를 보고 말했다. "자네 참 많이 변했군! 지금은 조금도 쿨하지 않아." 내가 물었다. "제가 본래 어땠는데요?"

"자네가 둥난대학교에 다닐 당시 매번 저쪽 복도에서 걸어오면 우리는 사람이 걸어오는 게 아니라 칼이 걸어오는 것처럼 느꼈네. 찬바람이 가득 묻은 칼 말이야. 모두 자기도 모르게 피했지."

그 후 10년이 지나 나는 아내로 인해 온화하고 평화로운 사람이 되었다. 나는 석사논문을 쓸 당시 이미 아내를 알고 있었다. 아내는 내게 깊은 영향을 끼쳤지만 겉으로는 잘 드러나지 않은 무형의 그 무엇이었다. 사실 지금까지도 당시의 기질이 여전히 내 심리 깊은 곳에 숨어 있음을 인정하지 않을 수 없다. 하지만 사람들에게는 나의 겉모습이 이미 친숙하고 원만하게 보일 것이다. 대학 다닐 때처럼 위험하거나 강경하지 않다. 진정한 역량은 결코 사라지지 않았지만 훨씬 촉촉하고 따뜻한 감성을 갖게 되었다.

이러한 변화를 자신은 알아채기가 어렵다. 어느 날(2007년) 내가 새로 완성한 건축물(중국미술대학교 샹산캠퍼스•) 앞에서 아내가 말했다. "다른 사람이 싫어하기가 어렵겠어. 왜냐하면 당신에게도 사랑할 수밖에 없는 따뜻한 그 무엇이 내포되어 있기 때문이야." 그때 나는 내 신상에서 이런 변화가 아

• 중국미술대학교 샹산캠퍼스(中國美術學院象山校區): 뒤에서는 미원 샹산캠퍼스美院象山校區 또는 샹산캠퍼스로 칭할 것이다.(중국에서 말하는 '학원學院'은 주로 '단과대학college'을 가리키지만 '中國美術學院China Academy of Art' 내부에는 열 개의 단과대학學院이 설치되어 있으므로 예술종합대학교에 해당한다. 따라서 이 책에서는 '중국미술대학교'로 번역했다.—옮긴이)

주 크다는 걸 알게 되었다. 그것은 또 10년이 지난 후의 일이었다.

실제로 그런 느낌은 나에게 어떤 성분을 일깨워 주었다. 그것은 아마 나의 동년 또는 좀 더 어린 시절부터 이미 갖고 있던 요소였다. 이어서 사회의 거대한 변동과 청소년 시절 반항기를 겪는 동안 다양한 사상을 새로이 접하면서 한 차례 변화가 진행되었고 변화 이후에는 애초의 원점으로 되돌아간 것이다. 그것은 길고 긴 인생 역정이었다.

그 원점은 보통의 생활이지만 용속庸俗한 생활은 아니었다. 샹산캠퍼스 건축을 구상하면서 완전히 새로운 시각으로 이전의 생활을 되돌아봤다. 예컨대 샹산캠퍼스가 상당 부분 내 동년의 기억을 갖고 있다고 느꼈다.

1970년대 초 나는 어린 시절을 보냈는데, 수시로 '무투'⁶가 발생하여 수업을 중지하고 '혁명을 하러' 가야 했다. 나는 어머니를 따라 신장新疆으로 갔다. 어머니가 일하는 학교에서는 수업은 하지 않고 학교 부지 전체를 개간하여 농토로 만드는 중이었다. 나와 그곳 교사들은 모두 농민으로 변하여 일해야 했다. 낮에는 일하고 밤에는 농민들과 모여 윈난雲南에서 가져온 보이차와 커피를 마셨다. 우리는 알렉산드르 푸시킨(Aleksandr Pushkin, 1799~1837)을 이야기하고, 루쉰(魯迅, 1881~1936)을 이야기하고 중국과 외국의 다양한 사건을 이야기했다. 지금 대다수 사람들은 그 시대가 너무나 분노스럽고 슬픈 시

---

6 무투(武鬪): 중국 문화대혁명기인 1966~69년까지 벌어진 무장투쟁이다. 주로 홍위병紅衛兵이 주도했는데, 정치적 입장에서 적으로 규정된 사람들에게 물리적 테러를 가했고, 이 과정에서 수많은 사상자가 발생했다.

대라고 회고하곤 한다. 그러나 그 시절이 지나가자 이와 다른 몇 가지 상황이 눈에 띄기 시작했다. 당시 나는 어린아이에 불과했고, 나는 어린아이의 눈으로 봐야 할 그 무엇을 목격했다.

나는 땅과 관계된 모든 것을 좋아했다. 광활한 토지와 그 냄새, 농작물 재배 과정을 비롯해 파종과 수확 등의 과정을 지켜보길 즐겼고 또 그 과정에 기쁜 마음으로 참여했다. 나는 일찍이 일곱 살 때부터 물을 길러 다녔다. 신장의 물통은 전국에서 가장 큰데 양철로 겉을 둘러쌌다. 우리 집에서 우물까지는 400미터 정도 거리였다. 처음에 나는 반 통밖에 길어오지 못했다. 물이 쉽게 쏟아졌기 때문이다. 하지만 서서히 요령을 익히게 되었다. 밤에 물을 길러 가서는 나 혼자 우물에서 도르래로 두레박질을 해야 했다. 겨울에 두레박을 끌어올릴 때 장갑을 벗고 두레박줄을 잡아당기다 보면 손바닥 껍질이 벗겨지기 일쑤였고 피부가 벗겨지면 너무나 쓰라렸다. 하지만 나는 여전히 매일 그 일을 했다. 생각해 보면 기괴한 아이였던 듯하다. 물을 길어올리면서 자아단련 과정으로 여기곤 했으니 말이다. 반복하고 반복하고 또 반복했다. 나는 한 번도 "너무 피곤하고 힘든 일이어서 하고 싶지 않다"라고 말한 적이 없다. 물 긷기를 좋아했을 뿐 아니라 물 긷기 과정에서도 즐거움을 느꼈다.

나는 아주 어릴 때부터 책을 읽어왔기 때문에 물을 긷기 위해 오고가는 길에서 그동안 읽은 책 내용을 생각하곤 했다. 책이 귀한 시절이라 누구나 쉽게 책을 볼 수 없었던 것을 떠올리면 나는 행운아였다. 어머니가 임시로 자치주自治州 도서관 관리자로 자리를 옮겼기에 나는 서고에서 모든 금서를 읽을 수 있었다. 일곱 살에서 열 살 무렵까지 많은 책을 마구잡이로 읽으며 보냈다. 도서관 서고에는 외국 문학 번역본 대부분과 중국 고서 번체판繁體版까지 두루 갖추고 있었다.

내가 일을 즐기는 건 일정 부분 천성에서 비롯된 듯하다. 일곱 살 이전까지 나는 외할아버지와 베이징北京에서 생활했다. 외할아버지는 반신불수로 침대에 누워 있었고, 몸은 발진투성이로 뒤덮여 있었다. 매일 나는 외할머니의 조수가 되어 굵은 소금을 침으로 적셔서 외할아버지의 전신을 닦아내야 했다. 집안 친척 분들이 더러 과거의 일을 이야기하며 외할아버지가 본래 무슨 일을 하던 사람인지 내게 알려 줬다. 중화인민공화국 건국 후 외할아버지는 8급 목수로 일했는데, 당시로서는 노동자 계급의 최고 직급이었다. 나중에 공기업과 사기업이 합병된 후에는 직업을 잃고 부득이 베이징인민예술극장北京人民藝術劇院에서 배경 설치 작업을 하며 푼돈이나마 벌어야 했다.

1960년 어느 날 외할아버지는 일을 하다가 식은땀을 엄청 흘린 후, 정오 무렵 사합원[7] 중당中堂에서 낮잠을 자다가 중풍에 걸려 반신불수가 되었다. 반신불수가 된 후에도 가족들이 잘 돌봐준 덕에 병상에 누운 지 16년이 지난 후에 세상을 떠났다. 나도 그분을 간호한 사람 중 하나다. 나를 지탱하는 역량으로 말하자면 그 일은 마치 씨앗처럼 어린 나의 마음속에 숨어서 적당한 날이 되면 새싹으로 돋아날 터였다. 마치 지금 내가 대학 1학년 학생들 전부에게 반드시 목공일 배우기를 요구하는 것처럼, 그것은 내가 주관하는 대학에서 이미 새싹을 피우고 있었다.

---

7 사합원(四合院): 사각형 담장으로 둘러싸인 중국 전통식 기와집이다.

3

나는 줄곧 나 자신이 글을 쓰고 읽는 것을 좋아하는 일이라고 생각해 왔지만, 공교롭게도 건축을 전공하게 되었다. 건축을 배우면서부터는 문제를 바라보는 시야가 일반인과 그다지 같지 않게 되었다.

열 살 이후 나는 시안西安에서 학교를 다녔다. 처음에는 학교 건물이 없어서 언제나 천막 안에서 수업을 했다. 나중에는 당국에서 임시로 빌린 건물에서 공부를 하게 하는 한편 새로운 학교 건물도 짓기 시작했다. 새 건물은 그 지방 특유의 대나무 장막을 엮는 방식으로 지어졌다. 나는 나중에 대나무 장막 학교에서 2년을 보냈다. 천막 학교와 대나무 장막 학교를 다니면서 학교란 본래 그런 데라고 생각했다.

나는 초등학교 고학년에서 고등학교 졸업 때까지 늘 반장을 맡았다. 싸움을 한 적은 없지만 아무도 감히 나를 때리지 못했다. 선생님은 내게 특별히 내성적이라는 평가를 내렸다. 반장이라고 해도 다른 친구들 일에 간섭하지 않았고 매일같이 일찍 학교에 가서 화장실을 청소했다. 겨울에는 아침 6시 30분까지 등교하여 교실 안 석탄 난로에 불을 피워 놓곤 했다. 우리 반의 흑판보[8]는 나 혼자 작성했다. 매번 나는 전교생을 놀라게 했다. 게재 내용이 언제나 달랐기 때문이다. 그건 아마 내가 신장이라는 생활환경에서 자랐기에 가능한 일이었다. 아버지는 친구들과 아주 훌륭한 극단에서 연기자로 활동했다. 그들은 늘 예술과 문학을 이야기했다. 나는 그때부터 창작이 무엇인지 의식하게 되었다. 그로 인해 나는 바로 공부 외에도 문인 기풍이 무엇인지 알게

---

8 흑판보(黑板報): 교실 뒷벽에 흑판을 걸어두고 마치 대자보처럼 학교소식이나 문예작품, 시사정보 등을 분필로 써서 게재하는 것을 말한다.

되었다. 내가 갖고 있는 문인으로서의 고고한 자부심은 아주 이른 시기에 형성되었다.

아내를 알고 나서 내 모난 언행은 평화롭게 바뀌었다. 아내가 내게 끼친 가장 큰 영향은 심성 수양이다. 예를 들면 하루 종일 아무 일도 하지 않고 심령의 충만감을 느끼는 일과 같은 것이다.

나는 햇볕을 쬐며 먼 산을 바라본다. 무엇을 생각하는 듯, 아무것도 생각하지 않는 듯 그렇게 시간을 보낸다. 나는 하루 종일을 그렇게 보낼 수 있다. 사람들은 봄날 풀이 아주 여린 초록색으로 변하는 것을 바라보면 마음이 근질근질할 것이다. 그러나 나는 느리고, 이완되고, 아무것도 하지 않는 상태로 그것을 바라보면서 다른 느낌을 받는다. 아무것도 하지 않는 상태는 배우기 어려운 학문 단계다. 하지만 나는 점차 그런 학문을 배울 수 있게 되었다. 아무것도 하지 않을 때 갑자기 머릿속에서 섬광처럼 어떤 영감이 스쳐 지나가면 일어나 손을 놀려 그려야 할 것을 그려낸다. 더 이상 이전처럼 조급하게 이렇게 저렇게 생각을 짜내지 않는다.

결혼하고 7년 동안을 늘 그렇게 시간을 보냈다. 말하자면 7년 동안은 주로 아내가 돈을 벌어 나를 먹여 살렸다. 나는 품팔이나 하며 이따금씩 돈을 벌었다. 아내는 자연스러운 삶을 추구하는 사람이라 일은 큰 의미가 없다. 월급을 받으면 그녀가 흥미를 느끼는 소소한 일에 쓴다. 예를 들면 시후西湖 가를 한가롭게 거닌다든가, 어떤 장소에서 차를 마신다든가, 시장이나 백화점에서 쇼핑을 한다든가 아니면 친구를 찾아가기도 한다. 문제는 나도 점차 이런 생활에 적응하게 되었다는 것이다.

이런 감수성은 내 심성에서 온다. 중요한 점은 이런 심성이 자연스럽게 길러진 것이므로 몽롱한 상태에서 그것을 발견할 수 있다는 것이다. 내가 짓고 싶은 건축물로 그런 문화 속에 깃든 가장 양호한 상황과 정신을 전달하려면 조급한 마음으로는 이룰 수 없고 단순한 모방으로도 아무 의미를 담을 수 없다. 사람의 심성이 먼저 변해야 인간과 자연을 대하는 과정에서 우리의 진정한 안목에 아주 민감하고 세밀한 변화가 일어난다. 그런 안목으로 만물을 꿰뚫고 들어가기도 하고 꿰뚫고 나오기도 한다. 비가 내리면 비가 어떻게 내리는지? 용마루에서 어떤 선을 타고 흘러내리는지? 어디로 떨어지는지? 또 마지막에 어디로 흘러가는지 오래오래 바라본다. 우리가 이런 일에 흥미를 느낄 수 있으면, 이런 건축물을 지어서 사람들로 하여금 비가 어디서 내리는지? 어디로 떨어져서 어디로 흐르는지? 그곳에서 또 어디로 흘러가는지를 생각하게 할 수 있다. 모든 굽이와 변화가 사람의 마음을 두근거리게 한다.

이것은 독서에 의지하지 않는다. 이 단계에서 내가 읽은 중국 책의 목록은 갈수록 더해지고 채워지고 있지만 기본적으로 나는 건축 관련 책을 읽은 적이 없다. 이런 단계를 나는 망각이라고 부른다. 7년이 지나고 나서야 마음속으로 자신에게 가장 적합한 것이 무엇인지 발견했다. 나는 생활과 가장 밀접하게 관련된 건축, 즉 중국 원림園林에 대해 토론하고자 한다. 당나라 시인 백거이(白居易, 772~846)는 세 칸 단층집에 살았다. 앞에는 작은 채마밭이 있고, 그 주위를 대나무 울타리로 한 겹 둘렀다. 그 속에서 변화가 일어난다. 그 변화는 틀림없이 그 속에 포함된 그 무엇에서 기인한다. 이 때문에 나는 가능한 한 여기에서 시작했고 이에 내가 지은 그 어떤 건축물도 모두 원림이라 할 수 있다. 외면상 원림과 비슷한 것이든 전혀 관계없는 것이든 모두 그렇다. 그것은 이미 각종 형태로 내 건축 안에 진입해 있다.

그 7년이 끝나기 전에 나는 6개월 동안 우리가 사는 50제곱미터 주택에 원림을 하나 만들었다. 정자를 지은 후 큰 탁자와 반 온돌을 각각 하나씩 설치했고, 거기에 작은 구조물 여덟 개를 마련하여 아내에게 선물로 주었다. 그 선물은 바로 내가 직접 설계한 등잔 여덟 개로, 모든 등잔은 벽에다 걸었다. 이 주택을 작다고 말한다면 그 크기가 작은 구조물 여덟 개를 겨우 채워넣을 수 있을 정도이니 얼마나 작은가?

근 몇 년 사이 나는 많은 공장9과 친밀한 관계를 맺어왔다. 나는 처음부터 재료, 시공, 공법의 변화를 매우 잘 알았다. 나는 못 하나가 어떻게 박히는지 나무토막 하나가 어떤 모양으로 만들어지는지…… 직접 보면서 건축의 전 과정을 철저하고 분명하게 파악했다. 이 책에 소개하는 모든 건축물을 지을 때도 이런 과정을 지극히 잘 이해하고 잘 아는 기초 위에서 공사를 진행했다고 말할 수 있다.

기본적으로 나는 소박하고, 단순하고, 순수하며, 자신의 유래와 근원에 대해 끊임없이 질문하는 생활과 예술을 추구한다. 항상 스스로 성찰한다. 지금까지 우리는 모두 아직 어떤 것에는 도달하지 못했고 어떤 것은 실현하지 못했으며 그것은 모두 자신의 수양과 관련되어 있다.

---

9 공장(工匠): 중국 건축에서 벽돌, 기와, 기타 자재를 사용하는 모든 공정에 숙달된 기술자를 가리킨다. 목재 건축을 위주로 하는 목수 혹은 대목과 구별하여 원어 그대로 쓴다.

의식意識

매번 나는 일련의 건축물만 짓는 데 그치지 않는다. 매번 나는 하나의 세계를 조성한다. 나는 여태껏 이 세계가 오직 하나의 세계로만 존재한다고 믿지 않는다.

원림 만들기와
사람 만들기

造園與造人

근래 몇 년간 나는 한편으로 집을 지으면서도 다른 한편으로는 대학에서 학생들을 가르쳤다. 내 곁에는 언제나 제자 몇 명이 따라다닌다. 나는 그들에게 늘 세 마디 말을 건넨다. "건축사가 되기 전에 나는 먼저 문인이었다.""뭐가 중요한지 먼저 생각하지 말고 뭐가 정취 있는 일인지 먼저 생각하면서 그것을 몸으로 힘써 실천하라.""집을 짓는 일은 작은 세계 하나를 만드는 일이다." 몇 년이 지났지만 그들이 얼마나 이해했는지는 모를 일이다.

  매년 봄 나는 학생들을 데리고 쑤저우蘇州로 원림을 구경하러 간다. 올해 (2006년) 그곳으로 가기 전 베이징에 사는 예술가 친구와 전화 통화를 한 적이 있다. 그가 내게 물었다. "자네는 그곳 여러 정원에 100번은 갔을 텐데 왜 또 그곳에 가나? 질리지도 않나?" 나는 이렇게 대답했다. "멍청해서 늘 그곳에 가지." 이처럼 들뜨고 소란스러운 시대에 조용한 일을 하는 사람도 있다. 하물며 원림임에랴.

원림 만들기는 줄곧 전통적인 중국 문인들의 일이었다. 근래 2년 동안 나는 원元나라 화가 예찬[1]의 「용슬재도容膝齋圖」[그림 1]에서 시작하여 정원 만들기에 관한 이야기를 해왔다. 그것은 전형적인 산수화다. 윗부분은 먼 산과 차가운 숲으로 채워져 있고, 가운데 부분은 연못으로, 화가는 그곳을 늘 여백으로 처리한다. 화면 아랫부분에 고목 몇 그루가 서 있고 고목 아래에는 정자가 있다. 정자의 네 기둥은 지극히 단순하고 가늘어서 아무런 무게감도 느낄수 없고 지붕은 띠풀로 이어져 있다. 이 또한 전형적인 중국 원림의 구도다. 그림의 가장자리를 울타리로 간주한다면 가까운 곳에 정자가 있고 가운데에 연못이 있으며 연못 앞에는 돌이나 나무 따위가 있다. 그러나 내가 이야기하고자 하는 것은 다름 아닌 태도에 대해서다. 「용슬재도」의 의미는 바로 사람이 이 그림과 같은 장면 속에서 생활하면서 차라리 내 무릎만을 들일 정도로 집을 작게 만든다는 뜻이다.

만약 집짓기가 작은 세계를 창조하는 일이라면, 나는 이 그림의 테두리 안에 포함된 모든 사물이 바로 원림 건축학의 모든 내용이라고 생각한다. 이는 서양인의 관점과는 다르다. 그들은 집을 짓고 나서 이른바 조경을 한다. 바꿔말하면 한 세계를 만들 때는 가장 먼저 그 세계에 대한 인간의 태도를 결정해야 한다. 이 그림 속에서 인간이 점거한 집은 비율이 크지 않다. 중국 전통 문인의 건축학에서는 집짓기보다 더욱 중요한 일이 있다.

재미있는 것은 수강 대상이 다르면 그 반응도 큰 차이를 보인다는 점이다. 중국 내 학자들에게 「용슬재도」를 강의하면 그들은 주로 가치론에 근거하여 토론한다. 그 또한 물론 중요하다. 집을 지을 때 먼저 가치판단을 하지 않으면

---

1 예찬(倪瓚, 1301~74): 중국 원나라의 화가. 황공망黃公望, 오진吳鎮, 왕몽王蒙과 함께 원나라 4대 화가로 꼽힌다. 대표작으로 「어장추제도漁莊秋霽圖」 「용슬재도」 등이 있다.

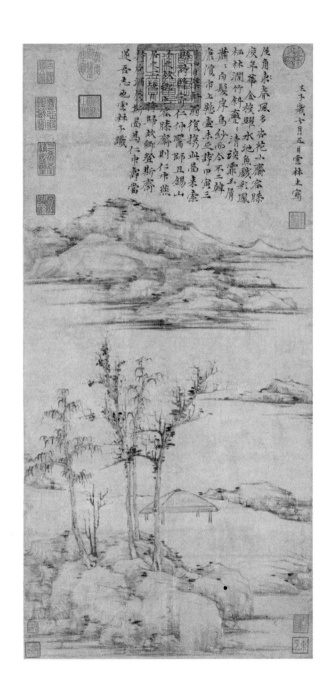

그림 1 예찬, 「용슬재도」, 원

쉽게 작업 방향을 잃기 때문이다. 나는 미국 대학에서도 같은 그림에 대해 강의한 적이 있다. 강의가 끝난 후 그곳 건축학자들은 자신들이 습관적으로 이해해 온 건축학과 완전히 다른 건축학을 보았다고 흥분을 감추지 못하며 말했다.

세계를 마주하는 태도는 지식을 얼마나 습득하느냐보다 훨씬 중요하다. 이 대목에서 나의 뇌리에는 또 퉁쥔[2] 선생이 떠오른다. 경자년(庚子年, 1900년) 의화단 사건[3] 배상금으로 해외로 파견된 유학생이었던 퉁쥔 선생은 미국 펜실베이니아대학교에서 공부했다. 또 유럽 이곳저곳을 경험하며 서양식 건축에 깊은 소양을 쌓았다. 그러나 귀국 후에는 학문 방향이 크게 바뀌어 전심전력으로 중국 전통 건축 역사 연구에 매진했으며, 특히 그는 원림을 연구하고 조사하는 일에 심혈을 기울였다. 학문 방향의 전환은 사상과 가치관의 대전환을 설명해 준다. 류둔전[4] 선생은 퉁쥔 선생의 『강남원림지江南園林志』 서문에 이렇게 썼다. "퉁쥔 선생은 작업 중 여가에 강남의 원림을 두루 탐방하다가 원림의 옛 자취가 스러져가는 모습 및 거상과 부호들이 원림을 제멋대로 재건하는 현상을 목도하고 전통예술이 사라질까 염려하여 울분 끝에 이 책을 썼다." 오늘날 읽어봐도 마치 지금의 중국 현상을 서술한 것처럼 느껴진다. 전

2 퉁쥔(童寯, 1900~83): 중국 근현대의 건축학자. 동서양 건축을 융합하기 위해 노력했으며, 저서로 『동남지역 원림별장東南園墅』『강남원림지』 등이 있다.

3 의화단(義和團) 사건: 중국 근대에 서구 열강의 기독교 침탈에 대항한 자발적 민중운동. 1900년 산둥山東에서 부청멸양(扶淸滅洋, 청나라를 돕고 서양을 섬멸함)을 기치로 봉기한 의화단은 반기독교 정서를 강화하며 베이징까지 진격했다. 이에 대응하여 미국·영국·프랑스·독일·러시아·일본·이탈리아·오스트리아 연합군이 베이징을 점령했다. 결국 의화단은 진압되고 의화단에 편승했던 청나라 조정은 1901년 굴욕적인 신축조약辛丑條約을 체결했다. 이 조약으로 당시 청나라가 열강에 지급해야 할 배상금은 4억 5,000만냥에 달했다. 미국은 이 배상금의 일부를 이용하여 미국에 유학생을 파견할 것을 요청했다.

4 류둔전(劉敦楨, 1897~1968): 중국 근현대 건축학자·건축사학자. 중국 고대 건축 연구 개척자의 한 사람이다. 중국과학원 원사에까지 올랐다. 저서로 『중국 고대 건축 간사中國古代建築簡史』『쑤저우 고전 원림蘇州古典園林』 등이 있다.

통을 계승하지 않는 건 물론 일종의 파괴이지만 계승이란 명목으로 아무 학문적 소양도 없이 마음대로 재건하는 것 또한 더욱 심한 파괴 행위에 속한다.

이후의 수많은 원림 연구자와 다른 것은 퉁쥔 선생이 진정으로 문인의 기질과 취향을 갖췄다는 점이다. 견문이 넓고, 고금 역사에 해박하고, 학문하는 자세가 근엄하고, 쉬지 않고 노력하는 점도 물론 존경할 만하지만 나의 뇌리에 가장 깊게 각인된 것은 바로 선생의 다음 말이다. "오늘날의 건축사는 시적 운치가 넘치는 원림 건축을 감당하지 못한다. 왜냐하면 정취와 비교해서 건축 기술은 훨씬 부차적이기 때문이다."

'정취'라는 이 경쾌한 단어가 진정한 문화적 차이를 만들어낸다. 중국인에게 있어서 정취는 자연에서 배운 것이다. '자연'은 인간 사회에 비해 훨씬 높은 가치를 보여 준다. 인간은 다양한 방식으로 힘써 수련한 이후에야 자연의 요구에 접근할 수 있고 또 정도의 차이에 따라 서로 다른 '인격'을 드러낸다. 원림은 문인이 직접 참여하는 생활 건축물이 되어 모종의 철학적 표준으로 세계와 마주하는 중국인의 태도를 구현한다. 문인의 역할은 참여에만 그치지 않는데, 더욱 중요한 것은 바로 비판이다. 문징명[5]이 졸정원[6]을 위해 그린 화폭 연작[그림 2]은 지금도 여전히 졸정원의 긴 회랑에 새겨져 있다. 졸정원의 광활한 크기와 복잡한 건물에 비해 문징명이 그린 졸정원은 다소 소박한 울타리와 초가집에 불과하다. 내가 보기에는 바로 졸정원에 대한 우아한 비판에 다름 아니다. 사실 중국 원림 건축사에서 문인들은 이런 비판을 중단한 적이 없다. 바로 이 비판에 기대 이러한 전통이 건강한 생명력을 이어왔다. 내

---

5 문징명(文徵明, 1470~1559): 명나라 중기를 대표하는 서화가·문학가.

6 졸정원(拙政園): 명나라 관리 왕헌신王獻臣이 낙향하여 조성한 중국 쑤저우에 있는 전통 원림. 베이징의 이허위안頤和園, 청더承德의 피서산장避暑山莊, 쑤저우의 유원留園과 함께 중국 4대 정원으로 꼽는다.

가 퉁쥔 선생의 일생에서 가장 존경하는 부분은 그가 평생 학문을 위해 노력하고 거기에서 깨달음을 얻었다는 점 이외에도 만년에 들뜨고 시끄러운 이 시대를 마주하여 의연하게도 더 이상 건축설계를 하지 않았다는 점이다. 이 때문에 그는 아마 근대 중국 건축사가 도달한 정신의 높이를 대표한다고 할 만하다. 그가 만년에 찍은 사진 한 장을 본 적이 있다. 그는 난징南京의 작은 정원에서 해진 흰색 장삼을 입고 동그란 두 눈으로 그 사진을 바라보는 나를 투시했다. 나는 소나무 아래에 서 있는 고대 고사도高士圖의 고사高士를 보았다. 중국 근대건축사에는 근대건축의 기초를 다진 네 명의 대가가 있다. 량쓰청, 양팅바오7, 류둔전, 퉁쥔이 그들이다. 이중에서 퉁쥔 선생만 유일하게 아무 관직도 맡지 않았고 공공장소에 얼굴을 내민 경우도 별로 없었다. 하지만 그는 나와 같은 후학에게 가장 깊은 영향을 끼쳤다. 학문뿐 아니라 중국 전통 문사의 기풍과 정취 부문에서 더욱 그러하다.

나는 늘 퉁쥔 선생이 평생토록 원림 연구에 진력했지만 생전에 그것을 실천할 기회가 없었으므로 틀림없이 한을 품었으리라 추측한다. 만약 기회가 있었다면 선생이 어떻게 원림을 조성했을까? 나의 상상은 거기에까지 미친다. 어쩌면 선생이 쓴 『수원고隨園考』에서 그 단서를 엿볼 수 있을지도 모르겠다. 수원 주인隨園主人 원매(袁枚, 1716~98)는 항저우杭州의 재사才士였다. 스물세 살(건륭 4년)에 진사가 되었으나 서른네 살에 관직에서 물러나 난징에 수원을 조성하고 그곳에서 50여 년간을 살았다. 그는 중국 문인 중에서 드물게 장수를 누리며 자연 속에서 우아하게 노닐었다. 퉁쥔 선생의 고증에 의하면, 원매는 당시

---

7 양팅바오(楊廷寶, 1901~82): 중국 근현대 건축학자. 중국 근대 건축설계를 창시한 선구자의 한 사람이다. 중국과학원 원사에까지 올랐다. 작품에 『양팅바오 건축설계 작품집楊廷寶建築設計作品集』『양팅바오 건축 언론집楊廷寶建築言論集』 등이 있다.

그림 2 문징명, 「졸정원도영(拙政園圖詠)」 연작, 명

황폐한 원림을 샀고, 그 원림 주인의 성이 수씨隋氏였으므로 이 글자와 통하는 수원隨園으로 이름을 지었다. 원매는 원림을 산 후 토목공사를 크게 일으키지 않고 거친 풀과 엉긴 가지만 베어냈다. 그리고 수목 위치에 따라 집을 짓고 잣나무를 따라 정자를 만들었으며, 울타리는 만들지 않고 대중에게 원림을 개방했다. 이러한 원림 조성 활동에 발맞추어 원매가 "벼슬을 단념하고 책을 모아 문장을 토론하자 문명이 널리 퍼졌으며 작품도 자신의 키 높이에 이르렀다. 사방에서 그의 기풍을 따르며 수원으로 오는 이가 발길을 이었다." 흥미로운 것은 원매가 당시 주류사회와 거리를 두고 또 다른 생활의 풍격을 창조한 점인데, 오히려 이 점이 진정으로 당시 사회에 큰 영향을 끼쳤다.

원매가 스스로 서술한 것처럼 원림의 이름은 고치지 않았지만 의미는 바꿨다. 옛 원림의 자연 상태에 따라 원림을 조성하면서 억지로 그 무엇을 추구하지 않았다. 원림에 관한 퉁쥔 선생의 저술 가운데 단독으로 고증을 행한 것은 수원이 유일하다. 그 글을 통해 원림 조성에서 선생이 무엇을 숭배했는지 무엇을 함축하려 했는지 또 그것을 얼마나 굳게 주장했는지 체감할 수 있다. 퉁쥔 선생은 그 책에서 특히 원매의 드넓고 활달한 성품을 거론했다. 원매는 임종 시에 두 아들에게 말했다. "내가 죽은 후 수원을 30년간 보존하는 것이 내 소원이다." 그런데 30년 후 한 친구가 찾아갔더니 수원은 이미 파괴되어 술집으로 변해 있었다고 한다. 실제로 원매가 수원을 50년간 경영한 것은 그의 생명을 기른 것과 같다. 옛사람이 말하기를 "원림 조성도 어렵지만 원림 양성은 더욱 어렵다"라고 했다. 중국 문인의 원림 만들기는 이처럼 특수한 건축활동의 하나다. 그것은 설계하고 건축한 후 전혀 상관하지 않는 오늘날의 건축활동이나 도시건설과 다르다. 원림 조성은 일종의 생명활동이다. 원림을 조성하고 원림에 거주하는 사람은 원림과 함께 성장하며 발전한다. 마치 자연의 사물처럼 태어나고 자라고 죽는 과정을 겪는다. 이것은 오늘날 도시건설이나 건축 공정에도 어떤 계시를 내려준다고 하지 않을 수 없다.

원림 만들기는 오늘날 우리가 익숙하게 알고 있는 건축학과 완전히 상이한 건축학을 대표한다. 그것은 특히 토속적이고도 정신적인 건축활동이다. 문화의 방향을 상실한 이 시대에 불확정적인 것은 가장 파악하기 어렵다. 원림 만들기에서 가장 어려운 점도 그것이 살아 있는 생명체이기 때문이다.

1937년 퉁쥔 선생은 한 원림을 방문하여 다음과 같은 말을 남겼다. "평면도는 정확하게 측량하여 그린 것이 아니라 길이와 크기만을 대략 유추한 것이었다. 대체로 원림의 배치도 어떤 법칙에 구애받지 않고 생기와 탄력성이 풍부하다. 일정한 표준에 맞춰 틀에 박힌 듯 조성하지 않았다." 그러나 나는 퉁쥔 선생의 말에 의심이 들었다.[8] 지금 몇 사람만이 이런 나의 심정을 이해한다. 원림을 조성할 때 어떤 표준에 구애받지 않는 문화, 즉 살아 있는 문화는 사람에 의지해야 하며, 수양과 실험과 깨달음에 의지하여 전해진다. 어떤 의미에서 사람이 살아 있으면 원림도 살아 있고, 사람이 죽으면 원림도 황폐해진다. 원림이 내 마음속에 있다는 것은 옛 문인의 원림만 가리키는 것이 아니라 오늘날 중국인의 집안 정원까지 가리킨다. 원림 조성에 대해 토론하는 것은 바로 집안 정원으로 회귀하는 길이며 문화적 자신감과 본토의 문화를 다시 세우는 가치판단 과정이다. 우리 세대의 수양은 다소 강제된 측면이 없지 않다. 그러나 이처럼 조용하면서도 나태하지 않아야 하는 일은 반드시 견지해 나가는 사람이 있어야 하며 사람도 원림 만들기에 따라 새롭게 태어난다.

물론 원림 만들기라는 '정취' 있는 일을 이야기하려면 이처럼 침중沈重해서

---

8 다음 장 「자연 형태의 서사와 기하」(36쪽)에서 중국 건축이나 풍수 설계도가 매우 정밀함을 논하고 있다.

는 안 된다. 중국에는 역대로 사지가 게으른 서생이 많았다. 이어[9]는 내가 찬탄해 마지않는 문인인데 그 역시 원림을 조성했다. 그의 문장은 다양한 분야를 다루고 있다. 음식을 비롯해 기거·화장·건축, 심지어 화장실까지 토론했다. 시후 유람선 격자창에는 어떤 문양과 도안을 써야 할지도 의견을 나누었다. 그는 원매와 마찬가지로 당시 유행의 첨단에 서서 세속의 비난을 무릅쓰며 사회에 반항했지만 심금을 드넓게 열고 생활을 포용했다. 이런 문인은 진실로 정원을 만들 만한 능력이 있다. 마찬가지로 오늘날 우리 사회에도 이 같은 문인과 건축활동을 결합해야 하지만 본토 문화를 담지한 이런 사람을 배양하는 일은 아마 지금의 대학교육으로는 감당하기 어려울 것이다.

그러나 그렇게 비관적이지만은 않다. 실제로 중국 문화에서 정밀하고 심오한 것은 인간의 깨달음에 의지했다. 지금까지 다양한 무리에 의지하지 않고 소수자에 의지하여 전승되었다. 어제 오후에는 글을 더 이상 쓸 수 없어서 아내와 함께 시후 가를 찾아 차를 마시며 호수 맞은편의 그림 같은 먼 산을 바라보다가 문득 친구 린하이중[10]이 호숫가에 새로 화실을 열었다는 사실을 상기하고 전화를 걸어 그곳에 가보고 싶다고 했다. 그러나 전화 저편에서 그는 이미 푸양富陽 산중을 산보하고 있었다. 린하이중은 나보다 연하이지만 성품이 온화하고 흉금이 드넓다. 오늘날 '한림산수寒林山水' 분야에서는 독보적인 존재라고 할 수 있다. 또 다른 친구 우간[11]을 떠올렸다. 그도 나보다 연하이지만 서화 감정에 심오한 공력을 지니고 있다. 그는 린하이중의 소해(小楷, 작

---

9 이어(李漁, 1611~80): 중국 청나라 초기의 문학가·연출가·연극이론가·미학가. 저서 및 창작집으로 『한정우기閒情偶寄』『입옹십종곡笠翁十種曲』『개자원화보芥子園畵譜』 등이 있다.

10 린하이중(林海鍾, 1968~): 중국의 현대 화가. 현재 중국미술대학교 국화과國畵系 교수로 재직 중이다. 대표작으로「첸탕 대관도錢塘大觀圖」「톈타이 궈칭쓰 설제도天台國淸寺雪霽圖」 등이 있다.

11 우간(吳敢, 1969~): 중국 현대 서예가·서화감정가.

은 해서 글씨)를 평하여 붓끝 몇 가닥 털에까지 감각을 넣어 작은 글씨를 써낼 수 있다고 했다. 이른바 털끝만한 차이가 나중에는 천 리까지 멀어진다는 격이다. 또 언젠가 린하이중이 내게 한 말이 생각났다. 즉 자신이 궈칭쓰國淸寺에서 사생을 하고 그림을 그릴 때 이성[12]의 화의畵意를 좀 그려낼 수 있었다고 했다. 이런 몇 가지 일이 떠오르자 마음이 밝아졌다. 문인의 기풍이 끊이지 않았으므로 원림을 만드는 일도 아직은 할 만하지 싶다.

---

12 이성(李成, 919~967): 중국 오대五代에서 송나라 초까지 활동한 화가. 대표작으로 「한림평야도寒林平野圖」 「청만소사도晴巒蕭寺圖」 등이 있다. 대표 저서로 『중국 명화가 전집―심주中國名畵家全集―沈周』 『실용 문방구 소장 지침―연적實用文玩收藏指南―硯彙』 등이 있다.

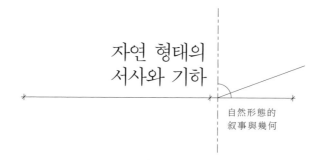

자연 형태의
서사와 기하

自然形態的
叙事與幾何

2008년 파리에서 열린 회의에 참석한 자리에서 나는 톈진대학교天津大學 건축과의 왕치헝(王其亨, 1947~) 선생과 한담을 나눌 기회가 있었다. 왕치헝 선생의 강연을 처음 들은 것은 20년 전으로 기억한다. 그는 난징공업대학교南京工業大學 건축과에서 '명 십삼릉 풍수 연구明十三陵的風水研究'라는 제목으로 강연을 한 적이 있다. 구체적인 내용은 기억할 수 없지만 그가 제시한 그림 한 장이 내 기억 속에 깊이 각인되었다. 그는 그 그림을 309호 강의실에서 슬라이드로 소개해 주었다. 궁궐 문서에서 나온 자료였을 것이다. 풍수의 형세를 밀집되고 확정된 위치로 밝히고 있었는데 화법畵法은 평면과 입체의 결합이었다. 그는 내가 인식하고 있던 한 가지를 확인해 주었다. 즉 중국의 것은 그 것이 풍수든 아니면 이와 관련한 산수화든 모두 모호하고 범박하게 토론할 수 없다는 점이었다. 풍수도의 심오함은 그의 세밀한 법칙을 비롯한 규정과 연관되어 있을 뿐 아니라 모종의 특수한 방식으로 체계화되고 계량화되어 있다. 그러나 이러한 법칙과 계량화 과정을 거치면서도 자연 속 사물에 대한 직관적인 판단능력을 결코 잃지 않는다. 감각적인 측면에서 나는 오랫동안 서예와 산수화를 가까이했으므로 그 그림의 형식이 전혀 이상하게 느껴지지 않았다.

그 후 20년 동안 다시 왕치헝 선생을 만날 수 없었다. 하지만 그가 줄곧 청나라 왕실의 '양식뢰'● 그림을 정리하고 연구하는 데 진력하고 있다는 사실을 잘 알고 있었다. 물론 나도 이 연구에 큰 흥미를 느꼈다. 왜냐하면 나

● 양식뢰(樣式雷): 200년간 청나라 황실의 건축설계를 주관한 뇌씨雷氏 가문을 명예롭게 부르는 말. 대표적 인물로 뇌발달雷發達, 뇌금옥雷金玉, 뇌가새雷家璽, 뇌가위雷家瑋, 뇌가서雷家瑞, 뇌사기雷思起, 뇌정창雷廷昌 등이 있다.

는 중국의 전통 건축학을 '공장영조'[1]라는 한마디로 뭉뚱그릴 수 있다고는 믿지 않기 때문이다. 적어도 명청明淸 시대에 쑤저우의 공장工匠들이 이름을 날린 것도 그들이 설계도를 그렸을 뿐 아니라 건축 모형까지 만들었기 때문이다. 업주는 설계도에 근거하여 자신의 의도를 밝힐 수 있었는데, 그것을 기술자들이 마음대로 바꿀 수 없었다.

왕치헝 선생과의 만남은 옛 친구를 다시 만난 듯하여 마치 어제 나눈 이야기를 오늘 다시 계속하는 것 같았다. 나는 바로 '양식뢰' 연구 현황에 대해 물었다. 그는 1차 자료가 청나라 말기에 사방으로 흩어져서 그것을 다시 모은 후 재편집하여 1만 폭이 넘는 그림을 명확하게 정리해야 하는데, 그 작업이 아마 10년 정도는 걸릴 것이라고 했다. 그러나 그는 반드시 분명하게 정리할 수 있고, 그 후 우리는 전통 건축의 설계 과정을 알 수 있을 것이라고 자신했다. 나는 또 '십삼릉'[2] 풍수를 이야기했고, 그는 의기양양하게 당시 어떻게

---

1 공장영조(工匠營造): 건축을 담당한 공장이 자신의 마음속 계획에 따라 건물이나 원림을 만든다는 의미다.

창핑昌平의 산간으로 가서 산을 오르고 물을 건넜는지 회고했다.

왕치헝 선생은 언변이 뛰어났고 다방면의 주제를 언급했지만 그중 한 가지가 나에게 깊은 인상을 남겼다. 왕치헝 선생의 연구에 의하면, 당년에 모든 황릉 자리를 선정할 때 주위의 광대한 산수를 답사하고 몇 차례나 방안을 바꾸면서 반복 검증하여 자리를 잡았다고 했다. 현장에 가서 자세하게 감정하여 먼저 임시 방안을 마련하고 감별·논증하는데, 이는 신비적인 직관이라기보다는 엄격하고 과학적인 태도라는 것이다. 문제는 이러한 임시 방안의 출발점이 결코 융통성 없는 이성이 아니라 일종의 확신이라는 점이다. 즉 자연 속 산천의 형태가 인간의 생존 상황과 운명에 영향을 끼쳤다고 할 만하다. 오랜 경험을 통해 자연 속에서 관찰해 낸 여러 도식은 선험적인 자연구조와 아마도 최대한 부합할 수 있었을 터이다. 이 때문에 이와 관련한 사유와 방법은 논변에 제한되지 않는 일종의 서사, 즉 자연을 마주하여 도식을 그리고 검증을 행하는 일종의 서사가 된다. 혹자는 문학과 달리 이것은 전체 영조營造 활동에 관한 서사라고 말한다. 이러한 검증은 명실상부할 뿐 아니라 자연에 대해서도 '이치'에 근거하여 조정과 수정을 가할 수 있다. 이는 필연적으로 의미를 갖춘 일종의 건축 기하학에까지 범위가 미치지만 서구의 유클리드기하학과는 분명히 다르므로 차라리 '자연 형태의 서사와 기하'라고 부르는 것이 좋을 듯하다.

이러한 사유의 맥락을 따라가다 보면 필연적으로 화제가 원림에까지 미친다. 이에 나는 왕치헝 선생이 근래 몇 년 동안 학생들을 데리고 베이징 황실 정원 수리에 참여한 일을 듣고 나서 한걸음 더 나아가 '자연미'라는 주제를

---

2 십삼릉(十三陵): 중국 베이징 창핑구昌平區 톈서우산天壽山 기슭에 있는 명나라 황릉皇陵 13기. 장릉長陵(成祖), 헌릉獻陵(仁宗), 경릉景陵(宜宗), 유릉裕陵(英宗), 무릉茂陵(憲宗), 태릉泰陵(孝宗), 강릉康陵(武宗), 영릉永陵(世宗), 소릉昭陵(穆宗), 정릉定陵(神宗), 경릉慶陵(光宗), 덕릉德陵(熹宗), 사릉思陵(毅宗)을 말한다.

제기했다. 그는 서구인들에게는 본래 '자연미'란 관념이 전혀 없었고, '자연미'에 관한 것은 17세기 예수회 선교사들이 중국에서 유럽으로 가져간 것이라고 언급했다. 이 예수회 선교사들이 유럽 몇몇 곳에 '중국식' 가산假山을 조성했는데 당시 유럽인들은 모양이 기괴한 가산을 보고 '공포스럽다'는 반응을 보였다고 한다.

우리는 파리에서 마르세유까지 이동하면서 많은 이야기를 나누었다. 이야기 주제 대부분을 기억할 수는 없지만 '공포'라는 단어로 중국 원림의 가산을 묘사한 것은 특별히 내게 깊은 인상을 남겼다. 그 단어는 내게 2002년 처음으로 중국 북송 곽희[3]의 「조춘도早春圖」[그림 3] 고화질 인쇄본을 봤을 때의 반응을 상기시켜 주었다. 그것은 정말 낯설고 소원한 감정이었는데 자그마한 삽화에서는 접할 수 없는 느낌이었다. 나선 모양으로 뒤엉긴 선과 그것이 둘러싼 공간의 깊이는 자족적이면서도 무한하게 연장되는 구조를 이루고 있었다. 내가 입으로 내뱉은 반응은 바로 이것은 '바로크'[4]가 아닌가였다. 재미있게도 이 대목을 쓰면서 나는 아무리 해도 「조춘도」에 그려진 것이 나무인지 바위인지 기억해 낼 수가 없다. 다만 인정할 수 있는 건 그 그림에는 모종의 사물이 그려져 있고 그림 명칭으로 추측해 보건대 묘사 대상이 나무인 듯하다는 점이다. 그러나 나의 기억에는 바위, 즉 태호석[5]과 아주 유사한 바위 형태로 각인되어 있다. 어떤 사람은 생물의 소화기관과 매우 비슷한 형태라고 말하기도 한다. 이와 같은 놀라움은 심리성이라기보다는 순수한 물질성, 즉

---

3 곽희(郭熙, ?~?): 중국 북송의 화가·회화이론가. 대표작으로 「조춘도」, 「관산춘설도關山春雪圖」 등이 있다.

4 바로크(baroque): 16세기 후반에서 18세기 초반까지 유럽에서 유행한 예술사조. 우연, 자유분방함, 기괴함, 불균형 등을 강조하면서, 건축·조각·회화 등의 양식에 다양하게 반영되었다.

5 태호석(太湖石): 중국 쑤저우 타이후호太湖 주변에서 생산되는 기괴한 바위. 중국 전통 정원의 장식재로 주로 사용된다.

일종의 낯선 물질성이라고 해야 한다.

'형태'로만 심미를 토론하는 경향을 나는 줄곧 회피해 왔다. 그런 토론은 쉽게 심리학적 범주와 문학적 수사 영역으로 빠져든다. 심지어 나는 여태껏 '심미'라는 두 글자를 언급하지 않았다. '바로크'란 단어로 「조춘도」에 반응을 보였을 때의 나는 무의식적으로 중국 전통과 서구 전통을 비교한 셈이다. 이러한 비교는 이미 중국 건축사들의 공허한 관습이 되었다. 나의 반응은 본능적이었는데, 이는 더욱 기본적이고 더욱 구체적이고 세밀한 층위에서 나로 하여금 명대 사람들이 같은 시대 화가 진노련[6]에게 내린 평가를 기억하게 했다. 진노련이 그린 굴원[7]은 아무 목적 없이 황량한 들판을 떠돌고 있다. 인물은 길쭉하게 변형되어 있고 그 필법은 원림에서 흔히 볼 수 있는 길고 수척한 수석과 같다. 진노련은 자신이 고법古法에서 그림을 배웠다고 말했다. 당시 사람들은 "기괴하지만 이치에 가깝다奇怪而近理"라고 평가했다.

주의해야 할 것은 진노련이 동일한 제재를 일생 동안 반복해서 수십 폭 그렸다는 사실이다. 나는 '고법'이란 두 글자가 결코 오늘날의 '전통'이란 단어와 부합하지 않는다고 생각한다. 그것은 구체적으로 '법法'이라는 글자와 연관되어 있으므로 '고법'을 배우는 것은 바로 '이理', 즉 사물이 존재하는 이치를 배우는 것이다. 산·강·나무·돌·꽃·풀·물고기·벌레를 막론하고 인간이 만든 사물도 모두 '자연의 사물'과 같은 가치를 지닌 것으로 여겨진다.

동일한 제재를 아주 비슷한 화풍으로 수십 장을 그리는 것은 오늘날의

---

6 진노련(陳老蓮, 1599~1652): 명나라 말기의 서화가. 본명은 홍수洪綬. 대표작으로 전국시대 굴원을 그린 「구가도九歌圖」, 소설 『수호전水滸傳』의 인물을 그린 「수호엽자水滸葉子」 등이 있다.

7 굴원(屈原, 기원전 340?~기원전 278): 중국 전국시대 초楚나라의 정치가·시인. 당시 회왕懷王에게 직간하다가 추방되어 강호를 방랑하다가 미뤄수이강汨羅水에 뛰어들어 자살했다. 초사楚辭를 완성한 시인으로 알려져 있다. 대표작으로 「이소離騷」 「구가九歌」 등이 있다.

그림 3 곽희, 「조춘도」, 북송

개성적인 심미 표준에 의하면 자아복제와 다름없다. 그러나 나는 진노련의 집착이 '이理'의 추구라고 믿는다. '화론'**8**에 실려 있는 '형호의 나무 그리기荊浩畵樹'가 이와 유사하다. 당나라 말기에 형호는 소나무 그림으로 유명했다. '화론'에 기록한 것은 그가 한 차례 타이항산太行山에서 사생 활동을 한 경험이다. 그는 산속에서 몇 달을 머물며 기이한 소나무를 반복해서 그렸다. 그는 이미 소나무가 생존하는 이치를 터득했다고 생각했지만 한 무명의 늙은이는 그의 이해가 완전히 잘못된 것이라고 지적하면서 그 이유를 한바탕 진술했다. 그의 진술은 늙은이 역을 맡은 경극 배우들이 흔히 펼치는 대화에 불과했지만 나는 그 내용에 의심이 들었다. 내 친구 린하이중도 '한림고목寒林枯木'을 잘 그린다. 그는 이를 확인하기 위해 직접 타이항산에서 그림을 그렸다. 집으로 돌아온 후 그가 내게 말했다. "그 글은 틀림없이 후세 사람의 위작이야!" 하지만 나의 흥미는 여기에 그치지 않는다. 어떤 사람이 일생 동안 소나무를 그리는 한 가지 일에만 재미를 느꼈다면, 그 이상한 행위는 '심미'의 범주를 넘어서서 순수과학 이론 연구에 근접한 것이다. 그러나 이런 연구는 절대로 구체적인 사물에서 벗어나지 않는다. 그것도 절대로 직접 사람을 가리키는 것이 아니라 일종의 사람이 없는 경지를 지향한다. 마치 절대적이고 객관적인 방식으로 자연 속의 구체적인 사물과 직접 마주하는 듯하지만 단지 물리학이나 생물학적 의미에만 머물지 않는다. 이런 방식은 나로 하여금 에드문트 후설*의 현상학을 생각나게 했다.

●에드문트 후설(Edmund Husserl, 1859~1938): 독일의 철학자. 20세기 현상학을 창시한 인물이다.

---

8 화론(畫論): 형호(荊浩, 850?~?)의 『필법기筆法記』. 형호는 당나라 말기에서 오대 시대에까지 활동한 화가로, 북방 산수화의 개조로 알려져 있다. 회화이론 『필법기』와 「광려도匡廬圖」 「설경산수도雪景山水圖」 등의 그림을 남겼다.

그는 학생들에게 나무 한 그루를 둘러싸고 그것을 한 학기 동안 곰곰이 탐구하게 했다. 그의 제자 하나는 하나를 가르쳐주면 셋을 깨닫는다는 격으로 강의실 앞의 우체통을 한 학기 동안 곰곰이 탐구했다. 실제로 인간이란 동물은 몇 가지 사물, 몇 장의 그림만으로도 자신의 일생을 이끌 수 있다.

「조춘도」가 내게 준 생소함은 바로 나 혹은 우리가 '자연 사물'과 떨어진 거리인데 그것은 바로 객관적이고 세밀하게 사물을 관찰하는 능력과 심정이 결핍되어 있음을 의미한다. 그 일은 또 나로 하여금 1980년대에 처음으로 토머스 엘리엇(Thomas S. Eliot, 1888~1965)의 『황무지』를 읽을 때 감각을 되살아나게 했다. "우리는 아무것도 볼 수 없고, 아무것도 기억할 수 없고, 아무것도 말할 수 없다."

나의 기억은 「조춘도」에 그려진 사물을 태호석과 혼동하게 했다. 사실 그것은 일종의 시차時差, parallax였다. 주위의 '객관적인 사물'을 보려면 관법觀法이 필요한데 그것은 결정적인 시차다. 태호석이 상기시켜 준 것은 강남江南의 원림 세계였지만 나는 아주 오랫동안 원림에 가지 않았다. 내가 보기에 명·청의 원림은 정취가 높지 않고 양식도 진부하다. 의미도 무뎌져서 거의 아무 의미도 찾을 수 없을 정도다. 과다한 문학적 수사 탓에 원림은 이제 직접적이고 소박한 자연 사물에서 멀어졌다. 원림에 관한 지금 사람들의 토론은 대부분 문학화된 유람 심리학과 그 시각이다. 이는 내 성정과 부합하지 않는다.

그런데 두 가지 일로 인해 나는 다시 원림을 관찰하고 싶은 흥미가 생겼다. 그중 한 가지는 원림에 관한 퉁쥔 선생의 글을 읽은 일이다. 나는 지금도 여전히 퉁쥔 이후에는 원림에 대해 읽어볼 만한 글이 없다고 여기고 있다. 왜냐하면 퉁쥔의 원림 토론은 해석 위에 또 다른 해석을 추가한 것이 아니기 때문이다. 해석은 쉽지만 퉁쥔의 글은 진정한 문제를 제기하고 있다. 그가 『동남지역 원림별장』첫 번째 글에서 제기한 문제는 천진한 듯 보이기까지 한다. "이처럼 큰 사람이 어떻게 그렇게 작은 동[9]에 거주할 수 있을까?" 이 질문은 나를 즐겁게 했다. 나는 갑자기 하나의 세계를 보았다. 그곳에서는 산의 바위와 인물이 같은 가치를 지니고 척도[10]도 자유롭게 바뀐다. 건축학이 바로 인간의 생존 공간에 대한 일종의 허구라면 이런 허구는 바로 산의 바위와 마른 나무와 함께하는 허구다. 그것은 서로 함께 소통하는 '자연 형태'를 향유한다. 그것은 반드시 유클리드기하학을 기초로 삼지도 않는다. 건축이 꼭 네모 아니면 동그라미일 필요는 없다.

다른 하나는 1996년 내가 퉁지대학교同濟大學에서 공부할 때 일어났다. 당시 나는 도서관에서 방출된 영어 서적을 한 권 샀다. 내용은 영국의 현대 화가 데이비드 호크니(David Hockney, 1937~)가 미국 시인과 1980년에 중국을 여행한 경험이었다. 책은 그 시인이 썼고, 삽화는 모두 호크니가 여행 도중에 그린 스케치였다. 나는 호크니 그림의 의미가 좋았다. 가장 인상 깊었던 것은 한 사람이 수영장으로 뛰어드는 찰나를 포착한 그림이었다. 수영장은 수평이었고, 수영장 주변에 단층집 한 모퉁이가 노출되어 있었다. 화가의 필법은 파스텔톤이어서 평범하고 옅은 컬러로 채색을 했다. 물속으로 뛰어드는 사람도 분명하게 그리지 않았다. 부글부글 끓어오르는 흰색 물거품에 휩싸여 있다. 물거품을 그린 화법도 서예의 비백[11] 효과와 비슷했다. 이 그림은 투시가 아니라 서사라고 말할 수 있지만 내용이 이처럼 단순하므로 반서사라고

---

9 동(洞): 작게는 동굴, 크게는 사람이 거주하는 동네나 계곡을 가리킨다.

10 척도(尺度): 이 책의 저자 왕수가 자주 쓰는 척도에 대한 이해는 이 책 후반부 「문답록」(311쪽)을 참고하기 바란다.

11 비백(飛白): 붓글씨를 쓸 때 붓에 먹을 적게 묻혀 재빨리 그으면 획 사이에 흰 공백이 생기는 효과.

말할 수 있다. 또 무엇을 표현했다고 말할 수도 있지만 표현을 반대했다고 말할 수도 있다. 그것은 고요한 햇볕 아래의 시선일 뿐이다. 그 찰나의 시간은 절대적이어서 그 어떤 사상도 포함되어 있지 않다. 혹은 그 시선은 알베르 카뮈(Albert Camus, 1913~60)가 묘사한 '이방인'이 간파한 것이고, 또 그 시선은 그에게 익숙한 모든 세계와 생활 밖에 존재한다고 말할 수 있다. 그 책에는 또 중국의 수묵화를 모방한 구이린 산수[12] 스케치도 한 장 들어 있다. 그림의 전경前景은 그가 머문 호텔 베란다의 콘크리트 난간인데, 그 위로 벌레 한 마리가 기어오르고 있다. 색채는 현란하고 필치는 세밀하다. 중국 화가들이 늘 즐겨 그리는 구이린 산수는 그 배경을 몇 가닥 선으로 단순하게 처리한다. 이 그림도 투시가 아니다. 그러나 말로 표현할 수 없는 천진한 필치가 나를 감동시켰다. 나는 퉁쥔 선생이 『동남지역 원림별장』에서 강조한 '정취'라는 두 글자의 의미를 분명하게 알고 있다. 퉁쥔 선생은 '정취'를 모르면 원림 만들기를 논하지 말라고 여기는 듯하다. 훌륭한 원림과 훌륭한 건축은 가장 먼저 사물을 관조하는 일종의 정취이며, 뜻밖의 장소에서 자연의 '이치'를 목도하는 경쾌한 시선이다. 바로 이러한 시선이 호크니로 하여금 벌레의 움직임에 관심을 갖게 하여 사람을 순수한 경관 속으로 초대했다. 이를 통해 작은 것으로 큰 것을 보고, 가까운 것으로 먼 것을 보는 미시적 이치가 드러난다. '정취'라고 불리는 이러한 정서는 직접 사물에 다가서면서 있는 듯 없는 듯 물아일체의 경지에 이르므로 포착하기가 어렵다. 그러나 이것으로 외부 세계의 분란을 막고 스스로 삶의 흥취를 이룸과 동시에 '중국'과 '서양'을 둘러싸고 진행되는

---

12 구이린 산수(桂林山水): 중국 광시성廣西省 구이린桂林의 아름다운 경치를 이르는 말. 즉 "구이린의 산수는 천하의 제일이다桂林山水甲天下"라는 말로 형용한다. 산과 물이 수묵화처럼 어우러진 구이린의 풍경을 일컫는 말이다.

어떤 사이비 거대 논쟁도 아무 의미가 없게 만든다. 아마도 호크니의 그림을 '선의 경지禪境'에 이르렀다고 말하는 사람도 있지만, 나는 차라리 그렇게 어휘를 남용하여 쓰고 싶지는 않다.

1999년 〈국제건축사협회 베이징대회 청년 건축〉전에서 나는 나 자신의 전람관에 '원림의 방법'에 관한 글을 한 편 게재했다. 거기에서 나는 일종의 의식 전환을 요구했다. 즉 원림이 원림에만 그치는 것이 아니라 우리의 기본적인 건축관과 날카롭게 맞서는 또 다른 방법론임을 지적했다. 그 시야는 바로 '자연 형태'의 세계를 향해 방향을 바꾸는 것이다. 그러나 손으로만 그려내는 그림으로는 모더니즘이 아닌 것을 그려내기가 아주 어렵다. 나는 서예를 늘 익히면서 시종일관 '자연 형태'와 연계성을 유지하려 하지만 그런 전환은 여전히 매우 어렵다. 쑤저우대학교蘇州大學 원정도서관[13]은 작은 것으로 큰 것을 보고, 안에서 바깥을 조망하기를 이미 자각한 건축이다. 이 도서관의 사각형 구조 안에서 건축은 예기치 않게 방향 바꿈을 한다. 서로가 크고 작은 모순 척도로 작용하고, 작은 장소의 불연속적 세밀한 나눔을 통해 건축은 스스로 상호 서사를 하기 시작한다. 하지만 언어는 여전히 사각형과 직선이다.

2000년부터 나는 매년 쑤저우를 찾아가 원림을 보기 시작했고, 갈 때마다 언제나 가장 먼저 창랑정[14]을 보았다. 보는 일은 반복된 수련을 요구한다. 기억하건대 세 번째 보았을 때에야 나는 갑자기 '취영롱翠玲瓏'이란 건물[그림 4]

---

13 원정도서관(文正圖書館): 쑤저우대학교 원정대학에 속한 도서관. 저자 왕수가 지은 대표 건축물 중의 하나다. 산과 호수 사이에 위치한 도서관 건물의 정취가 일품이다. 도서관 이름은 북송의 뛰어난 정치가이자 문학가인 범중엄(范仲淹, 989~1052)의 시호 문정文正에서 따왔다. 범중엄은 쑤저우 우현吳縣 사람이다.

14 창랑정(滄浪亭): 쑤저우 남쪽에 있는 중국 전통 원림. 북송 경력(慶曆, 1041~48) 연간에 조성하기 시작하여 남송 초년(12세기 초)에 완성했다. 오백명현사五百名賢祠, 간산루看山樓, 취영롱 등의 누각이 있다.

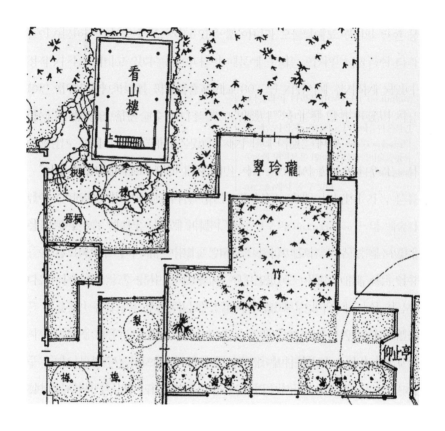

看山樓

翠玲瓏

竹

仰止亭

그림 4 창랑정 평면도

이 나에게 무엇을 의미하는지 분명하게 깨달았다. 마치 처음 본 것처럼 느껴졌다.

단층으로 이루어진 이 작은 건물은 사방이 푸른 대나무에 가려져 있다. 정원에서 마구 돌아다니다 보면 늘 그 존재를 놓치고 만다. 설령 보았다 해도 한 모서리일 뿐이다. 제대로 열중하지 않으면 그 건물을 인지할 수 없다. 건물의 존재를 알았다 해도 건물 외부의 세밀한 격자창 때문에 내부의 어떤 내용도 노출되지 않는다. 안으로 들어가 보면 틀림없이 의외의 느낌을 받을 것이다. 내부는 구조가 매우 분명하고 두 번 꺾여 도는曲折 모양으로 되어 있지만 실제로는 방 세 칸이 모서리에서 차례로 맞물리며 이어진다. 그렇게 이어져서 전체 공간 형식조차 와해되면 시선은 모든 벽면으로 분산된다. 흰색 벽에 설치된 모든 격자창은 아주 작은 차이만 있을 뿐이다. 그곳을 통해 바깥 담장이 아주 가깝게 다가오고, 대나무도 아주 가깝게 다가온다. 그곳을 투과한 광선은 어두하면서도 밝아서 마치 화기火氣가 제거된 옛 유물의 광택을 보는 듯하다. 건물이 꺾이기 때문에 사람도 그 안에서 끊임없이 방향을 바꿔야 한다. 방향을 바꿀 때마다 늘 절대적인 평면의 '정관正觀' 상태와 마주한다. '정관'이 바로 '대관大觀'인데 결코 물리적인 척도의 크기로 결정되는 것이 아니다. 가구 배치는 건물의 모든 '정관' 상태를 마주한 인간의 단정한 앉음새를 결정한다. 그러나 꺾여 돌면서 이어지는 공간은 한 공간으로부터 다른 한 공간을 바라보는 일종의 평행사변형의 전개를 형성하는데, 여기에는 정도와 영감이 동시에 존재한다. 실제로 내부 공간은 협소하지만 의미는 이처럼 심원하다.

인간은 그 속에서 건축을 망각한다. 대나무 그림자가 산들바람 속에서 흔들릴 때마다 마음도 흔들린다. 내가 1999년 '원림의 방법'을 말하면서 '취영롱'을 의식하기는 했지만 그것은 아직도 내게 불명확한 건축 범형*이었다. 퉁췬

선생이 말한 '곡절진치'[15]는 가장 단
순한 형식을 필요로 하는데, 바로 그
곳에 있었다.

• 범형(范型): 사물의 형태를 결정하는 표준
틀.(거푸집처럼 건축의 구체적인 형상을 결정하는
일종의 모형이다. 무형의 '이理'가 부분과 전체에
구현되는 '이형理型'과 구별된다.—옮긴이)

'취영롱'에서 몇 걸음 떨어진 곳에 바로 '간산루'가 서 있다. 취영롱을 분명
하게 간파할 수 있으면 간산루도 분명하게 간파할 수 있다. 간산루는 사실 수
직으로 치솟은 취영롱이다. 2층 구조로 되어 있는 간산루는, 아래층은 돌로
만든 동굴 모양이지만 '자연 형태'가 그곳에 건축화되어 있다. 석실石室과 더
유사하다. 석회석으로 이루어진 불규칙한 구멍으로 광선이 스며드는데, 그것
이 이른바 '영롱'이다. 이전에 나는 징더전[16]에서 만든 백자 숟가락을 집에서
사용했다. 숟가락 술잎 부분에 구멍을 뚫고 백색 유약을 발라 구워 반투명의
작은 점이 있는 것처럼 만든 제품인데 그 빛이 영롱했다. 간산루 아래층에서
2층으로 올라가는 것이 바로 한 번의 꺾임이다. 산이 보이든 보이지 않든 2층
으로 올라가 먼 곳을 굽어보면 이미 곡절진치의 경지에 이른다. 수평과 수직,
단층과 다층이 '취영롱'과 '간산루'를 함께 어우러지게 한다. 이것이 바로 한
쌍의 완전한 건축 범형이다.

그날 나는 취영롱에서 나와 '오백명현사' 회랑에서 뒤를 돌아보며 오랫동
안 서 있었다. 그때 유럽 청년 한 명이 지나가다가 내 옆에 서서는 스케치북
에 '취영롱'의 평면도를 그렸다. 나는 그 모습을 지켜보며 어떻게 생각하느냐
고 물었다. 그는 스페인에서 온 건축학도라고 하면서 취영롱이 루트비히 미스
반데어로에•가 지은 바르셀로나 세계박람회 독일관보다 낫다고 말했다. 나도
'그렇다'고 말했다. 내 영어 실력으로는 더 이상의 깊은 대화를 나누지 못함이

15 곡절진치(曲折盡致): 굽어들고 꺾이면서 건물의 미감과 정취가 남김없이 발휘되는 모양.

16 징더전(景德鎮): 중국 장시성江西省 북부에 있는 도자기 산지.

• 루트비히 미스 반데어로에(Ludwig Mies Van Der Rohe, 1886~1969): 독일 태생의 미국 모더니즘 건축가. 그가 설계한 바르셀로나 세계 박람회의 독일관은 대가의 걸작이다.

아쉬울 수밖에 없었다. 나는 그를 보고 미소를 지었고 그도 나를 보고 미소를 지었다. 그날의 공기는 투명했고 햇빛도 찬란했다.

'곡절진치'는 퉁췬 선생이 『강남원림지』에서 말한 원림 만들기 세 경지 중 둘째인데 일반적으로 원림의 총체적인 구조로 이해된다. 그러나 나의 체감에 의하면 원림의 본질은 자연 형태의 생장을 모방한 것이며, 그것은 필연적으로 부분에서 시작된다. 마치 서예 작품을 한 글자 한 글자 써나가는 것과 같다. 산수화도 부분에서 그림을 그리기 시작한다. 필법에 대한 강조는 부분이 전체 이전에 출현함을 의미한다. 원림은 '자연 형태'를 지향하는 건축학의 일종이다. 그 요점은 '취영롱'처럼 부분 '이형'•을 경영하는 데 놓여 있다. 이러한 부분 '이형' 없이 한결같이 전체 평면 위에서만 얼쩡거리는 것은 아무 의미도

• 이형(理型): 구조를 결정하는 잠재적인 원칙. 그러나 결코 어떤 구체적인 구조에 일일이 대응하지는 않는다.(저자 왕수는 전체 우주의 '이理'가 각각의 삼라만상에 깃들 듯 건축에도 전체 건축의 존재와 생명을 결정하고 부분과 전체를 일관되게 이어주는 '이'가 있다는 입장에 서 있다. 구체적인 형상은 없지만 '이'가 구현되는 잠재적인 형체를 이형이라고 한다.—옮긴이)

없다. '전체'라는 말은 부분 '이형' 간의 반응과 연계를 가리킨다. '이형'의 중점은 '이거'[17]에 있고, '범형'의 중점은 '틀 만들기'에 있다.

2004년 초봄 닝보寧波 '우싼방'[18]의 '찬리허원殘粒荷院'을 짓기 위해 나는 건물의 기초를 다진 땅 위에서 '타이후방太湖房'으로 명명된 작은 건축물을 그렸다. '타이후太湖'라는 두 글자는 그

---

17 이거(理據): 건물 전체의 '이理'가 구현되는 근거. '이'는 무형이지만 구체적인 건물을 통해서 구현된다. '취영롱'의 이어지는 세 칸 방과 '간산루'의 아래층과 위층 구조에 구현되는 이치가 이거인 셈이다.

18 우싼방(五散房): 왕수와 아내 루원위陸文宇가 저장성浙江省 닝보 인저우공원鄞州公園 안에 설계한 다섯 채의 건물. 전통과 현대가 어우러진 건물로 왕수 건축의 '신향토주의新郷土主義' 특색을 잘 보여 준다. 이런 스타일이 이후 중국미술대학교 샹산캠퍼스 제2기 프로젝트와 닝보박물관 건축으로 이어졌다.

50

건물과 태호석의 자연 형태가 서로 연관될 것임을 암시한다. 그 건물은 3층으로 된 작은 누각으로 폭은 5미터, 길이는 6미터 정도 되는 직사각형이다. 각 층 높이는 3미터에서 4미터 사이인데 수직으로 치솟으며 두 차례 꺾인다. 이것을 평면으로 배치하면 분명히 '취영롱'의 변화된 모습으로 드러날 것이다. 수직 구조를 보면 석실에 흩어져 있는 작은 구멍과 실내에서 실외로 바뀌었다가 다시 실내로 회귀하는 계단이 '간산루'와 그 아래층 바위 동굴의 '이형' 구조를 암시한다. 그러나 수직으로 전개되는 이 꺾임 형체는 마주 보기도 하고 등을 지기도 한다. 그것은 하나의 동작으로, 나는 그것을 '허리 비틀기扭腰'라고 부르는데 그것은 태호석의 곡절 많은 고봉孤峯을 의미한다. 이 건물의 모든 형체는 가장 단단하게 극한의 통제를 받는데, 계단의 본래 모습과 변화된 형체의 엇섞임은 매우 처리하기 어려운 부분이었다[그림 5].

고도로 압축된 이러한 의식은 졸정원에 배치된 태호석 가산에서 영향을 받았다. 3세제곱미터의 공간 안에서 이 가산은 감돌며 올라가지만 서로 교차하지 않는 세 계단을 경영한다. 세 계단은 전부 꼭대기의 작은 베란다에 도달한다. 베란다 아래에는 사람이 들어갈 수 있는 작은 석실 하나가 감춰져 있다. 졸정원의 '원향당遠香堂'이 마주한 것이 모형 대산大山이라면 이 작은 가산은 바로 인공으로 제작한 '이형'이다.

이들은 크기가 매우 다르지만 성질은 같다. 3세제곱미터라는 작은 공간의 제한을 자각해야만 '이거'의 역량을 깨달을 수 있다. 그 의미는 바로 '대산'과 같다. '원향당' 앞의 대산은 동진東晉의 소박한 산수에 더욱 가깝다. 이 작은 가산은 「조춘도」의 '자연 형태'를 연구한 이후에 출현했는데 그것은 마치 "사람이 만들었지만 자연이 열어준 것과 같은" 모습이다. 규범의 제한 때문에 정상적인 건축에서는 이 작은 가산처럼 고도로 농축된 산 모양의 타이후방을

그림 5 타이후방

나는 아직 만들지 못했다.

건축이 바로 공간이라는 방식으로 다양한 생활에 각각의 서사를 행하는 것이라면 '이형'의 건축 의의는 우리가 이해할 수 있는 표현을 필요로 한다. 공간 속에 글자 만들기를 상형한다면 '자연 형태'의 '이형'이 바로 물아物我가 직접 엇섞이는 방식으로 글자 만들기를 구현한다. 이런 일에는 필연적으로 순수한 시리즈 성격의 업무가 포함된다. 이후 나는 샹산캠퍼스 산남山南 제2기 공사에서 이 시리즈 방식을 펼쳐 보였다. 10여 채의 타이후방을 동시에 존재케 했는데 그 형체는 똑같았지만 주위 환경은 각기 달랐다. 나는 각기 다른 환경에 따라 분류 도표를 만들었다.

첫째, 콘크리트 타이후방은 석축 누대 위에 설치한다. 둘째, 하얀벽 타이후방은 네거티브 스페이스negative space 방식으로 동굴처럼 만든다. 셋째, 창이 많은 붉은 벽돌 타이후방은 절반을 벽체에 파고들게 만든다. 넷째, 콘크리트 타이후방을 문 앞에 설치하여 이른바 '거석영문(巨石迎門, 큰 돌이 문 앞에서 맞이함)'과 같은 형태를 만든다. 다섯째, 콘크리트 타이후방을 낮은 천장 아래 세워서 콘크리트의 순수한 물질성이 사람에게 가까이 다가오게 한다. 여섯째, 콘크리트와 목재 타이후방을 대문 안 정원에 세워서 대문과 정면으로 마주보는 '거석영문'의 형태를 만든다[그림 6]. '자연 형태'를 토론할 때 재료의 물질성은 '이형'과 마찬가지로 중요하다. 이런 물질성은 '이형'에 일종의 살아 있는 생명력을 부여한다. 웨이웨이[19]는 이 일에 특히 민감했다. 어느 날 그는 내 작업실에 왔다가 13호동 남쪽 입구에 서 있는 타이후방을 보고 말했다. "저 모양이 어째 어떤 기관器官과 비슷한데?"

---

19 웨이웨이(未未, 1957~): 아이웨이웨이艾未未를 말함. 중국 현대 시인 아이칭艾青의 아들이다. 실험예술가이며 중국의 반정부 활동가로도 유명하다.

그림 6 타이후방 공간 분류

'취영롱'이 내게 준 또 다른 계시는 이렇다. 건축으로 자연과 융합하기를 생각한다면 체적의 외형을 강조할 필요가 없다. 체적의 형식을 강조하는 방법은 유럽 건축사들의 장기다.

'형식', 즉 'form'이라는 말은 결코 외관의 심미적 조형만 가리키는 것이 아니라 내재적 논리가 의거하는 '이형'까지 일컫는다. 분명 3차원의 입체적 조각 방법을 차감한다. '취영롱'의 간단명료한 용적 안에서 건축은 지리적 방위를 비롯해 외부의 관조 대상과 연관된 면面으로 분해된다. 그 층위는 평면에 의해 층층이 경계가 확정된다. 한 건물의 평면이 직사각형의 방이 되면서도 네 개의 평면은 각각 상이한 모습이 될 수 있다. 쌍쌍이 서로 마주 보는 방식으로 몸 가까이에서 먼 곳으로 뻗어나가는 질서를 형성한다. 평면의 방위가 기초로 삼은 것은 더욱 넓은 범위의 산수 지리도다. 샹산캠퍼스 산남 13호동 및 15호동의 서쪽 벽은 모두 태호석 모양의 구멍이 뚫려 있는 콘크리트 벽으로 대체되어 있다. 건축 사이의 고밀도와 척도로 인해 이 두 가지 입면立面은 모두 정면에서 완전하게 볼 수 없다. 그것의 완전함은 오직 사유의 인상 속에서만 존재한다. 바깥의 입면은 사실 부차적이고, 더욱 중요한 것은 안에서 밖으로 조망하는 시야다. 우리는 또 이 두 입면이 모두 더욱 큰 산의 체형에서 분할되어 나온 것이고, 하나의 경계 면은 직사각형의 부분적인 산세라고 말할 수 있다. 그 이유는 오로지 경쾌하게 느껴지는 '정취' 두 글자에 놓여 있지만, 이 경쾌한 두 글자는 습관적인 건축언어의 폐쇄성과 성격을 전복할 수 있다. 마치 내가 쑤저우 사자림[20]에서 항상 학생들에게 묻는 질문과 같다. "이 작은 원림에 왜 이처럼 큰 산의 형체와 연못을 설치했을까?" 여기에서는 분명히 산수가 건물보다 중요하다.

샹산캠퍼스 산남 19호동 남쪽 측면에 현장 치기 콘크리트cast-in-place con-

crete를 사용하여 나는 태호석 형태에서 직접 아이디어를 얻은 타이후방 세 개를 더욱 발전적으로 조성했다. 이것은 더 이상 네모 모양이 아니다. 세 타이후방은 각각 완전한 모양을 이루면서도 들쭉날쭉 다른 모양으로 시리즈를 구성한다. 세 방의 형상과 방위는 19호동에서 밖을 바라보는 시야 및 공간이 압축한 의식 하에서 인간의 신체가 어떻게 기울어진 벽체와 접촉하는가로 결정된다. 그 세 방의 척도는 수십 번의 미세한 조정을 거쳤으나 나는 의식적으로 모형을 만들지 않고 오직 입면도立面圖 위에서만 작업했다. 모형을 많이 만들수록 쉽게 의지하기 마련이다. 그러나 이처럼 인간이 그 속에서 작용하는 건축을 강조하려면 마음으로 상상하는 능력을 키워야 하고, 또 부분이 전체에 미치는 영향으로 인해 우리가 세밀한 부분에 대해 느끼는 지극히 아름다운 기억력을 길러야 한다.

---

20 사자림(獅子林): 쑤저우 동북부에 있는 중국의 전통 원림. 창랑정, 졸정원, 유원留園과 함께 쑤저우 4대 원림으로 일컬어진다. 원나라 지정至正 2년(1342)에 조성되었다. 연예당燕譽堂, 견산루見山樓, 비폭정 飛瀑亭, 문매각問梅閣 등의 건물이 있다.

그림 7 동원, 「하경산구대도도」, 오대

자연 형태의 서사와 기하를 토론하면서 전면에 '건축'이라는 말을 쓰지 않은 까닭은 인간과 건축이 자연 사물에 융합되어 들어가는 '제물'[21]의 건축관을 다시 열기 위함이다. 그러나 이를 토론하려면 반드시 원림을 토론해야 한다. 그러나 주로 현존하는 명청 원림만 토론한다면 아마 일종의 습관에 그칠 것이다. 이러한 의식의 근원으로 거슬러 올라가면 자연 형태와 연관된 것이 원림에만 그치지 않는다. 이어李漁가 '진정한 산수眞山水'란 말을 강조할 때 그것은 당시 산수화가 누에고치처럼 자승자박 상태에 빠진 것을 비판한 것이었고, 그런 비판은 또 원림 조성에도 직접적인 영향을 끼쳤다. 산야로 되돌아가자는 것은 직접 산야로 진입하는 직관을 의미했고, 다른 한편으로는 산수화 '이미지 텍스트'에 대한 추종을 의미했다. 왜냐하면 '이미지 텍스트'에는 산수화의 관법에 대한 탐구가 기록되어 있기 때문이다. 산수화는 동진에서 시작되었다. 첸중수가 『관추편』에서 진술한 바에 따르면, 당시의 회화는 분명히

---

21 제물(齊物): 만물을 차별하지 않고 그 차이를 동등하게 대우하는 관점.

산수 지도를 참고했다. 진정으로 지면에서 출발하여 경관을 바라보는 관산 觀山 화법과 근거리 관산 화법은 오대에서 시작하여 북송에서 극성했다. 나의 작업실에는 그림 네 장이 있는데, 모두 일대일 실물 크기로 복제한 고해상도 그림이다. 오대 동원[22]의 「하경산구대도도夏景山口待渡圖」[그림 7], 북송 곽희의 「조춘도」, 범관[23]의 「계산행려도溪山行旅圖」[그림 8], 남송 이당[24]의 「만학송풍도萬壑松風圖」[그림 9]가 그것인데 나는 늘 그림들을 감상하며 어루만진다. 2004년 그려낸 타이후방이 외로운 봉우리의 작은 산과 관련 있다면 같은 시기에 설계를 시작한 닝보박물관寧波博物館은 바로 대형 산세에 대한 연구로, 이들 그림과 특히 관련이 있다.

「조춘도」에 담긴 '자연 형태'는 '이거性理據性'이 아주 강한데, 기류와 허공을 둘러싸고 스스로 내재적 논리를 형성하므로 구체적인 관찰 지점이 없을 수 있다. 「계산행려도」의 큰 산은 친링秦嶺을 여행하면서 본 적이 있다. 계곡 한 지점에서 큰 산을 바라보면 큰 산은 수십 킬로미터 밖에 우뚝 솟아 혼연일체로 하나의 산 덩어리를 이룬다. 그러나 범관은 준법皴法과 화수법畵樹法을 사용하여 먼 곳에서는 볼 수 없는 산의 세밀한 겉무늬를 그려냈다. 이에 이 산은 오히려 눈앞에 있는 것처럼 느껴진다. 그림 아래의 흐르는 물, 흙 언덕, 나무들은 사실 눈앞에 있지만 오히려 먼 곳의 경치보다 더 간략하게 그렸다. 또 먼 곳에 있는 사찰은 매우 세밀하게 그렸다. 이당의 그림도 이와 같다. 화폭을 가득 채운 것은 먼 곳에 있는 큰 산이다. 붓으로 굵고 거칠게 그렸지만

---

22 동원(董源, 943?~962?): 오대 남당南唐의 화가. 대표작으로 「하경산구대도도」 「소상도瀟湘圖」 「하산도夏山圖」 등이 있다.

23 범관(范寬, 950~1032): 북송 시대의 화가. 대표작으로 「계산행려도」 「설산소사도雪山蕭寺圖」 등이 있다.

24 이당(李唐, 1066~1150): 남송 시대의 화가. 산수화와 인물화에 뛰어났다. 대표작으로 「만학송풍도」 「청계어은도清溪漁隱圖」 등이 있다.

그림 8 범관, 「계산행려도」, 북송

그림 9 이당, 「만학송풍도」. 남송

진실한 시각과는 완전히 상이하다. 산은 중간에서 경치가 나눠지며 울창한 숲으로 가득 차 있다. 위쪽에 채색한 고운 녹색은 연대가 오래되어 지극히 세밀한 인쇄술이 아니면 거의 알아보기 어렵다. 그러나 소나무의 솔잎은 육안으로도 관찰이 가능하다. 이 또한 근본적으로 불가능한 형상이다. 하지만 이러한 시야는 꿈과 같아서 진실보다 더 진실에 가깝다. 이 화법은 분명히 평면과 공간의 구별, 먼 곳과 가까운 곳의 구별, 산속과 산 밖의 구별을 자각한 결과물이며, 일종의 모순처럼 느껴지는 논리로 이런 경험을 2D 종이 위에 동시에 드러나게 했다. 이는 여기에 존재하면서도 여기에 존재하지 않는 것처럼 느끼는 경험이다.

이는 2D 평면이면서도 직접 건축의 입면으로 간주할 수도 있다. 모더니즘 건축에서 가장 성행한 '이형'은 바로 네모 상자 모양이다. 시공을 담당하는 건축업이 그 모양에 적응하면 이런 방법이 가장 경제적이고 간편하다. 네모 상자의 겉면도 2D 평면이지만 위의 그림 화법으로 알 수 있듯이 이런 네모 상자도 2D라는 전제 하에서 모양이 와해될 수 있다.

「하경산구대도도」에서 나는 수평선과 지평선, 그리고 석양빛에 가장 깊은 인상을 받았다. 만약 이 그림을 강남 일대 고을의 심미 표준으로 삼고 제물의 관점에 의지하여 그림 일부에 그려진 수목을 가옥으로 대체한다면 그림의 총체적인 의도와 척도가 어떻게 통제되어야 하는지 알 수 있을 것이다. 실제로 이 그림에서 조망할 수 있는 가로 폭은 이처럼 광활하지만 그림의 세로 폭은 겨우 0.5미터 내외에 불과하다. 앞뒤에 붙은 제발題跋을 제외하고도 그림의 가로 폭은 7미터에 달한다. 매번 이 그림을 보려면 가장 큰 탁자를 깨끗이 치워야 한다. 심지어 이 그림은 책의 삽화로 쓰기에도 부적합하다. 나중에 닝보박물관에서 나는 고의로 건축 고도를 아주 낮게 누르고 건물 모서리도 조금 기울었다. 이러한 방법으로 강조한 것은 바로 야외로 연장되는 지평선인데 아주 멀리까지 뻗어나간다. 이는 건축 형체의 윤곽선이 아니며 이른바 건물을 표지하는 성격은 더더욱 아니다. 나는 석양의 찬란한 빛을 고정하기 위해 건축 지붕 가의 기와를 검붉은색으로 사용해 달라고 요청했다.

닝보박물관[그림 10, 그림 11]을 설계할 때 나는 '대산법大山法'을 썼다. 가장 먼저 건축이 처한 환경에서 이 방법을 착상했다. 건축부지는 먼 산이 둘러싼 평원이었고 얼마 전까지만 해도 그곳은 논이었는데 바야흐로 도시가 그곳까지 확장해 들어왔다. 중국 도시의 확장은 보통 정부가 앞장선다. 정부의 행정 중심이 먼저 그곳으로 옮겨 간다. 건축부지 동쪽 곁에는 이미 건축이 완성되어 정부의 인가를 받은 건물, 즉 건축 대가 두 분이 설계한 대형 행정 타운 건물과 거대한 광장과 문화센터가 들어서 있었다. 남쪽 곁 멀지 않은 곳에는 공원을 사이에 두고 드넓은 벼논이 펼쳐져 있었지만 그곳 벼논들도 곧 사라질 운명이었다. 도시계획을 맡은 기업 본부가 그 땅을 이용하여 정부에서 계획한 수십 동의 고층건물을 그곳에 지을 예정이기 때문이다. 본래 그곳에 있던 아름다운 수십 개의 마을은 이미 철거되었거나 부서져 도처에 벽돌 조각과 기와 조각이 나뒹굴었다. 도로는 이상할 정도로 넓어서 이처럼 휑하고 드넓은 장소에서는 그 어떤 도시가 들어서도 생기를 회복할 수 없을 터였다. '아마추어 건축사무실' 사람들이 줄곧 도시의 생기를 살려낼 만한 구조를 회복하려 했다. 그러나 이런 장소에서는 서로 이웃한 건축 간의 거리가 100미터를 넘기 때문에 도시구조도 이미 수정할 방법이 없었다.

문제는 어떻게 독립적인 생명을 가진 건물을 설계할 것인가로 바뀌었다. 이를 위해 사람들은 다시 새롭게 자연을 향해 배워야 했다. 이런 사고방식은 중국에서 길고긴 전통을 갖고 있다. 쑤저우의 원림 관람이 바로 이런 학습 방식의 일환이다. 지나치게 인공화된 도시를 마주하고 사람들은 자연의 생명이 살아 숨 쉬는 원림을 조성했다. 사자림에서는 10무畝의 땅 중 8무를 산이 점거했고 건축물은 모두 그 변두리로 물러나 있다. 산수화에서는 사람을 어떻게 산과 함께 생존하게 할 것인가를 반복해서 묘사했다. 산은 중국인이 잃어버린 문화와 감춰놓은 문화를 찾아내는 땅이다. 약 4만 5,300제곱미터(68무)의 대지에 3만 제곱미터의 건축물을 조성하려면 쑤저우 원림의 구조를 모방하는 방식으로는 불가능한 일임이 분명했다. 나는 그렇게 할 마음이 없었다. 나는 수직으로 솟은 큰 산을 만들기로 결정했지만 이 산속에다 도시 모델 연구를 겹쳐 적용하기로 했다. 이 때문에 건물의 높이는 21미터 이하로 제한해야 했고, 그것은 부분적으로 제한고도 24미터 이하의 구역이 인공과 자연 사이에 존재함을 의미했다. 국제 입찰을 통해 '아마추어 건축사무실'이 프로젝트를 따낼 수 있었다.

사람이 산속에서 어떻게 생존하느냐는 바로 산의 구조와 사물의 생존방식을 어떻게 이해하느냐에 달려 있는데, 적어도 중국 당대唐代에 이미 이러한 사상에 명확한 이론이 존재했다. 북송 문인 이격비[25]는 『낙양명원기洛陽名園記』에서 여섯 가지 요점을 제기했다. "광대함宏大, 깊숙함幽邃, 인간의 힘人力, 물水泉, 고색창연함蒼古, 조망眺望"이 그것이다. 시적 운치가 담긴 것으로 보이는 이런 묘사는 모두 자연 형상 속에서 느끼는 물리적 감각 및 위치와 연관되므로 '큰 산大山'에 관한 진정한 이해라고 할 만하다. 흥미로운 것은 닝보 박물관 부지 남쪽 밍저우공원明州公園에 박물관 정면으로 콘크리트를 이겨서 만든 높고 큰 가산이 마주하고 있다는 점이다. 소문에 의하면, 어디인지 모를

---

25 이격비(李格非, 1045?~1105?): 북송의 문인. 시인 이청조李淸照의 아버지. 저서로 『예기설禮記說』 『낙양명원기』 등이 있다.

그림 10, 11 닝보박물관

진짜 산을 직접 복제한 것이라고 한다. 나는 그 가산보다 더 가짜인 큰 산(닝보박물관)을 만들기로 했다. 그것을 통해 산의 진정한 의미를 더욱 깊게 얻을 수도 있으리라 기대했기 때문이다.

닝보박물관의 외관은 산을 잘라놓은 모양으로 만들었다. 산은 끝없이 이어지는 속성이 있는데 마치 생기 있는 도시구조가 이어지는 것과 같다. 때문에 이 건축에는 사람의 힘으로 절단한 네모꼴의 경계선이 있다. 자른 흔적이 남아 있는 듯한 모습과 흔적은 이곳에서 잉여처럼 느껴지거나 망각된다. 그러나 또한 이런 절단면에서 시작하여 상상을 통해 하나의 도시를 계속 이으며 재건할 수 있다. 이 건축 하반부는 단순한 직사각형에 불과하여 멀리서 바라보면 분명히 하나의 네모 상자로 인식될 것이다. 혹자는 기념해야 할 대광장에 쌓아놓은 잡다한 벽돌더미라고 말하기도 한다. 하지만 가까이 다가가면 건축 상반부가 갈라지며 산과 비슷한 형상이 된다. 이것은 생경한 네모 상자를 어떻게 '자연 형태'로 분해하느냐에 관한 서사다.

남쪽에서 바라보면 남쪽 입면이 절대적인 2D 평면으로 인식된다. 그러나 산 계곡 같은 절단면 입구에 널따란 계단이 먼 곳을 향해 올라가는 것 같은 2층의 산이 보인다. 이것이 전형적인 북송식 '정관正觀'이다. 나는 계단 위에 소나무 분재를 가득 장식하여 남송 이당의 「만학송풍도」의 의미를 볼 수 있도록 할 생각이었으나 경비가 빠듯했을 뿐 아니라 나의 이런 생각이 불필요한 것으로 여겨져서 결국 실현하지 못했다.

박물관으로 진입하려면 중간 부분에서 폭 30미터의 납작하고 낮은 입구를 통해야 한다. 전체 구조를 살펴보면 큰 계단을 가진 세 갈래 계곡을 포함하고 있는데 두 갈래는 실내에 있고, 한 갈래는 실외에 있다. 각각의 출입구, 현관홀 그리고 실외 계곡 같은 절벽 옆에 동굴 같은 구멍이 네 개 있다. 중국식 온돌坑 모양의 내부 뜨락을 네 곳에 설치했다. 두 곳은 중심에 있고 두 곳은 더 깊숙한 곳에 있다. 건축의 안팎은 대나무 조각 모양의 콘크리트와 스무 가지 이상의 옛날 벽돌 및 기와를 혼합하여 벽면을 감쌌다. 마치 인공과 자연 사이에 생명이 살아 숨 쉬는 거대하고 검소한 물체처럼 보인다. 외곽으로 드러난 사각 모양은 지나친 의미를 제한하며 사물의 물성만을 표현하도록 설계되었다. 건물의 북단은 인공 호수에 잠겨 있다. 호수 곁에 흙 언덕을 쌓고 갈대를 심고 물이 흐르도록 했다. 중간의 호수 입구 부분에서 물이 돌 방죽을 넘쳐흐르다가 드넓은 아란석(鵝卵石, 자갈) 여울에서 멈추게 했다. 건축물의 갈라진 상부에는 넓은 옥상을 감춰두고 모양이 다른 네 개구부開口部를 통해 도시를 조망하고 먼 곳의 벼논과 산맥을 조망하게 했다.

중국에서 박물관을 설계할 때 주위 환경 이외에 직면하는 또 다른 난제는 박물관 기능의 불확정성이다. 설계 초 나는 모든 소장품의 정보가 비밀이므로 건축사가 알아서는 안 된다는 통보를 받았다. 주 건물이 이미 완공되었는데도 전시구조는 아직 결정되지 않았다. 전시 설계는 건축사와 무관하다. 중국에서 도시를 설계하거나 대형 건축군을 설계할 때 늘 맞닥뜨리는 문제다. 그 용도는 줄곧 변화하기 때문이다. 내가 설계한 항저우 중국미술대학교 샹산캠퍼스는 건축물을 이용하기 바로 전에야 비로소 각 건물의 용도를 마지막으로 확정했다. 이 박물관의 설계도 일종의 도시설계로 변화했다. 나는 모든 전시실을 하나의 건축으로 정의했고, 전시실 내부는 큐레이터가 전시 책임을 졌다. 일종의 '산체유형학'[26]을 이용하면 공공 공간은 언제나 다양한 경로를 갖게 된다. 그것은 바닥에서 위를 향해 갈라지면서 식물의 줄기와 뿌리 모양의 미로 구조를 형성한다. 미로에는 걸어서 올라가는 경로와 엘리베이터나 에스컬레이터로 이루어지는 두 갈래 경로가 포함된다. 이는 거의 모든 특정 박물관의 관람 동선 모델에도 적용할 수 있을 터이다.

2000년에서 2008년까지 '아마추어 건축사무실'은 나의 주관 아래 옛날 벽돌과 기와를 순환구조 건축물에 응용한 일련의 작품을 실험했다. 그중 한 가지가 바로 닝보 지역 민간 전통 건물에서 그 방법을 익히는 것이었다. 최대 80여 종에 이르는 옛날 벽돌과 기와를 응용하여 콘크리트와 혼합한 벽체를 '와편장瓦片墻'이라 부른다. 고급 기술이 필요하지만 이러한 기술이 더 이상 쓰이지 않기 때문에 장차 전승이 끊길 염려가 있다. 단저우鄞州 신구新區에 남아 있는 마지막 마을에서 우리는 정교하고 아름다운 와편장을 볼 수 있었다. '아마추어 건축사무실'에서는 지난 8년 동안 이와 연관된 기본 업무방식을 만들었다. 그것은 바로 대형 공사가 시작되기 전에 미니어처로 모형과 구조를 만들고 재료 사용법을 실험하는 것이다. 2003년 나는 '우싼방五散房'[그림 12] 으로 명명된 일련의 건축물을 동시에 설계하여 박물관 앞 공원에 시공하고 2006년 초에 완공했다. 거기에서 처음으로 '와편장'과 콘크리트 기술의 결합을 실험했다. 2004년에서 2007년 사이에 나는 이 실험을 항저우의 중국미술대학교 샹산캠퍼스 건축물에도 크게 확장했다. 그리고 이 실험은 닝보박물관에서 처음으로 정부가 투자한 대형 공공 건물에 수용되었는데 이는 앞서 성공한 몇 가지 실험과 직접 연관이 있다.

이 방법의 중요한 의의는 설계와 시공 과정에서 계속 존재해 온 반대 의견에서 도출되었다. 나는 일찍이 격렬한 비판에 직면했다. 비판자들은 내가 현대화된 새로운 도시에 닝보에서 가장 낙후된 어떤 것을 굳이 표현하려 한다고 말했다. 나는 박물관이 가장 먼저 소장해야 할 것은 바로 시간이고, 이

---

26 산체유형학(山體類型學): 다양한 산 모양과 그 의미를 건축설계에 적용하는 것.

그림 12 우싼방

런 벽체의 조성 방법은 닝보박물관으로 하여금 가장 세밀한 시간을 소장하는 박물관이 되게 할 것이라고 반박했다.

건축 탐구라는 측면에서 건축사가 중점을 두는 것은 '와편장'이 어떻게 현대 콘크리트 시공 시스템과 결합하느냐 하는 점이다. 전통적으로는 가장 높아야 8미터 정도에 이르는 이런 벽체를 어떻게 24미터까지 쌓을 수 있을까? 벽돌 및 기와와 거의 같은 양의 대나무 모양의 거푸집[27]을 사용하면 형식은 단순하지만 의미는 복잡한 대화를 나눌 수 있다. 이런 방법은 모두 시공 과정에서 수십 차례 반복 실험을 거쳤다. 국가의 설계 규범과 시공 비용에는 이런 방법이 포함되어 있지 않았다. 그러나 업주와 감독 부서, 시공 회사는 모두 새로운 격정에 빠져들었다. 그들의 지지가 없었다면 이 박물관은 애당초 건축할 수 없었을 것이다. 게다가 매 제곱미터당 5,000위안(약 86만 원)으로 책정된(토건, 인테리어, 경관, 설비까지 포함) 저렴한 가격 상황에서는 더더욱 그렇다.

'와편장'이든 대나무 조각 모양의 콘크리트 벽이든 모두 건축학 지식을 변화시키고 있다. 최후의 결과는 오직 절반만 건축사가 예상할 수 있기 때문이다. 대나무 모양의 거푸집에 시멘트를 주입하면서 일어나는 변화는 때때로 평범한 예상을 뛰어넘는다. '와편장'을 만들 때 건축사가 모든 벽체에 채색을 하기 위해 벽돌과 기와의 상이한 배분 비율과 차이를 상세하게 설명하며 큰 그림을 현장에 펼쳐둔다 해도 그처럼 큰 공사 현장에서는 상이한 높이의 수십 개 작업 지점이 전부 비계scaffold의 안전망 안에 감춰진다. 이 때문에 수십 종의 벽돌과 기와 재료를 정확하게 배송할 방법이 없고 모든 인부의 작업을 감독할 방법도 없다. 큰 면적에서 재시공을 하든 아니면 통제를 뛰어넘는

---

27 대나무 모양의 거푸집: 대나무 줄기 모양이 나올 수 있도록 만든 거푸집. 응고된 후 거푸집을 뜯으면 벽체 전체에 대나무 줄기를 세운 듯한 형태를 얻을 수 있다.

변화가 발생하든 시공 과정에는 늘 격렬한 논쟁이 따른다. 나는 항상 '자연의 이치'에 따라 사람들을 설득한다. 그때마다 나는 나 자신이 고대 중국의 철학자로 변신한 듯한 느낌이 들곤 한다.

공사가 끝난 후에도 시민의 반응을 예상할 수 없다. 나는 시민이 되어 이 박물관의 공개강좌를 들은 후에야 비로소 안전망을 철거한다. 마지막으로 내가 세밀한 법칙과 규정을 제정한 이후, 통제하기 어려운 건축 기술자들의 벽돌쌓기 기법 하에서 검붉은 기와가 각종 '자연 형태'를 형성한다는 점에 깜짝 놀랐다. 따라서 '자연 형태'는 '이거' 안에 있는 동시에 나의 예상 밖에 존재했다.

그날부터 나는 닝보에서 갈수록 많은 시민이 이 건축물을 좋아할 뿐 아니라 마음속으로 열렬히 사랑한다는 사실을 알고 매우 기뻤다. '와편장'과 대나무 조각 모양의 콘크리트 시공 기술자들은 말로 표현할 수 없는 자부심을 느꼈다. 그들은 나를 더 이상 '선생님'이라 부르지 않고 '사부님'이라 불렀다. 그리고 사람들이 그 기술자들을 초청하여 박물관을 지은 방법 그대로 자신들의 집을 지어달라고 요청하기에 이르렀다. 이런 일들이 내 생각을 증명해 주었다. 즉 대규모 현대건축 과정에 전통 기술과 현대건축 기술을 결합하지 않으면 중국의 건축 전통은 각급 박물관 관계자와 건축사의 공담과 궤변 속에서 죽어갈 것이다. '자연 형태의 서사와 기하'에 관한 이론적 탐구는 이처럼 살아 있는 실천이 될 수 있으며, 최종적으로는 일상 속 '정취'라는 두 글자로 귀결될 것이다.

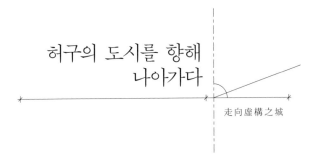

허구의 도시를 향해
나아가다

走向虛構之城

시간은 작년(2002년)이지만 구체적인 날짜는 기억나지 않는다. 나는 중국미술대학교 건축영조연구중심建築營造硏究中心에 지원한 수험생들에게 전공 시험을 출제했다. 지원하러 온 수험생들이 내게 물은 첫 번째 질문은 거의 대부분 "실험 건축 방향에서 도대체 무엇을 공부합니까?"였던 듯하다. 나의 의도는 바로 이 질문을 이용하여 그들에게 반문하려 했는데, 반문의 방식이 다를 뿐이었다. 예컨대 당시에 시험지를 이용하는 방식을 썼다. 이 글을 쓰는 지금 나의 작업실은 이사 중에 있다. 기존 질서가 파괴되어 상자에 포장되었고, 새로운 현장에서는 아직 그것들이 새롭게 배치되지 못하고 있다. 당시 시험지의 초고도 틀림없이 어떤 상자 속에 담겨 있을 것이다. 내가 지금 쓰는 글은 그 시험지에 관한 기억이다.

'네 사람이 있다고 하자. 철학자 한 사람, 선종禪宗 스님 한 사람, 농부 한 사람(그는 동시에 대장장이나 목수와 같은 수공업 기술자다), 건축사 한 사람이 그들이다. 어느 날 그들은 공통의 소망 또는 이상을 품고 어떤 넓은 장소에 갔다. 거의 절반은 폐기된 그곳 콘크리트 건축물이 그들의 거주 욕망을 자극했다. 그들은 그곳에 거주하면서 합작사와 유사한 조직을 만들었고 건축물의 공간을 넷으로 구분했다. 그들은 작업과 생활을 시작했고 더러는 명상도 했다. 각자가 거주하는 공간에서 시작하여 그 네 공간을 영조營造하는 행위에는 모두 미래 도시의 그림자가 포함되어 있다.'

학생들은 어떤 방식으로 이 시험지를 완성해야 할까? 그들 스스로 종이와 펜을 준비하는 것 이외에는 어떤 제한도 두지 않은 것으로 기억한다. 나중에 어떤 친구가 그 답안지에 깃든 의미가 심오했다고 여길 수도 있겠지만 나는 당시에 어떻게 대답해야 할지 몰랐다. 기억하건대 당시에 학과장이 내게 문제를 다 출제했느냐고 물으면서 정오까지 제출하라고 했다. 나는 내키는 대로 편지지를 한 장 찾아서 급하게 써내려갔다. 이 얼마나 불성실한 태도인가? 그러나 이 문제에 포함된 의미의 깊이를 시간으로 계산할 수 있다면 나는 이 문제에서 말하려는 것들을 이미 10여 년간 사고하면서 실천해 왔다. 언제부터 시작했을까? 틀림없이 1985년부터였을 것이다. 그해 봄과 여름, 나는 난징대학교 도서관에서 적지 않은 책을 읽어온 터라 나름대로 개인의식이 풍부해지며 생각도 넓어졌다. 대략 기억하건대 루트비히 비트겐슈타인[1]의 『논리철학논고』, 송나라 판본 『오등회원』[2], 알랭 로브그리예[3]의 『질투』『홍루몽』(두

---

1 루트비히 비트겐슈타인(Ludwig Wittgenstein, 1889~1951): 오스트리아 출신 영국 현대 분석철학자. 언어에 대해 가장 철저하게 회의하고 분석했다. 대표 저서로 『논리철학논고』 『확실성에 관하여』 등이 있다.

2 『오등회원(五燈會元)』: 남송 이종理宗 때 편찬된 중국 선종사禪宗史 서적. 북송 법안종法眼宗 도원道原의 『경덕전등록景德傳燈錄』, 북송 임제종臨濟宗 이준욱李遵勖의 『천성광등록天聖廣燈錄』, 북송 운문종雲門宗 유백惟白의 『건중정국속등록建中靖國續燈錄』, 남송 임제종 오명悟明의 『연등회요聯燈會要』, 남송 운문종 정수正受의 『가태보등록嘉泰普燈錄』을 요약하여 모두 20권으로 정리했다.

번 읽음), 페르디낭 드 소쉬르[4]의 『일반 언어학 강의』, 저자를 알 수 없는 『목
공 수첩木工手册』, 송사宋詞의 격률과 음운을 분석한 청나라 사람의 책 한 권
(책 제목에 '이화梨花' 두 글자가 있었던 것으로 기억한다) 등을 읽었고, 누군가의
책에서 롤랑 바르트[5]를 처음 만났고, 또 왕쉮(王朔, 1958~)의 글 「해면으로 떠
올라浮出海面」를 아마 『수확收穫』이란 잡지에서 읽은 듯하다. 나중에 왕쉮의
대표 언어가 된 '조롱' 이외에도 막 세상에 나온 그가 쓴 글에는 싱싱한 용기
가 가득 담겨 있었다.

개개인으로 말하자면 의식의 자각에는 또 하나의 세계 탄생이 수반된다.
그것이 하나의 원림이나 허구적인 소세계일지라도 말이다. 그해 여름 나는 이
세계에 구조적인 효과만 있으면 인간의 정신능력을 자극할 수 있다고 의식함
과 동시에 '구조'라는 어휘의 위험성도 깨달았다. 구조가 가리키는 것을 단순
화하면 분명히 유치함이 드러난다.

나는 지나치게 개인화된 생각을 시험지에 옮겨 쓰는 것은 적합하지 않고,
세월이 흐른 후에야 좀 더 보충할 수 있다고 생각한다. 내가 시험지를 30분
만에 출제했다고는 하나 아마 두 시간 동안 무엇인가를 계속 생각했음에 틀
림없다. 여러 해가 지난 후에야 나는 글을 쓰고, 집을 짓고, 예술활동에 종사
하고 심지어 일상생활을 하는 동안에도 늘 어떤 기억을 바탕으로 삼는다는
걸 깨달았다. 그 시험지도 기억에 관한 텍스트였다. 어떤 문장이 종이에 낙하
하면 생생한 현장의 광경이 떠오르면서 그런 장면이 계속 이어진다. 그 시험

---

3 알랭 로브그리예(Alain Robbe-Grillet, 1922~2008): 누보로망을 선도한 프랑스의 영화감독·소설가.
대표작으로 『질투』『누보로망을 위하여』 등이 있다.
4 페르디낭 드 소쉬르(Ferdinand de Saussure, 1857~1913): 스위스 언어학자. 구조주의의 선구자. 대표
저서로 『일반 언어학 강의』『소쉬르의 마지막 강의』 등이 있다.
5 롤랑 바르트(Roland Barthes, 1915~1980): 프랑스 철학자·문학가. 구조주의 기호학의 개척자.

지 배후에도 실제로 영화의 장면을 나누는 것과 같은 시나리오가 숨어 있다. 시험지를 출제할 때 나는 철학자를 거론했고, 그때 나의 뇌리에는 비트겐슈타인이 떠올랐다. 그는 정원사 일을 한 적이 있고 집을 지은 적도 있다. 그는 잡담을 나누면서 나무 울타리를 전지剪枝하곤 했다. 선종 스님의 형상과 농부의 형상은 뒤섞여 있다. 나는 일찍이 함부르크예술대학Hochschule für bildende Künste Hamburg:HFBK의 한 교수 연구실에서 슬라이드를 본 적이 있다. 내용은 1980년대 항저우 교외의 한 농부가 곡식을 말리는 과정을 담고 있었다. 농부는 흰색 담장 앞에서 알곡을 골라 펼쳐 널고, 대나무 갈퀴로 평평하게 고르며 직사각형 모양을 만들었다. 대나무 갈퀴는 곡식 위에 여러 흔적을 남겼다. 그 광경을 통해 상상의 도시가 드러내는 경맥經脈과 기리6를 명확하게 볼 수 있었다. 슬라이드는 그의 동작과 자세를 마치 무용처럼 구조화했다. 하지만 오늘날의 무대에 올려지는 우아하고 매끄러운 무용 동작과는 달랐다. 그 동작은 작은 스텝의 경쾌한 춤이었고, 습관이었고, 의식이었다. 농부는 곡식을 널 때 마치 나한羅漢처럼 다리를 불가사의한 방식으로 비틀었다. 시험지에 거론한 농부의 작업장에 나는 틀림없이 가본 적이 있다. 벽에는 농기구가 가득 걸려 있었고, 손에는 작은 대패가 들려 있었다. 그 건축사는 아마도 나 자신을 투영한 허구라 할 수 있는데, 그는 집을 지을 때 늘 구조와 디테일을 설계도 위에서 결정하지 않고 현장에서 결정한다.

영상과 동시에 발생하는 이러한 글쓰기 행위에서 내가 글을 쓸 때 왜 그렇게 흥분하는지 해석할 수 있다. 몇 분간 쓰다가 바로 일어나서 방 안을 왔다 갔다 한다. 그때 나는 이미 내가 쓴 글과 내가 지은 집 안에서 움직이는 인물

---

6 기리(肌理): 건축물이나 도시 표면에 드러나는 조직·무늬·구조·돌기 등 모든 결·형상·느낌을 가리킨다. 사람의 살결, 호수의 물결 등을 떠올리면 쉽게 이해할 수 있다.

이 된다. 나는 집 안에 다양한 종류의 텍스트가 존재한다고 줄곧 생각해 왔다. 적어도 내가 상상하는 집을 짓게 되면 물론 좋고, 짓지 않고도 영화처럼 한 컷만 촬영해도 재미있을 것이다. 다양한 텍스트 유형이 포함된 집은 다양한 가능성을 가진 도시를 분명하게 드러내 보인다. 그런 집들은 피차 서로 똑같은 모습으로 연결되지 않는다. 그것은 모든 인간의 생활이 결코 중첩되지 않는 것과 같다.

'가능성'이란 어휘는 예측할 수 없음을 가리킨다. 혹자는 확정할 수 없는 계기라 말하기도 한다. 하지만 이 어휘는 현재 지나치게 남용되어 의미가 너무 쇠약해진 듯하다. 때문에 이 어휘를 들으면 오히려 '필연성'과 비슷한 의미를 떠올리기도 하고 혹은 '우연성'이란 어휘로 뜻을 대체해야 한다고 말하기도 한다. 그 시험지에 기술한 네 사람은 각자 소속된 공간으로부터 영조와 계획을 시작하여 일에 착수한다. 그들은 바로 호르헤 보르헤스[7] 식으로 피차 평행으로 전진하면서 서로 교차하지만 영원히 만나지 않는 각자의 길을 간다. 각자의 길에서 부딪치는 우연성이 도시의 운명을 결정한다. 그들은 동일한 도시를 만들면서도 서로 상이한 삶의 과정을 네 차례 연역해 낸다. 그러나 평면적인 시각으로 이 광경을 조감하면 네 도시는 구제할 방법도 없이 한데 중첩된다. 입에 올릴 만한 논리가 전혀 없어서 어떤 이론으로도 그 운명을 구할 수 없다.

하나의 집에서 허구의 도시에 도달하려면 보는 능력이 필요하다. 거기에는 진정한 시각차가 있어야 한다. 나는 학생들을 인솔할 때면 그들을 데리고 다

---

7 호르헤 보르헤스(Jorge Borges, 1899~1986): 아르헨티나 소설가·시인·문학비평가. 환상적 리얼리즘 기법으로 포스트모더니즘 문학에 큰 영향을 끼쳤다. 대표작으로 『불한당들의 세계사』 『픽션들』 등이 있다.

니며 먼저 두루 보게 한다. 2000년 5월 퉁지대학교에서 중국미술대학교로 돌아와 첫 수업을 항저우 우산吳山에서 진행했다. 그때 산중턱 근처에서 우연히 돌로 쌓은 벽을 만났다. 나는 학생들과 함께 오랫동안 살펴보았다. 비슷하면서도 서로 다른 돌멩이를 함께 쌓았는데, 그것들은 함께 어울리면서도 분리되었고, 분리되면서도 다시 함께 어울렸다. 문제는 내가 당시에 무슨 말을 했는지가 아니라 그 시각에 어떤 선입견도 없이 의식이 고양되는 현장이 탄생했다는 것이다. '보다看'라는 말을 다루게 되면 지금 어떤 사람은 틀림없이 현상학을 꺼낼 것이다. 그는 인간의 선입견이 개입되지 않은 사상事象을 보아야 세계의 본질이 객관적으로 드러난다고 말한다. 그러나 나는 학생들에게 그 석벽에서 자신을 보고 일찍이 그곳에 있었던 진정한 사람을 보라고 요구했다. 그것은 역사의 문맥과는 아무 상관없는 일이다. 당시 마르틴 하이데거[8]가 주관한 토론 그룹에서 어떤 학생이 그에게 물었다. "무엇이 현상학입니까?" 하이데거는 웃으면서 전체 학생을 바라보며 말했다. "여러분, 우리 강의실에서 나가 함께 '현상학'적으로 한 번 행동해 봅시다." 그 시각 밖에는 아마 폭우가 쏟아지고 있었을 것이다. 후설이 썼든 하이데거가 썼든 두께가 벽돌만한 현상학 저서로는 현상학에 몰두하게 할 수 없다. 그러나 무미건조하게 글을 쓰는 후설 같은 학자도 강의실 분위기는 언제나 생기발랄했다고 한다. 그런 광경은 이미 사라졌다. 하지만 어떤 순수한 현장을 통해 역사가 생생하게 부활할 수도 있다.

또 다른 어느 날 나는 학생들을 데리고 우산 위에 있는 대청석大靑石에 빙 둘러앉아 한 잔에 1위안하는 노인다실老人茶室에서 차를 마셨다. 주위에는 노

---

8 마르틴 하이데거(Martin Heidegger, 1889~1976): 독일의 실존주의 철학자. 대표 저서로 『존재와 시간』 『칸트와 형이상학의 문제』 등이 있다.

인들이 무리를 지어 카드를 치기도 하고 새장 안에 있는 새와 놀기도 했다. 우리 일행은 열두 명이었다. 나는 미셸 푸코[9]의 문집을 꺼냈다. 책 속에는 토론회 기록이 한 편 실려 있었다. 토론에 참가한 사람은 프랑스 문인이었고, 그중에는 아마도 질 들뢰즈*나 줄리아 크리스테바* 등이 포함되어 있었던 듯하다. 그들 일행도 열두

> • 질 들뢰즈(Gilles Deleuz, 1925~95): 프랑스의 포스트모더니즘 철학자. 대표 저서로 『차이와 반복』『천 개의 고원』 등이 있다.
> • 줄리아 크리스테바(Julia Kristeva, 1941~): 불가리아 출신의 프랑스 철학자·문학비평가. 대표 저서로 『공포의 권력』『시적 언어의 혁명』 등이 있다.

명이었다. 나는 학생들에게 나로부터 시작하여 차례대로 각자가 프랑스 문인 한 사람을 대표하게 하고, 그 사람의 토론 내용을 푸코의 문집에 기록된 순서에 따라 큰소리로 낭독하게 했다. 프랑스 문인들의 문풍은 난삽하면서도 재기 발랄하다. 따라서 학생들이 그것을 유창하게 낭송하려면 전심전력을 기울여야 한다. 사실 학생들이 그 글을 얼마나 이해하는지는 그리 중요하지 않다. 하지만 그 순간 사상은 곧 신체의 동작과 중첩되어 함께 어우러졌다. 그런데도 사람들은 주위에서 바라보는 열두 쌍의 눈에 주의하지 않았다.

'현상'은 평범한 어휘가 아니다. 겉으로는 평범해 보이지만 속에는 광기가 숨어 있다. 그 광기가 겉으로 드러나면 사람들이 깜짝 놀란다. "단도직입적으로 말하더라도 꼭 격렬하고 과장된 형식을 쓸 필요는 없다. 실제로 그의 출현은 순수한 주관을 가진 '인류 관찰자'에 의지해야 한다." 아내는 언제나 나에게 한 가지 질문을 한다. "당신이 지은 집에는 늘 어떤 분위기가 감도는데 왜 사람들은 그것을 분명하게 말하지 못할까?" 나는 대답할 때마다 내 뜻을 다 표현할 수 없었다. 그래도 이제는 나 나름의 정답을 갖고 있다. 인류 관찰자

---

9 미셸 푸코(Michel Foucault, 1926~84): 프랑스 구조주의 철학자. 대표 저서로 『광기의 역사』『말과 사물』 등이 있다.

는 객관적으로 보이는 건축물의 벽돌 기둥과 대들보 사이에 숨어 있다. 말하자면 내가 지은 집에 어떤 한 사람만 있다 해도 그는 그 집을 독점하고 있다고 여길 것이다. 그러나 인류 관찰자는 먼저 거기에 존재한다. 나는 한 글에서 그를 X라 칭했다. 「거주할 수 없는 여덟 칸 집八間不能住的房子」이라는 제목의 또 다른 글에서 나는 세밀하게 인류 관찰자의 전체 허상을 그려냈다. 그러나 이 인류 관찰자는 절대 높다란 곳에 앉아 사람을 위에서 굽어보지 않는다. 그의 존재로 인해 끊임없이 발생하는 일상생활에 모종의 신화적 성격이 스며들게 된다.

나의 입장에서 신화가 직접 지향하는 것은 바로 원림이다. 원림은 신화의 땅일 뿐이다. 2001년 봄, 나는 학생들을 데리고 쑤저우 유원을 찾았다. 그곳은 거의 암기할 수 있을 정도로 익숙한 원림이었지만 그중 하나의 정원이 갑자기 처음 본 것처럼 느껴졌다. 아마도 너무 평범하여 어떤 책에서 그것을 거론했는지 기억나지 않았다. 그곳은 사실 거의 텅 빈 공간으로 사방은 흰 담장이었고 면적은 반 무畝(약 15평)가 좀 넘었다. 정원 한구석에는 눈에 잘 띄지 않는 정자가 있었으며 모란꽃을 몇 무더기 심어놓고 낮은 대나무 울타리로 조심스럽게 둘러놓았다. 모란꽃이 대략 일고여덟 무더기는 되는 것 같았다. 나는 그곳에 잠시 서서 아무 말도 하지 않았다. 그 후 학생들에게 말했다. "여러분! 각자 꽃밭으로 들어가서 마음대로 서거나 앉아 보세요." 학생들은 내 말에 따라 행동하면서도 이유를 몰랐다. 미대 학생들은 산만하여 곧바로 낄낄거리며 놀았다. 내가 또 말했다. "여러분 보세요. 여러분이 바로 죽림칠현입니다." 학생들은 크게 웃으며 제각각 흩어졌다. 구경거리가 있는 곳으로 가서는 측량을 하고 스케치를 하며 과제물을 완성했다. 나는 유원을 몇 바퀴 돌았다. 너무 익숙하여 무료함을 느낄 정도였다. 다시 모란꽃이 핀 궁벽한 정원으로 돌아오자 언뜻 내 학생 하나가 모란꽃 아래에서 책을 읽는 모습이 보였다. 그날 오전에 나는 또 유원을 두세 차례 돌았다. 그 학생도 계속 그곳에서 조용하게 책을 읽고 있었다. 그는 아마 뭔가를 깨달은 듯했다. 나는 그를 방해하고 싶지 않아 멀찌감치 비켜서서 지켜보았는데, 어느 순간 그의 모습이 보이지 않았다. 아마도 누워서 잠이 든 것 같았다. 그렇게 꽃 아래에서 오전 한나절을 보냈다. 하지만 내가 본 것은 길고 긴 시간이 그곳에서 흘러가는 모습이었다. 그때 내 머릿속에서는 로브그리예의 문장 한 단락이 떠올랐다.

"나는 중국 남방을 좋아한다. …… 그곳은 끝내 완전히 잠들어 있지만 몽유병자처럼 침중하고 느리고 아래위로 끊임없이 흔들린다. 오래지 않아 그곳은 꿈속에 잠기는데, 그는 물결에 흔들리는 졸음을 상상한다……."

그 시험지에 서술한 네 사람에게 무슨 공통점이 있느냐고 묻는다면 나는 그들이 모두 신화 속 인물이라고 대답하겠다. 이 밖에도 그들은 모두 뭔가를 시작하기 좋아하는 사람이다. 그곳에 정착할 마음을 먹었으므로 이제 뭘 좀 해야 할까? 아직 도시 하나를 건설할 큰 소망을 품을 필요는 없으므로 아무 목적 없이 일을 해도 좋다. 그러나 네 사람의 거처 아주 가까이에 어떤 도시가 조직적으로 출현한 것은 완전히 우연이라고 할 수 없다. 모종의 공간 조직은 늘 출현할 수 있다. 만약 교류하려는 욕망이 나타나면 반드시 언어 그 자체처럼 한 글자에서 시작해야 한다. 하지만 최소한의 구조 형태는 늘 제한적이다. 이러한 사고는 결코 중요하지 않다. 중요한 것은 신화가 일의 시작과 결코 분리되지 않으며 그것은 하나의 과정과 한 줄기 길을 여는 행위라는 점이다. 아마도 체계화된 지식 훈련을 뛰어넘어 현실에 대한 자신의 원초적 감각을 일깨우고 이미 퇴화된 감각기관을 회복할 수 있을 것이다.

이것이 바로 사회가 저와 같은 네 사람을 한데 모아놓은 이유다. 무슨 일이 발생할지 나는 매우 궁금했다. 지금 생각해 보면 그 시험지는 사실 한 편의 우연이었다. 나는 왜 중국미술대학교에 건축과를 만들었나? 이 학과는 무엇을 가르치려 준비했나? 누가 이 학과의 교수인가? 누가 이 학과의 학생인가? 이 학과는 어떤 운영 기구로 조직되어 있는가? 무엇이 이 학과의 학술 사상인가? 이 학과에서는 어떤 사람을 길러내려 하는가? 이 학과에서 발생할 수 있는 일은 예측 가능한가? 이런 질문에 대한 모든 답안이 그 시험지에 있다. 심지어 왜 웨이웨이와 나를 초청하여 이 건축과 제1회 학생들의 첫 번째 전공 강의를 맡겼는지 대답하고 있다.

웨이웨이는 네 사람 중 누구일까? 아마 네 사람 모두에 해당할 것이다.

우리는 함께 집짓는 사람을 길러내기로 결정했다. 우리는 모두 건축만 가르쳐서는 아무 의미가 없다고 인식했다. 학생들이 졸업한 후 한평생 건축만 한다면 무슨 의미가 있겠는가? 우리는 건축이란 말에 비해 집이 가리키는 의미가 더욱 좁고 더욱 소박하다고 여긴다. 당신이 작은 집을 지을 수 있으면 큰 집은 조만간 지을 수 있게 된다. 물론 당신은 작은 집만 지을 수도 있다. 이것은 세계를 대면하는 당신의 태도에 의해 결정된다. 집은 또 당신이 다른 흥미 있는 일을 할 수 있음을 의미한다. 집짓기는 당신이 하는 한 가지 일일 뿐이다. 심지어 가장 중요한 활동이 아닐 수도 있다. 하지만 당신에게 세계로 진입하는 한 줄기 길을 열어준다.

네 사람 중에서 나는 농부를 편애한다. 그가 하는 일이 가장 직접적이기 때문이다. 따라서 첫 번째 전공 과정에서 나는 학생들에게 직접 땅을 다지고 스스로 3세제곱미터의 집을 짓게 했다. 웨이웨이는 미리 건축재료를 정하지 말자면서 교안을 수정할 것을 제안했다. 나는 출발점에서는 한 가지 원칙이 필요하다고 말했다. 웨이웨이는 수거된 재료, 즉 폐기물을 이용하자고 건의했다. 나는 명확하게 사람들이 건축자재라고 인정하는 어떤 재료도 이용해서는 안 된다고 말했다. 웨이웨이는 건축재료는 학생들 스스로 선택하게 해야 한다고 했고, 나는 이 강의의 기본 원칙이 교수가 가르치지 않는 것, 즉 교수가 이미 알고 있는 것을 직접 가르치지 않는 것이라고 했다. 웨이웨이는 재료 선택에서부터 집짓기 방안, 시공 시스템, 재료 구매, 건축기술, 예산 편성, 안전검사 등 모든 것을 학생들이 민주적 표결 방식으로 결정하게 해야 한다고 했다. 나는 이런 과정에 불확정적 요소가 너무 많은 것처럼 보이지만 학생들 스스로 차례차례 확정된 결론을 내려야 한다고 했다. 이 과정은 개방적일 뿐 아니라 학생들의 자각을 추동할 수 있으며 학생회 조직이 그 책임을 져야 했다.

웨이웨이는 재료 선택이 기상천외할 수 있다고 했으며, 나는 무슨 재료를 쓰든지 문제 해결 방식은 반드시 건축이라는 성격에 부합해야 한다고 했다. 이것은 집짓기이지 장식이 아니기 때문이다. 웨이웨이는 기왕에 집짓기를 익히는 만큼 집짓기 꼴을 갖춰야 하며, 중국의 모든 토목공사장처럼 아침부터 한밤중까지 불을 밝힌 채 계속 일을 해야 한다고 했다. 나는 이런 방식은 물론 사람을 흥분하게 만들 테지만 간단한 실습수업 하나가 대학의 수업 제도를 전복시킬 수 있다고 했다. 웨이웨이는 한 가지 일을 하기로 결정하고도 이렇게 하지 않으면 할 필요가 없다고 했다. 나는 이 강의는 겉으로 보기엔 자유롭지만 집짓기는 매우 엄격한 일이라고 했다. 웨이웨이는 무슨 재료를 쓰든 일단 학생 투표로 정해지면 완공된 건축에 엄격한 품질검사를 해야 하고, 검사에 통과하지 못하면 그 건축물은 철거해야 한다고 했다. 이와 같은 첫 번째 토론회가 2002년 11월에 개최되었고, 나중에 또 수십 차례 토론을 진행했는데 많은 내용이 분명하게 떠오르지 않는다.

학생회에서 무슨 재료를 선택하는지 추측하는 것은 수수께끼 놀이와 같았고, 그 결과는 정말 뜻밖이었다. 사흘째 강의가 시작되는 날 강의실은 폐품장과 같았다. 학생들은 끊임없이 물건을 날라왔다. 예를 들면 타이어, 축전지, 약용 유리병, 플라스틱 콜라병, 낡은 옷가지, 고물 자전거, 플라스틱 도시락통, 대나무 젓가락, 엑스레이 필름, PVC관, 방적기의 방추, 컴퓨터 부품을 장착하는 플라스틱판, 금속 통조림통 등이 그것이었다.

이후 두 달 동안 강의는 대체로 위에서 토론한 내용에 따라 진행되었다. 그 사이에 웨이웨이는 비행기를 타고 베이징에서 대여섯 차례 이곳으로 왔다. 매번 이틀 혹은 사흘 동안 묵었고 나머지 시간은 내가 담당했다. 학생들은 민주적인 표결을 통해 모두 네 개의 조로 나누고 네 가지 재료를 써서 집을 짓기 시작했다. 각각 고물 자전거, PVC관, 플라스틱 콜라병[그림 13, 그림 14], 대나무 조각과 엑스레이 필름을 이용하는 조로 나뉘었다.

우리는 학생들에게 집을 짓기 전에 반드시 벽체 단면 상세도를 그릴 것을 요구했다. 최종적으로 콜라병팀만 심사를 통과했다. 학생들은 이러한 재료 및 중요한 구조를 처리하는 도구를 만들어내면서 아울러 진정한 건축팀처럼 일했다. 그러나 시공 진도가 1월까지 지연되자 눈이 오는 날에도 일을 해야 해서 괴로움을 호소하는 학생도 있었다.

나머지 세 팀은 규정에 따라 모두 콜라병팀으로 들어가 터파기 공사부터 시작하여 함께 일했다. 교수가 가르쳐주지 않으니 학생들은 멍한 모습을 보이기도 했다. 그때 농촌에서 온 학생들이 솜씨를 발휘할 기회를 얻었다. 몇몇 학생은 실패하지 않으려고 끊임없이 작은 모형을 가져와 일대일 건축 지도를 해달라고 나를 설득하려 했다. 마지막까지 남았던 고물 자전거팀은 아예 설날 베이징으로 가서 웨이웨이의 집에서 과제물을 완공했다. 다만 그들이 쓴 자재는 완전히 새로 산 자전거였다.

그림 13, 14 콜라병으로 만든 학생 과제물

교육의 즐거움 중 하나는 바로 학생들의 질문이다. 이 강의에서 나는 두 가지 질문에 깊은 인상을 받았다. 강의가 절반 정도 진행되었을 때 거의 모든 학생이 내게 물었다. "선생님! 우리는 언제부터 건축 수업을 시작해요?" 또 물었다. "선생님! 우리는 언제부터 설계 수업을 시작해요?" 처음 이 질문을 받고 나서 나는 울지도 웃지도 못했다. 그러나 이 강의나 그들의 질문에 무슨 잘못이 있는 것은 아니었다. 왜냐하면 이 강의에서는 스스로 집을 짓는 방법을 가르치므로 전공 건축 강의와 전복 관계가 있기 때문이다. '설계'라는 용어도 더욱 의심을 품어야 할 개념이다. 학생들이 이 질문에 대한 정답을 이미 분명하게 안다면 입학하자마자 바로 졸업해도 된다.

나는 웨이웨이가 첫 수업에서 학생들에게 한 말을 아직도 기억한다. "지금부터 여러분은 벌써 졸업생입니다. 여러분은 벌써 위대한 건축사입니다. 여러분은 이제 문제를 발견할 것이고, 해결을 필요로 하는 문제와 저들 위대한 건축사가 매일 하는 일은 아무런 차이도 없기 때문입니다." 그날 강의는 시후가에서 진행되었다. 웨이웨이는 '유랑문앵'[10]이란 명소에서 학생들을 모두 초청하여 차를 마셨다. 저 멀리 호수 위에는 백제[11] 제방이 실처럼 이어졌고 유람객들은 그 위를 점처럼 오고 갔으며 수업은 꿈처럼 아름다웠다.

나는 웨이웨이의 말에 동의한다. 그 시험지에서 제기한 네 사람이 처음 일을 하고, 집짓기 계획을 세우고, 집짓기를 시작했을 때 어찌 자신이 건축을 배

---

10 유랑문앵(柳浪聞鶯): 항저우 시후십경西湖十景 중 다섯 번째 경치. 봄날 초록색 버드나무와 호수 물결 그리고 꾀꼬리 소리가 어우러져 꿈결 같은 분위기를 자아낸다. 시후 동남쪽 청파문清波門이 있던 곳 일대의 경관이다.

11 백제(白堤): 항저우 시후 북쪽 호수에 설치된 제방. 본래 흰모래가 깔린 곳에 설치했다고 하여 백사제白沙堤라 불렸다고도 하며, 당나라 때 백거이가 그 제방을 수리한 후 그의 성을 따서 백제라 부른다고 한다. 시후 서쪽 소식蘇軾이 조성한 소제蘇堤와 함께 시후의 아름다운 경관을 대표한다.

운다고 생각했을까? 그들의 행동은 단지 생존을 위한 하나의 본분에 불과했으며, 혹은 한걸음 더 나아가 본분을 감각, 몽상, 허구, 깊은 사색의 대상으로 나눴을 뿐이다. 강의를 시작할 때 나는 학생들에게 자신의 집을 짓는다는 태도로 힘을 다해 일을 해야 하고, 집을 다 지은 후에는 전체 학생 스물다섯 명이 모두 그 집에서 하룻밤을 보내자고 요청했다. 학생들은 이 말을 듣고 기뻐서 흥분했다. 그러나 6개월이 지난 후에도 아직 자발적으로 그 집에 거주하겠다는 학생이 없다. 나는 정말 실망했다. 나의 눈에는 학생들이 지은 그 작은 집이야말로 직접적으로 '영조'의 시작과 설계의 종말을 알리고 있기 때문이다.

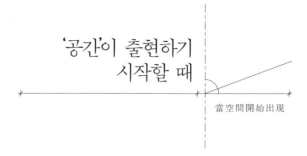

'공간'이 출현하기 시작할 때

當 空 間 開 始 出 現

현대 예술은 환각 예술의 표현을 벗어던진 후, 즉 점차 예술 텍스트 구조 이외의 모든 외부 요소를 벗어던진 후, 현실석 진실성과 허구적 진실성의 충돌, 독단적 형식주의와 상대적 형식주의의 충돌, 심미와 체험의 충돌, 다소 천진하고도 유치한 객관으로서 과학적인 태도와 실험적인 태도의 충돌을 겪기 시작했다. 전자는 자신을 위해 평면 회귀에서 평면 이탈로 나아가며 입체 공간을 지향하는 발생학적 궤적을 그려 보임과 동시에 '진실성'에 관한 일종의 신화를 창조했다. 후자는 점차 불확정적인 태도, 현실의 인위적 구조성에 대한 인식, 절대적 진실성과 창조성에 대한 불신, 인간 고유의 체험 개념에 관한 도전 방식 및 동시적이고 비발생학적인 예술관으로 발전했다. 대체로 우리는 전자는 모던하고 후자는 포스트모던하다고 말한다. 그러나 이 두 가지 경향은 시작부터 한데 뒤엉켜 있어서 심지어 동시에 발생했다고 말할 수도 있다.

예를 들어 제임스 조이스[1]는 일찍이 1920년대에 모더니즘의 마지막이자

포스트모더니즘의 최초의 소설인 『율리시스*Ulysses*』를 썼다. 총체적인 추세로만 말하면 예술가가 실험실 밖에서 발휘하는 영향력이란 측면에서 전자는 시작하자마자 바로 주류를 형성했다. 관념의 구성이란 측면으로 말하면 전자는 현실적이고 후자는 허구적이라 말할 수도 있다. 강조점은 전자의 기본원리들이 여전히 후자 속에 보존되고 있을 뿐 아니라 오늘날에도 견지할 만한 긍정적 가치를 지니고 있다는 것이다. 이 때문에 우리는 어쩌면 니콜라이 타라부킨●이 러시아 회화의 리얼리즘 경향에 대해 언급한 진술을 좀 더 잘 이해할 수 있을지도 모른다.

●니콜라이 타라부킨(Nikolai Tarabukin, 1889~1956): 러시아 모더니즘 초기의 중요한 예술사학자·철학자. 그의 예술이론서인 『이젤에서 머신으로*От мольберта к машине*』의 중국어 번역본은 1988년 상하이미술출판사에서 출간한 『모던아트와 모더니즘現代藝術和現代主義』에서 볼 수 있다.

"어떤 공통적인 지도 사상이 있는데…… 그것은 바로 이런 유파—추상을 추구하는 입체파, 쉬프레마티슴[2] 및 구성주의Constructivism—의 예술가들이 창조적으로 추구하는 가장 근본적인 요소가 바로 리얼리즘이라는 점이다. 그것은 창조적인 생활이 고조될 때, 시종일관 예술 생활을 풍부하게 해주고 절충적인 추세를 방지해 주는 건강한 핵심이었다.

나는 가장 넓은 의미에서 리얼리즘이란 개념을 사용하는 사람이다. 리얼리즘과 자연주의를 등호로 묶을 생각이 전혀 없다. 자연주의는 리얼리즘의 한 형식, 즉 가장 원시적이고 가장 유치한 형식의 하나다. 눈앞의 심미 의식은 이미 리얼리즘을 예술작품의 주제에서 예술작품의 형식으로 전환시켰다. 이로

---

1 제임스 조이스(James Joyce, 1882~1941): 아일랜드를 대표하는 소설가 겸 시인이다. '의식의 흐름' 기법에 뛰어난 모더니즘 작가로, 대표작으로 『율리시스』『더블린 사람들』 등이 있다.

2 쉬프레마티슴(Suprematism): 러시아혁명을 전후하여 구소련에서 카지미르 말레비치Kazimir Malevich가 창안한 미술사조. 절대주의·지고주의라고도 한다. 회화의 재현성을 부정하고, 순수감성을 절대적으로 하는 비대상 회화를 추구했다.

부터 리얼리즘이 추구하는 동기는 더 이상 자연주의 화가가 열중하는, 현실에 대한 핍진한 모방이 아니다. …… 예술가는 자신의 예술 형식 속에서 예술의 리얼리티를 창조한다. …… 이러한 작품은 형식과 재료에서…… 공리주의 대상과 조금도 유사하지 않다." 또 한걸음 더 나아가 이렇게 말했다. "(회화는) 미술 대상 형식의 출발점이 되는 평면적 특수성이란 조건에 제한을 받지 않는다." "화가는 평면의 캔버스에서 부조의 방향으로 발전해 갈 때 필연적으로 리얼리즘 형식 탐색을 기초로 삼는다."

예술가는 붓과 인공 채색을 버리고 명실상부한 재료(유리·목재·금속 등)를 이용하여 그림을 그리기 시작했다. 내가 아는 바에 의하면 예술 형식으로서 부조는 러시아 예술에서 가장 먼저 출현했다. 비록 조르주 브라크●와 파블로 피카소[3]가 가장 먼저 라벨, 종이, 글자, 톱밥, 풀 등으로 질감을 바꾸고 표현력을 강화하는 수법을 쓰긴 했지만 이어서 블라디미르 타틀린●이 이러한 경향을 더욱 발전시켰다. 그는 진정한 의미의 재료를 이용하여 부조 작품

●조르주 브라크(Georges Braque, 1882~1963): 프랑스의 입체파 선구자. 피카소와 함께 입체파 회화 운동을 일으켰다. 대표작으로 「에스타크의 집」 「만돌린이 있는 정물」 등이 있다.
●블라디미르 타틀린(Vladimir Tatlin, 1885~1953): 구소련의 화가·조각가. 금속과 나무로 작품을 만들기 시작하여 구성주의의 기초를 놓았다.

을 만들어냈다. 그러나 이런 부조 작품 속에서도 예술가들은 아직 진부한 형식과 구조라는 인위적인 상태를 벗어던지지 못했다. 부조는 회화와 유사하게 단지 하나의 위치에서 정면을 바라볼 수 있을 뿐이다. 부조 속의 구도도 기본적으로는 캔버스에 구현되는 평면적 구도 방법으로 구성된다. 이처럼 공간 문제는 아직 진정한 해결에 도달하지 못했다……

---

3 파블로 피카소(Pablo Picasso, 1881~1973): 스페인의 입체파 화가. 대표작으로 「아비뇽의 아가씨들」 「게르니카」 등이 있다.

진정한 의미의 재료(유리·목재·금속 등)로 제작하는 부조는 바우하우스[4]의 학생이 남겨놓은 과제물에서도 흔히 살펴볼 수 있다. 이러한 실험은 평면적인 구성과 다르다. 그 목적은 먼저 평면을 탈피하는 것이다. 그러나 마찬가지로 입체적인 구성과도 다르다. 이른바 '공간 문제가 해결되지 못했다'라는 진술은 부조가 공간 속 형체와 다름을 지적한 것이다. 즉 그것들은 3D 형상이 아니다. 문제는 공간과 3D 형상이 필연적으로 동등한 관계에 있느냐 하는 점이다.

러시아 형식주의자들은 서구 예술을 통제해 온 전통 철학과 미학의 억측에서 벗어나 그 특유의 과학적 실증주의에 기반한 새로운 열정을 폭발시키려 했다. 이 점을 이해하지 못하면 화가가 왜 공간 문제를 해결하려 하는지 이해하기 어렵다. 아울러 이 점을 해결하기 위해서는 반드시 캔버스 평면에서 벗어나야 한다. 왜냐하면 평평한 표면 위에 그려지는 한 폭의 그림도 다른 어떤 사물과 마찬가지로 공간성을 갖고 있기 때문이다. 주제의 내용보다 형식이 더 뛰어남을 강조하는 예술가도 아직은 어떤 최후의 주제를 갖고 있다 말한다면 그것은 바로 현실을 복제하지 않고, 진정한 현실을 창조하는 점을 지적한 것이다. 이러한 의식에 근거하면 전통적인 예술품 중에서 재료(안료)와 형식(캔버스의 2D 평면)은 불가피하게 통상적인 규칙과 인위적인 상태를 만들어 내는데 거기에는 진실성이 결핍되어 있다. 이 또한 왜 진실한 재료 이용을 강조해야 하는지에 대한 함의이다.

현실을 구성하는 재료는 인위적으로 조작한 것이 아니라 예술 텍스트 구조 밖의 요소를 대상으로 삼는 표현적인 재료다. 하지만 이러한 예술은 다음 단계의 발전 과정에서 논쟁거리가 될 만한 두 가지 경향을 탄생시킨다. 첫째,

---

4 바우하우스(Bauhaus): 제1차 세계대전 후 독일 바이마르에 설립된 국립 조형학교. 전통적인 가치관을 뒤집는 지식혁명으로 예술과 기술을 융합하여 20세기 모더니티의 출발점으로 평가받는다.

예술을 모종의 인지 활동과 동일시하는 것이다. 이러한 경향은 오직 3D 형상만이 현실이라는 관점을 야기한다. 즉 3D 형상으로 아직 평면적 특징에서 완전히 벗어나지 못한 부조를 대신하는 것이 마치 인식상의 진보인 것처럼 여긴다. 둘째, 공사 과정과 기술구조에 대한 형식을 모방하는 것이다. 따라서 예술가는 고의로 자신을 약화시키는 화가의 신분으로서 자신을 건축가나 엔지니어로 간주하는 듯하다. 예술이라는 시각으로 바라보면 이러한 방법은 예술가가 자신을 예술이란 절대 경지로 접근시키기 위해 복선을 까는 행위다. 그러나 건축이라는 시각으로 바라보면 회화·조소·건축을 예술 텍스트의 구조라는 의미에서 초보적으로 융합하는 길이 열린다. 타틀린이 창조한 부조든, 알렉산더 로드첸코*가 추구한 비평면 구성이든 여기에는 모두 공간에 대한 새로운 관점이 포함되어 있다.

●알렉산더 로드첸코(Alexander Rodchenko, 1891~1956): 러시아의 화가·조각가. 러시아 구성주의를 주도적으로 이끌며 포토몽타주 기법을 적극적으로 실험했다.

즉 공간은 더 이상 투시 등과 같은 환각 예술기법으로 제작되는 3D 심미 대상이 아니라 진실한 체험을 필요로 하는 어떤 것이라고 한다. 그것을 체적이나 용적으로 부르는 것이 타당하다. 이러한 작품에서 예술가는 현실을 표현하려고도 하지 않고 현실을 복제하려고도 하지 않는다. 다만 대상을 완전하게 자유를 포용한 가치로만 간주하고 사실을 증명해 나간다. 때문에 예술가가 창작에 채용하는 재료는 나무·철·유리 등과 같이 인공재료가 아니다(표현 도구라고 말하는 편이 더 낫다). 아울러 재료의 형체로 구성되는 건축원리(건축)와 이러한 형체 체적의 구성성(조소) 및 그 색채감·질감·구도의 표현성을 하나로 융화시켜 준다.

타라부킨은 여기에 일종의 관념이 포함된다고 지적했다. "이러한 구성을 통해 공간 문제는 3D 구성을 해결할 방법을 얻는다. 그것은 2D 평면에서 추구한 전통적인 해결방법과는 다르다. 결국 형식으로든 구성이나 재료로든 예술가는 진정하고 명실상부한 대상을 창조해야 한다." 이러한 관념과 실천은 현대 예술에 대해서든 현대건축에 대해서든 지극히 중요하다. 우리가 그것을 공격하며 그 본질이 유미주의이거나 순수형식, 순수예술이라고 인식할 수는 있지만, 비상징적 질감을 추구하는 화가가 캔버스 표면 처리나 부조의 형식으로 진행하는 밑도 끝도 없는 실험실의 실험처럼, 재료 자체의 원인 때문에 재료에 대해 진행하는 연구 및 기술적인 각도로부터 일반적인 구조 개념에 대해 행하는 연구는 모두 형식에 대한 우리의 감성을 나날이 완전하게 한다. 아울러 일종의 집요한 정신으로 더욱더 정밀한 경지를 추구하게 해준다. 이와 동시에 어떤 외재적 요소에도 의지하지 않는 순형식으로서 독립적인 구조 관념이 확립되고, 일종의 순수예술, 순수건축으로서 진실한 관념이 출현한다. 순수하게 직업적이고 기술적인 방법에는 방법론 측면의 가치가 포함되어 있다.

더욱 중요한 것은 예술가가 순수형식이라는 방식과 오직 형식에만 공을 들이는 방식을 통해 자기 창작의 모든 의의를 자동으로 박탈하고 있다는 점이다. 또 이런 경향을 통해 전통적인 심미관과 이어지는 모든 연관성도 끊어낸다. 전통적인 심미관이 시종일관 찾으려 했던 것은 바로 형식 속의 내용인데 그것은 바로 건축에서 명확한 가치판단을 내릴 수 있는 고정적인 기능이다. 그리고 장식이 가해지지 않고 텅 빈 형식은 전통적인 비평가들로 하여금 비평 근거로서의 어떤 심미적 의미도 찾을 수 없게 하고, 건축 평론가들로 하여금 텅 빈 용기 같은 건축을 마주할 때 공간적인 환각 창조와 연관된 어떤 비평 기준도 사라지게 만든다. 바꿔 말하면 용적이 공간을 대신하는 것처럼 체험도 '심미'를 추방할 수 있다. 그러나 순수형식 단계의 현대 예술은 아마도

'심미'의 내용을 추방할 수는 있겠지만 이것은 결코 철저하게 '심미' 자체를 추방하거나 예술의 '표현' 자체를 추방하는 걸 의미하지는 않는다. 러시아 구성주의 화가들은 의식적으로 자신의 화가 신분에 눈감았지만 결코 자신이 예술가 신분임은 배제하지 않았다. 그들이 창조한 대상은 전통 건축물의 설계 계획을 표현하지 않는데, 그 의도는 아무 내용 없이 자신만 포함된 대상을 창조하려는 것이다. 그러나 유독 예술 표준만 용인한 것은 르 코르뷔지에[5]가 건축사는 기술자에게 배워야 한다고 호소했듯이 예술가도 기술자에게 의지해야 함을 드러낸 것이다. 그들의 리얼리즘적 관점은 심미 이후의 새로운 목표를 회피하게 만들었다. 하나의 현실을 창조하려면 반드시 가장 일반적인 의미의 실용적인 목표를 가져야 한다. 따라서 타라부킨이 말한 것처럼 "우리는 구성을 모종의 실용적인 특징을 지닌 명확한 구조로 이해해야 하며 이러한 특징이 없으면 그 존재 의의는 사라지게 되는" 것이다. 하지만 전혀 실용성이 없는 실용적 특징은 또 얼마나 멀리갈 수 있을까?

목전의 건축교육 중 아무 쓸모없는 듯한 입체구성 과정에 의문을 표시하려면 먼저 구성파의 활동이 유익했음을 회고해 보라. 기술구성이 사용하기 편리하다는 점에 대해서는 토론하려 하지 않으면서 기술구조를 모방한다든가, 어떤 전문지식도 갖추지 않은 조건 아래에서, 또 위대한 예술가의 기본 특징인 어떤 전문지식도 완전히 상실한 전제 아래에서 그런 편리성을 공정工程, 기술, 산업과 결합하는 것은 단지 천박한 일일 뿐이다. 산업주의를 유일한 선택 대상으로 삼는 것도 나날이 증가하는 시대적 경건성의 격려를 받아들인

---

5 르 코르뷔지에(Le Corbusier, 1887~1965): 스위스 출신의 프랑스 건축가. 그는 집에 대해 단지 스쳐 지나가는 장식품이 아니라 사람이 실제로 그곳에서 편리하게 생활해야 한다는 신념을 갖고 '인간을 위한 건축'을 주장했다.

결과라고 해야 한다. 이 때문에 건축학적 시각으로 바라보면 구성파의 작품은 건축모형조차도 실제와 부합하지 않는다. 우리가 '신新'·'구舊' 예술 사이에 명확한 경계선을 그어야 한다면 그 결정적인 특징은 '표현' 여부에 달려 있는 것이 아니라 이러한 '표현'이 직접적인가 간접적인가에 달려 있다. 구성파가 제기한 공간에 대한 '용적'적 이해는 아주 중요하다. 문제는 용적 자체가 어떤 천박하고 유치한 표현형식 속으로 폐쇄되지 않는다는 점이다. 이 점에서 색채에 대한 쉬프레마티슴 화가들의 관점은 더욱 고상하다. 색채 자체가 바로 공간적이고, 색채가 유일하고 기본적인 요소이지만 화면 위에서는 색채에 '공간'이라는 프레임을 씌울 필요가 없다. 색채는 소리와 마찬가지로 고정된 형상이 없다. 따라서 우리는 색채의 형식주의나 색채의 형상을 더 이상 거론하지 않으면서 소리와 색채의 구조적 연관성에 대해 사고하게 된다.

나는 결코 앞서 이야기한 예술가들의 노력이 아무 결과도 얻지 못했다고 생각하지는 않는다. 먼저 순수한 예술구조에 관한 직업적 해결방법 자체는 이미 이론과 실천에서 이전의 서구 예술을 뛰어넘었다. 다음으로 이러한 경향은 상이한 문화적 배경을 가진 예술 현상 사이에 서로 교류할 수 있는 통로를 열었다. 마지막으로 구성파 예술가가 산업구조 형식을 모방한 것은 천진하고 유치한 듯하지만 그것이 현대 산업 재료의 형식화에 끼친 공헌은 적지 않다. 더욱 중요한 것은 공정이나 기술이 박물관에서 계승할 수 있는 것이 아니라는 점이다. 이 진정한 공정 재료들을 선별·이용하여 적나라한 형식에 대해 실험 조작을 진행하는 것은 예술을 하나의 협소한 테두리 안으로 폐쇄시키는 데 그치지 않는다. 박물관화된 전형을 창조하려는 의도 자체가 바로 진부한 예술 주제의 신식 변환일 뿐이다. 현대건축도 자신을 전형화·정통화하려는 의도 속에서 입장과 동력을 상실해 왔다. 건축도 예술과 마찬가지로 민주적인 형식을 채용할 필요가 있다. 예술이 박물관 밖으로 나가야 하는 것처럼 건축도 정통 건축학 밖으로 나가야 한다. 박물관은 이미 가득 찼고, 도시를 상징하는 전형적 건축도 너무 많다. 새로운 민주적 예술은 본질에서 사회적이고 개방적이다. 이런 과정에서 우리는 아직 전형적 건축의 소멸을 목도하지 못했다. 그것은 우리가 개방적인 건축학으로서 도시설계의 탄생을 기대하고 있는 것과 같다. 우리는 확실히 이미 예술 분야에서 이젤 회화의 소멸을 목도하고 있다. 이런 점으로 살펴볼 때 타라부킨이 20세기 초에 선언한 다음 내용은 예언적이라고 할 만하다. "…… 그러나 회화의 죽음, 즉 한 가지 형식으로서 이젤 회화의 죽음이 결코 넓은 의미의 예술의 몰락을 의미하지는 않는다. 고정된 형식으로서가 아니라 창조적인 사물로서 예술은 여전히 생기발랄하다. 더욱이 앞의 글에서 말한 것처럼 우리가 참석하던 장례식의 전형적인 형식이 사라지는 그 중요한 순간에 이례적으로 드넓은 시야가 시각예술 앞에 서서히 펼쳐진다. …… 그것은 새로운 형식과 새로운 내용을 가진 목전의 예술이다. 이 참신한 형식을 '창작 기능'이라 부른다. '창작 기능'에서 '내용(콘텐츠)'은 대상을 이용하고 처리하는 수단이며, 대상 형식의 구조를 규정하고 대상의 사회적 목적과 기능을 정당화하는 구조 원리다."

이러한 진술에는 이미 구조주의의 기본적인 사상이 포함되어 있다. 모더니즘 운동(문학·회화·조소·건축·연극……)의 미학 고립주의가 폐기되면서 특히 예술작품을 사회환경 안에 위치시키고 관찰해야 한다고 인식되는 순간 형식주의가 바로 구조주의를 이끌어내게 되었다. 형식주의가 제기한 원리는 여전히 보존하면서 그 상대성만 강화되었다. 예술은 기본적으로 일종의 기호학으로 간주되었다. 이러한 견해에 근거하면 다른(예술 외) 기호학적 사실과의 연계가 이루어질 수 있으며, 이렇게 함으로써 구조주의 방법의 복잡성이 증가했다. 문학을 예로 들어보자. 이로써 문학은 더 이상 언어로만 귀결되지 않고, 또 문학적인 사물로만 간주되지 않았다. 다른 각 부문 예술에서도 우리는 동일한 추세를 목도할 수 있다. 전형 예술이란 관념을 폐기하고, 예술 속에 진실을 실현해야 한다고 여기는 경향에 대한 조롱을 통해 선善과 미美를 남김없이 구현해야 한다는 믿음은 거짓말이 되었다. 중요한 것은 일종의 가능성이다. 체험에 대한 인간 고유의 관념에 도전하거나, 인간에게 체험에 대한 다른 정보를 제공하거나, 대중의 지친 삶에 한 줄기 생기를 불어넣거나, 어떤 불확실한 활동으로 대중을 변화시킬 수 있어야 한다. 관건은 태도, 즉 실험적 태도인데, 예술이란 전체 관념에 대한 일종의 전환이다. 어쩌면 '구조주의'로 이러한 전환을 개괄하는 것은 이론적으로 지나치게 편파적인 태도가 아닌가라고 의문을 품을 사람이 있을지도 모른다. 그렇다면 체코의 미학자이자 철학자인 얀 무카르조프스키(Jan Mukařovský, 1891~1975)가 『시학을 논함On Poetic Language』에서 진술한 구체적인 회고를 상기할 필요가 있다. "철학 문제에 전혀 관심을 갖지 않을 것으로 예언된 과학 유파들은 아예 그 전제에 대한 모든 의식적 통제를 포기했다. …… 구조주의는 경험적 재료의 한계 내에 존재하거나 이 한계를 초월하는 인생관이 아닌 데다 그 어떤 방법(즉 일종의 연구 영역 내에만 쓰일 수 있는 일련의 연구기술)이 아니다. 차라리 오늘날 심리학·언어학·문학이론·예술이론·예술사·사회학·생물학 등의 학문에 실행되는 이지적 원칙이라고 말해야 한다." 이러한 정신적 분위기에서 예술은 고립적인 미학주의와 독단적인 형식주의를 극복하기 위해 길을 찾는다. 이에 비해 건축학은 예외인 듯하다. 그것은 독단적인 기능주의를 극복하기 위해 길을 찾는다. 하지만 나는 독단적인 기능주의가 본질적인 면에서 독단적인 형식주의이고, 형식적 질서가 없는 기능은 없으며 독단이란 바로 고착적이고 교조적인 것이라고 생각한다. 건축학의 기능주의는 특히 발육이 불량하여 일정 정도 형식주의에 의해 동원된 주제와 내용 따위가 회귀했음을 의미하기도 한다. 강조해야 할 것은 형식주의의 다양한 형식 실험을 거친 후에 드러난 '기능'은 이미 '내용'의 동의어가 아니라는 점이다.

우리가 말하는 '구조기능주의'는 타라부킨이 '창작 기능'에 내린 정의이지만 이 또한 '구조기능주의'에 내린 정의로 간주할 수 있다. 이는 분명히 순수 형식주의의 후퇴로부터 미학적 사실의 복잡성에 대한 인식이 훨씬 심화되었음을 밝혀준다. 다른 한편으로 형식 실험이 일단 협소한 실험실에서 벗어나, 분석과 구성주의를 견지한다는 전제 아래, 광범위한 사회적 시각과 연계하면 바로 사회의 충돌에 개입하게 된다. 우리는 한편으로 형식적 방법에서 구조적 방법으로 나아가는 변화와 발생학적 차례에서 동시적인 기능 인식으로 나아가는 전환을 목도할 테지만, 다른 한편으로는 형식주의의 기본 원리와 예술구조의 독립된 가치를 견지하는 일에도 이러한 이론적 구상이 포함되어 있다. 일단 외부 요소와 맺은 상향적 관계에서 벗어나면 사람들은 바로 예술 이론을 하나의 체계적인 과학으로부터 삽화체 잡설과 에피소드식 논설로 늘 왜곡시키려 한다. 바로 이 점에서 예술 각 부문을 기본적으로 기호학적 사실로 간주하는 관점은 특히 중요하다. 예술관의 총체적인 전환 속에서 우리는 모종의 현대 언어학 연구방법론에 바탕을 둔 통일성을 파악해야 하는데 이는 수학이 전체 자연과학 속에서 발휘하는 작용과 같다.

무엇 때문인가? 우리는 연구 과정에서 아르네 야콥센[6]이 제기한 구조언어학의 구조기능주의에 특별한 관심을 기울이고 있기 때문이다. 한걸음 더 나

---

6 아르네 야콥센(Arne Jacobsen, 1902~71): 덴마크의 건축가이자 가구 디자이너. 대표 건축으로 코펜하겐 교외 벨라비스타 주택단지Bellavista housing estate와 SAS빌딩 등이 있다.

아가면 예술작품은 응당 사회환경 안에서 고찰해야 한다고 인식할 때, 일종의 기호학적 방법 속에 고립된 형식과 방법이 줄곧 회피해 온 구조와 관련된 합법적 요구를 포함할 수 있다. 이렇게 하면 순수한 형식주의가 복잡한 미학적 사실에 대해서 가져온 최초의 절망감을 극복할 수 있다. 합법성은 자체적으로 바로 기능적이고 구조적인 분석에 의해 구성된 인식론에 개입해 왔다. 이렇게 개입된 인식론적 방법은 통상적인 발생학의 순서를 대신하며, 아울러 이러한 순서에 대한 이해와 해석의 전통까지 수반한다.

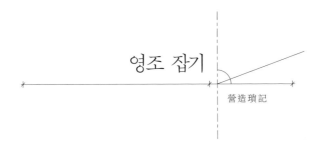

영조 잡기

營造瑣記

'영조營造'이지 '건축'이 아니다

내가 보기에 건축활동에 종사하는 것은 어떤 태도로 영원을 만들어나가느냐가 어떤 방법으로 영원을 만들어나가느냐보다 훨씬 중요하다. 두 종류의 건축사가 있다고 하자. 첫째 부류는 건축을 할 때 중요한 일만 하려 한다. 둘째 부류는 건축을 하기 전에 그 건축의 중요성 여부에는 전혀 신경 쓰지 않고 그 일이 재미있느냐에만 관심을 둔다. 적어도 나에게 건축은 오직 한가할 때 나 자신을 위해 즐겁게 여러 과정을 안배하는 일일 뿐이다.

나는 심지어 줄곧 '건축'이라는 용어조차 회피해 왔다. 왜냐하면 이 말은 우선적으로 '집짓기'라는 이 일을 너무 중요하게 취급하기 때문이다. 다양하고 종합적인 관점으로 이해하면 건축에는 '창조력'이 필요하므로 건축사의 '자아'가 더 많이 표현되어야 하고, 시대의 흐름과 발을 맞춤과 동시에 전통과 역사 등도 계승해야 한다. 이러한 중요한 요소가 만들어내는 하나의 위험성은 다음과 같다. 즉 수많은 건축사가 심지어 생활 속에서 일어나는 기본적인 감각과 경험을 상실한다는 것이다.

나는 또 '설계'라는 말을 선호하지 않는다. 오늘날 '설계'는 대체로 '공상空想'과 동등하게 취급하는 듯하다. 반영적·책략적·문학적이다. 그것은 반드시 의미를 갖춰야 하기 때문에 의미를 갖추기 위해 끊임없이 건축에 의미의 먼지를 채워넣는다. 그러나 나는 '영조'를 생각할 뿐이다. '영조'는 심신일치의 계획과 다양한 짓기 활동이므로 단지 집짓기, 도시건설, 원림 조성만을 가리키지 않는다. 여기에 더해 수리사업, 도자기 굽기, 죽제품 만들기, 가구 제작, 교량 건설 심지어 취미 삼아 소소한 물건을 만드는 일까지 포함한다. 이런 활동은 생활과 분리할 수 없고, 심지어 바로 생활과 동의어로 쓰이기도 한다. 그럼에도 '건축'은 그처럼 중요한 활동임에도 오늘날 '실제 생활을 배제한 상태'에서 진행된다.

나는 지금까지도 2002년 장융허[1]와 나눈 한 차례 대화를 기억하고 있는데 실제 생활은 언제나 아무 소리도 없이 고요하다는 것이다. 그는 정중하게 말했다. "언제 우리는 자발적으로 영조하는 평상 가옥처럼 집을 지을 수 있을까요? 그러나 거기에도 아마 평범하지 않은 어떤 점들이 스며들 겁니다." 나도 동감이라고 말했지만 마음속으로 이렇게 말했다. "평범하지 않은 그런 점은 우리 마음속에서 그리고 건축 내부에서 생겨야 해요. 아울러 어떤 외재적 '자아'의 특징에 의지해서는 안 돼요." 나는 이 대화를 하이닝海寧의 쉬즈모[2]

---

1 장융허(張永和, 1956~): 중국 출신의 건축가. 미국 매사추세츠공과대학 건축과 학과장을 지냈다. 1992년 미국 뉴욕건축연맹에서 수여하는 젊은 건축가 포럼상을 받았고, 1994년 일본에서 선정한 '세계 건축가 581인'에 선정되었다. 1997년 광주비엔날레에 참가했다.

옛집에서 나눈 것으로 기억하고 있다. 그러나 가만히 생각해 보니 내 기억이 틀렸다. 장융허는 그곳에 간 적이 없었다.

생활은 자질구레하다

롤랑 바르트는 우리가 상상하는 것보다 더 위대한 인물이다. 그가 남긴 한 마디 말을 나는 늘 암송하고 있다. "생활은 자질구레하다. 영원히 자질구레하다. 그러나 놀랍게도 나의 모든 언어를 빨아들인다."● 내 작업실에는 판자에 고정한 일련의 사진이 있다. 나의 대학원생 제자가 닝보 츠청慈城에서 찍었다. 내 의도에 맞춰 거리에 서 있는 모습을 연속 촬영했다. 나는 그곳에 대학원생들을 데리고 여러 번 갔다. 그러나 이 사진들은 내게 '현장성'이란 어휘에 의문을 품게 만든다.

● 롤랑 바르트, 화이위懷友 옮김, 『롤랑 바르트 자서전Roland Barthes par Roland Barthes』(백화문예출판사, 2006).

생활이란 말을 언급하면 사람들은 으레 '현장성'이란 어휘를 가져다 붙인다. 하지만 이 사진들은 나를 경악하게 만든다. 여기에는 평범 속에 평범하지 않은 집이 투영되어 나를 유혹한다. 그것은 내가 현장조사를 그리워하는 마음이 전혀 아니고, 이보다 더욱 모호한 어떤 것이다. 그 집들이 깊은 사색의 대상이 되었을 때는 이미 누가 그것을 지었는지는 중요하지 않다. 그것은 피와 살이 있는 일군의 사물처럼 자잘하고 시끄러운 대화와 동형同型의 차이로 가득하고, 원인을 알 수 없는 손때 흔적과, 혈연관계처럼 맺어진 자재 운용방

2 쉬즈모(徐志摩, 1896~1931): 중국 현대의 신월파新月派 시인. 서정적이고 낭만적인 시를 썼다. 대표 시집으로 『다시 케임브리지를 이별하며再別康橋』『피렌체에서의 하룻밤翡冷翠的一夜』 등이 있다.

식으로 가득하다. 결국 내가 본 것은 '문화'도 아니고 '지방색'도 아니다. 나는 나를 친근하게 하는 일군의 '물物'을 보았다. 이러한 '물의 몸통'에서 나는 더욱 많은 것을 표현하려는 '자아' 주체의 틈과 후퇴를 보았다. 이러한 '물의 몸통'이 나를 흡인하는 것은 결코 형태적 측면이 아니라 그 '직조적fabric 성질'이다. 혹은 익명 상태의 그 무엇이라고 말해야 한다. 이러한 '물'의 관계가 가장 아름다운 상태는 바로 형상을 고려하지 않을 때의 모습이다.

물론 이렇게만 봐서는 여전히 신뢰성이 부족하다. 그것은 마치 이론 적용에 다급한 선진 건축사처럼 이런 '직조적 성질'을 형용사로 사용하기도 했기 때문이다. 나는 지금까지 제자들을 지도하면서, 제자가 글을 쓸 때 제멋대로 형용사를 사용하는 걸 금지해 왔다. '형용사'가 없다는 것은 어떤 사물을 아름다운 형식으로 가리키지 않음을 의미한다. 그 사진들 속의 집에 대해 말하자면 그것들의 관계는 어떤 불명확한 상태에 빠져 있다. 샹산캠퍼스를 완공한 후 한 건축사 친구가 내가 조성한 전체 평면이 좋지 않고 구조도 불분명하다고 지적해 주었다. 물론 선의의 지적이었다. 아마 처음에는 이 같은 구조 관계의 불명확한 상황이 사람을 쉽게 헷갈리게 만들고 심지어 참기 어려울 정도로 피로감을 느끼게 할 수도 있다. 그러나 점점 그것은 시정市井의 생활에서 있을 수 있는 자잘한 대화 상태를 드러내고, 생활 자체에 근접한 진짜 변증법적 형식을 보여 준다.

'영조'를 가지고 말하자면 그 집들이 나를 흥분하게 만든 것은 어떤 '자동' 영조의 가능성이었다. 만약 '자아'의 주체를 반드시 배제해야 할 한계로 삼는다면 그 집들의 영조 역정은 시작되자마자 내 심신을 개인적 상상에서 멀리 떨어진 곳으로 이끌 것이며 '자아'를 뛰어넘는 어떤 언어, 기억에도 없는 언어, 사물에 의지하지 않는 언어를 이끌어낼 것이다.

그리하여 '영조'의 상상물이 시작된다. 그것은 마치 샹산캠퍼스 제1기 공사에서 벽돌처럼 쌓은 '기와' 축조물과 같다. 내가 그것과 원래 집이 맺고 있던 형상 관계를 철저하게 단절하자 공장工匠들도 내 뜻을 막을 수 없었고 또 내가 의도하는 결과를 보증할 수 없었다. 이에 진정으로 재미있는 일이 발생했다. 먼저 공장들에게 4제곱미터 면적에 견본 담장을 쌓게 했지만 대형 공사장에서는 이러한 나의 설명이 어떻게 연결될지 그 방법을 알 수 없었다. 그것은 외재 형상으로 표현되는 기호 시스템을 철저하게 벗어났다. 전체 공사는 참고할 모형이 없는 상황에서 중단 없이 진행되었다. 정말 유쾌한 경험이었다. 각 부문 공사팀이 똑같은 모양으로 쌓을 방법이 없었기 때문에 특히 시공한 표면은 모두 공사장 비계와 안전망 뒤에 덮여 있었다(너무나 행운이었다).

나에게 '영조'는 생활방식이므로 내가 항저우 생활을 선택한 것은 옳은 일이다. 항저우는 평담平淡하기 때문이다. 나는 아무 소리도 없는 곳에서 발생하는 일을 받아들이려 할 뿐이다. 이렇게 살아가는 것도 참으로 흡족한 일이다. 어떤 사회적 방식에 맞춰 기뻐해야 한다고 나를 핍박하는 사람은 아무도 없으므로 나 스스로 삶을 선택할 수 있다. 내가 보기에 '영조'는 이런 상태에서 발생하기에 적합하다.

고정된 장소가 없는 세계를 조성하다

나는 각종 상황에서 거듭 선언했다. "매번 나는 일련의 건축 세트를 짓는 것에만 그치지 않고 늘 하나의 세계를 만든다." 나는 여태껏 이 세계가 하나의 세계로만 존재한다고 믿지 않았다. 문제는 진정으로 어떤 '세계에 대한 감각'을 만들 줄 아는 건축사가 줄곧 드물었다는 점이다. '세계'라는 말은 '건축'의 활동 범위로 넓게 확장되었다. 그것은 '영조'의 대상이며 모든 공사장의 짜임이다. 그것이 특히 날카롭게 비판하는 것은 세계에 대한 어떤 이해와 태도다. 세계는 인간과 주위 환경이 분리된 토대 위에 건립되었고, 도시와 건축은 자연과 분리된 토대 위에서 건립되었다는 이해와 태도인 것이다.

중국의 전통 산수화 한 점을 예로 들어보겠다. 산수화의 세계에서 집은 언제나 한 귀퉁이에 숨어 있다. 심지어 듬성듬성 몇 획만 그어놓았으므로 결코 주체적인 자리를 차지하지 못한다. 그 그림에서는 집과 그 주변만 건축학에 속하는 것이 아니라 족자를 포함한 전체 그림의 범위가 모두 '영조' 활동에 들어간다. 그곳에서는 경계의 두 끝과 집 둘레 안팎이 가장 직접적인 음미의 대상이 된다.

만약 '자연'만 가져오면 모든 문제를 해결할 수 있는 것처럼 '자연 본성'을 진실한 생활의 원천이라고 천박하게 이야기한다면? 나는 이런 경향이 싫다. 산수화의 본뜻은 고정되거나 지정된 어떤 (지식계급의) 장소 혹은 어떤 사회 계급의 거주지를 이탈하는 것이다. 그러나 이런 이탈이 문을 박차고 나간다든가, 분노를 억제할 수 없어서 기세등등하게 뛰쳐나가는 그런 종류는 분명 아니다. 오히려 평담한 분위기에서 또 다른 상상물이 시작되는 것을 가리킨다. 그것은 바로 영조로서의 상상이다. 롤랑 바르트는 '고정된 장소가 없음無定所'의 학설을 제기하여 고정되거나 지정된 인생 처지에 대응했다(정처 없이 떠도는 것에 관한 학설이다). 나는 특히 그의 다음 언급에 공감한다.

"마음으로 스스로 아는 학설만이 이런 상황에 대응할 수 있다."

유비類比와 유형

'영조'로서의 상상이 전개될 때 또 다른 세계가 출현한다. 예컨대 우리 신변의 일상생활 가운데서 사소한 것들은 늘 소홀히 취급당하거나 심지어 아무 의미가 없는 것으로 인식하기 마련이다. 사실 인간의 사회활동 밖의 자연도 늘 의미 없는 상태에 처해 있다. 인간이 '자연'을 가져와서 서로 유형을 비교하며 일을 이야기할 때에야 의미가 나타남과 아울러 그 즉시 자연에 대해 용속한 존경의 마음을 표시한다. 이 점 또한 내가 명청 문인화에 마음이 끌리지 않는 이유다. 더욱 이른 시기의 화가들에게서 우리는 산수를 일종의 순수한 사물로 간주하여 바라보는 입장을 발견할 수 있지만 거기에 무슨 '자아'를 표현하기 위한 욕망으로서 '물관物觀'이 들어 있는 것은 아니다. 이러한 순수한 '물관'으로 돌아갈 수 없다면 '영조'라는 두 글자를 입에 담을 수 없다.

이러한 '물관'은 묘사만 할 수 있을 뿐 분석은 할 수 없으며 무슨 이론을 이용하기 위해 다급해하지도 않는다. 예를 들어 우리가 지금 읽어볼 수 있는 『산수순전집山水純全集』에서 송나라 한졸[3]은 홍곡자洪谷子의 입을 빌려 '산'을 묘사했다.

> 뾰족한 것은 봉우리峰라 하고, 평평한 것은 구릉陵이라 하고, 둥근 것은 산등성이轡라 하고, 산을 이어주는 목은 고개嶺라 하고, 움푹 패인 것은 산굴岫이라 하고, 치솟은 석벽은 바위巖라 하고, 바위 아래에 움푹 패인 것은 암혈巖穴이라 한다. 산이 크고 높은 것은 숭嵩이라 하고, 산이 작고 외로운 것은 잠岑이라 한

---

3 한졸(韓拙, ?~?): 중국 북송시대의 화가. 별칭은 순전純全, 호는 금당琴堂이다. 산수화에 뛰어났다. 산수화 이론집으로 『산수순전집』을 남겼다.

다. 날카로운 산銳山은 교嶠라 하는데 곧 높고 험준하고 가는 것이 교嶠이며, 낮고 작고 뾰족한 것은 호嶇라고 한다. 산이 작고 외롭지만 뭇산이 무리 지어 귀의하는 것은 빙 둘러싼다羅圍라고 이름한다. 습척襲陟이라 하는 것은 산이 세 겹으로 중첩된 것이고, 두 산이 중첩된 것은 재성영再成映이라 한다. 산 하나는 비岯라 하고, 작은 산은 급岋이라 하고, 큰 산은 환峘이라 한다. 급岋은 높고 급한 것을 이른다. 속산屬山이라는 것은 산이 서로 이어진 것이다. 역산嶧山이라는 것은 산이 연결되어 끝없이 이어진 것이다. 세속에서 낙역絡繹이라 하는 것은 뭇산이 이어지며 지나가는 것이다. 독獨이라는 것은 외롭게 산 하나만 있는 것이다. 산강山岡이라는 것은 그 산이 길면서 등성마루가 있는 것이다. 취미翠微라는 것은 가까운 산 곁의 비탈이다. 무덤 같은 산 정상은 산전山巓이라 한다. 암巖이란 동굴이 있는 것이다. 물이 있으면 동洞이라 하고, 물이 없으면 부府라 한다. 산당山堂이라는 것은 산 모양이 저택의 당실堂室과 같은 것이다. 장嶂이라는 것은 산 모양이 장막과 같은 것이다. 소산별小山別, 대산별大山別이라는 것은 산이 거의 이어지지 않는 것이다. 절경絶徑이라는 것은 이어지던 산이 끊어진 것이다. 애崖라는 것은 좌우에 벼랑이 산을 끼고 있는 것이다. 애礙라는 것은 작은 돌이 많은 것이고, 큰 돌이 많은 것은 각礐이라 한다. 평평한 바위는 반석磐石이라 한다. 초목이 많은 것은 호岵라 하고, 초목이 없는 것은 해峐라 한다. 석재토石載土를 최외崔嵬라 하는데 바위 위에 흙이 있는 것이다. 토재석土載石을 저岨라 하는데 흙 위에 바위가 있는 것이다. 토산土山은 언덕阜라 하고, 평원은 비탈坡이라 하며, 비탈이 높은 것은 농隴이라 하는데 산등성이 고개가 서로 이어지며 숲과 물을 비추고 점차 원근으로 분리되는 것이다. 골짜기谷 중에서 사람이 통과할 수 있으면 곡谷이라 하고 통과할 수 없으면 학壑이라 한다. 사람이 통과할 수 없으면서 물이 주입된 곳은 천川이라 한다. 두 산 사이에 끼인 물은 간澗이라 하고 구릉

사이에 끼인 물은 계溪라 한다. 계溪는 곧 혜谿인데 물이 있다. 꿈틀거리는 산세, 가려지거나 비치는 산의 형상, 끊어질 듯 이어지는 모습, 숨은 후 다시 드러나는 경관을 그려야 한다.•

• 위젠화俞劍華 편, 『중국고대화론유편中國古代畵論类編』(인민미술출판사, 2004).

홍곡자는 순수한 묘사법으로 일종의 산체유형학을 써냈고, 구조성이 매우 강한 대상을 그려냈다. 그는 '산'이란 개념을 말하는 것만으로 충분하지 않다 여기고 최소한의 차이에 근거한 분류법으로 각종 이름을 붙였다. 우리가 어떤 사물의 이름을 부를 수 있다는 것은 먼저 우리가 이미 그 사물을 인식하고 있음을 의미한다. 우리가 어떤 하나의 부품을 이용하여 다른 부품을 바꾸는 방식으로 사물의 이름을 부르면 그 어휘가 주위와 맺는 취합 관계처럼 우리는 이미 또 하나의 세계를 건설한 것이다. 같은 방법으로 집을 묘사하면 송나라 『영조법식』[4]과 같은 책이 탄생할 수 있다. 이것이 바로 우리가 왜 『영조법식』을 이론적인 독서물로 삼아 거기에 포함된 '물관'과 '구조성'을 읽어내야 하는지를 설명하는 이유이다.

'유형'은 내가 좋아하는 어휘다. 이 말에는 인간의 신체가 겪는 생활 경험이 응축되어 있지만 외재적으로 단일한 형상은 없다. 유형은 어떤 형상이든 결정하지만 아무 형상도 결정하지 않는다. 홍곡자가 어떤 '산군山群'을 만든 것은 오직 형상만 있지 구체적인 형식은 없다. 중요한 것은 자신의 심신을 그 속에 투입하여 활용한다는 점이다. 그것은 간단한 유비類比의 복제가 아니고 어떻게 되어도 좋다는 이른바 '변형'도 아니다. 그것은 단순한 것처럼 보이는 구조상의 적합성 및 동형同形의 상호 반비례, 모순의 병치, 사람을 불안하게 하

---

4 『영조법식(營造法式)』: 중국 북송 휘종徽宗 숭녕崇寧 2년(1103)에 이계李誡가 출간한 책. 북송의 건축설계와 시공에 관한 규범적 이론이 담겨 있다.

는 곁눈질, 전도된 오버랩, 층위의 뒤섞임이다. 이런 활동은 분명 의의가 크거나 오만하지 않을지만 시간이 지나면서 평담하고 유쾌하게 보인다. 『원치』⁵에는 "작은 것 가운데서 큰 것을 보고, 큰 것 가운데서 작은 것을 본다小中見大, 大中見小"라는 입장으로 그것을 묘사했다. 거기에는 영조 언어의 즐거운 시간이 묘사되어 있다. 내 친구 린하이중이 근래에 타이항산 스케치 여행에서 돌아와 이와 유사한 느낌을 이야기했다. "옛날 사람들이 타이항산을 그리던 방식은 모두 틀렸어. 사실 타이항산을 오를 때 눈앞에 보이는 것은 모두 산의 소소한 디테일이야. 사물을 개괄하는 방법으로 그리면 그런 것들은 전부 볼 수 없고 저속한 상투성만 남게 되지."

철학과 수행

이틀 전 나는 친구 10여 명과 황룽동黃龍洞에 사는 친구의 산장에서 모임을 가졌다. 거기에서 중국미술대학교에서 학생들을 가르치고 있는 왕린王林을 만났다. 그는 대나무 정자 아래 평담하게 서 있었다. 그곳에 와서도 한참이나 그를 보지 못하는 친구도 있었다. 나는 그를 안다. 그는 국학國學에 조예가 깊다. 특히 그의 『논어論語』 강의는 정말 뛰어나다. 그는 대학 졸업장은 없지만 대학교수가 되었다. 좌중에서 유학儒學을 이야기했는데 그의 몇 마디 말을 듣고 나는 존경심이 일었다. "유학은 줄곧 수행 활동이었지만 오늘날에는 수행이란 방식으로 유학을 깨우친 사람이 너무 적다. 겨우 대학에 남아 있는 몇

---

5 『원치(園治)』: 중국 전통 원림 조성에 관한 이론서. 명나라 말기 문인 계성(計成, 1582~?)이 숭정 4년(1631)에 원고를 완성하여 숭정 7년(1634)에 간행했다.

몇 교수도 유학을 철학이론으로만 강의한다. 그 이치는 이해한 것처럼 보이지만 모두 수행은 하지 않는다." 이 말은 뜻이 정확하면서도 단순하다. 실제로 중국에는 '철학'이란 것이 없었다. 그것은 '영조'가 체계화된 이론과는 다른 듯하다. 단지 '잡담'만 할 수 있을 뿐 심지어 '잡론'조차 할 수 없다. '논어'의 '논論' 자를 경솔하게 남용해서는 안 된다.

집짓기가 일종의 '공간' 영조 활동임은 확실하지만, 재미있는 것은 오랜 시간 집을 지어도 '공간'이 꼭 드러나지 않을 뿐 아니라 갈수록 '자아'를 표현하고 싶어서 진정한 '공간'을 더욱더 만들어내지 못한다는 점이다. 우리는 '공空'이라는 글자를 잘 음미할 필요가 있다. 그것은 분명 물리적인 체적에 그치지 않는다.

나는 늘 남송 유송년[6]의 「임안사경臨安四景」 중 한 폭[그림 15]을 가지고 공간 문제를 이야기하곤 한다. 그림 왼쪽에는 큰 바위 뒤에 호수를 마주한 집이 숨어 있다. 재미있는 것은 항저우 시후 가에 그렇게 큰 바위가 어디에도 존재하지 않는다는 점이다. 이것은 '고정된 장소가 없다'는 암시로 봐야 한다. 그 집에는 실내에 의자가 놓여 있다. 만약 그곳에 앉을 생각이라면 즉시 그림 속의 시선을 갖게 될 것이다. 오른쪽으로 집 앞 월대月臺를 지나가면 작은 다리가 있고, 그곳을 지나면 수중 정자에 이른다. 그곳에서 평평하게 바라보면 시선이 오른쪽 화면 경계 밖 아주 먼 곳에까지 가닿는다. 그리고 화가는 전체 그림을 아마 자기와 무관하게 객관적인 방식으로 그려낸 듯하다. 서양화에서는 그림 밖 외관을 직시하는 시선은 찾아볼 수 없다. 또 송나라의 이름을 알 수 없는 화가의 「송당방우도松堂訪友圖」[그림 16]를 예로 들어보자. 구불

---

6 유송년(劉松年, 1131?~1218): 산수화와 인물화에 뛰어난 중국 남송의 화가. 대표작으로 「임안사경」 「설산행려도雪山行旅圖」 「천녀헌화도天女獻花圖」 등이 있다.

그림 15(위) 유송년, 「임안사경」, 남송
그림 16(아래) 작자 미상, 「송당방우도」, 송

구불 용처럼 자란 왼쪽 소나무 뒤에 오른쪽을 향해 집이 한 채 숨어 있다. 소나무는 인물에 비해 괴이할 정도로 거대하다. 이 또한 '고정된 장소가 없다'는 장소성의 의미로 읽어야 한다. 앞 그림과 거의 같은 방 같은 위치에 앉아 있는 주인의 시선은 계단을 오르는 방문객을 바라보지 않고 오른쪽으로 평평하게 화폭 밖을 향하고 있다.

'공간'이 '자아'를 버려야 들어갈 수 있는 구조라면 '영조'는 자신이 직접 짓는 행위다. 수행하는 사람과 함께 지어나간다. 짓기 전에 너무 많은 질문을 할 필요는 없다. 모든 일을 처음부터 끝까지 직접 완성하면 바로 깨달을 수 있다. 이런 활동은 긴박하지 않다. 물론 '영조'에도 어떻게 적합한 집짓기를 할 것인가에 관한 이론, 즉 준수해야 할 법칙은 있다. 그것은 기본적으로 "희미한 것을 보고 분명한 것을 아는見微知著" 과정이다. 이러한 점을 분명하게 알고 나면 설령 오늘날의 급속한 설계와 건축에 직면해서도 "급속함 속에서 느림이 있는快中有慢" 집짓기를 할 수 있을 것이다.

2006년 여름, '아마추어 건축사무실'의 동료 다섯 명과 여러 해 함께 일한 공장 세 명 그리고 나를 포함한 전체 인원 아홉 명은 베네치아로 가서 '와원瓦園'을 지었다[그림 17]. 무엇을 짓느냐는 결코 어렵지 않고 어떻게 짓느냐가 어렵다. 800제곱미터의 튼실한 구조를 만들어야 하고 관람객도 몰려들 것이다. 경비도 빠듯한 데다 현장 공사 기간은 15일만 주어졌다. 나는 동료들에게 말했다. "『영조법식』의 이론에 따라 지어야 합니다." 그곳으로 가기 전에 우리는 먼저 항저우 샹산캠퍼스에서 6분의 1 크기의 모형 건물을 지으며 세부 기술과 난점을 분명하게 인식했다. 그러나 베네치아 현장에서는 완성할 수 없는 임무를 구경하러 온 관람객과 마주쳐야 했다. 최종적으로 '와원'은 겨우 13일 만에 완공했다. 이 때문에 우리는 현장에 있던 각국 건축사들의 존경을 받았다.

그림 17(위) 건조建造 중인 와원
그림 18(아래) 동원, 「계안도」 부분, 오대

기억하건대 제10회 베네치아국제건축비엔날레 기술 총책임자 레나토 리치 (Renato Rizzi, 1951~)는 '와원'의 대나무 다리를 몇 번 왕복하더니 내게 진지하게 말했다. "정말 훌륭한 작품입니다." 그러나 재미있는 것은 그의 안중에 무슨 '중국 전통' 같은 것이 없었다는 점이다. 그는 베네치아를 위해 맞춤형 작품을 만들어준 것에 감사를 표시했다. 그는 커다란 기와 마당을 마치 대형 거울이나 베네치아의 바다처럼 건축, 하늘, 수목을 비춘다고 느꼈을지도 모른다. 그는 틀림없이 내가 '와원'을 지을 때 오대 화가 동원의 「계안도溪岸圖」[그림 18]에 나타난 '물의 뜻水意'을 상상하고 있었다는 사실을 모를 것이다. '와원'은 마침내 나의 예상대로 되었다. 그 장소에 엎드려 살아 있는 육체가 되는 것이 '영조'의 진의眞意다.

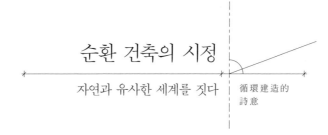

순환 건축의 시정

자연과 유사한 세계를 짓다 | 循環建造的
詩意

근래 몇 년간 우리는 서구 여러 나라의 건축대학에서 강좌를 열었다. 거기에서 가장 많이 다룬 주제는 바로 어떻게 '자연의 도道로 돌아갈 것인가'였다. 전통 중국에서는 이를 다음과 같은 몇 가지 기본적인 내용으로 이해해 왔다. 자연은 인류보다 더 우월한 어떤 것을 구현하고 있다. 자연은 인류의 스승이므로 제자는 스승에게 겸손해야 한다. 자연은 직접 도덕준칙과 관련되어 있으므로 자연은 인류의 행위보다 더 높은 도덕준칙을 구현하고 있다.

'자연의 도'를 추구하며 '자연의 도'에 맞는 방식으로 생활하는 것은 중국과 유럽 지역에서 일찍부터 공통적으로 향유한 가치관이자 건물 축조방식이었다. 전통적인 도시가 붕괴 위기를 겪는 배후에서 갈수록 강해지는 것처럼 보이는 아시아 국가들, 그중에서도 특히 중국은 사실 첨예한 사회적·생태적 위기에 직면해 있다. 이런 상황에서는 전통적인 도시, 시골, 원림에 쓰이는 건축의 가치를 재평가해야 할 뿐 아니라 대규모 사회 변화가 야기한 인간과 환경 관계의 변화도 새롭게 해독해야 한다.

어떻든 우리는 건축·도시·건조[1]를 고려하기 전에 먼저 자연에 대한 우리의 태도를 반성해야 하고, 자연이 인공건축과 인공도시에 비해 훨씬 중요하다는 관념을 새롭게 수립해야 한다. 중국 전통의 건조建造에 깃든 시정詩情은 바로 이 기반에서 발생했다. 이것은 지나치게 '건축 중심화'를 추구하는 현대 건축 관념과 근본적으로 구별된다. 중국은 일찍이 시정이 도시와 시골에 두루 펴져 있었다. 그러나 지금의 중국은 시간과 기계에 쥐어짜이며 급속하게 발전을 추구한다. 30년 전까지만 해도 우리가 묘사한 바 있듯이, '자연'에 적응하고자 했던 공동 가치, 건축 관념, 건조 체계가 상당히 파괴되기는 했지만 여전히 존재하고 있었다. 그러나 우리는 지난 30년 동안 서구인들이 200년 동안 겪었던 일을 겪었다. 모든 것을 생각할 겨를이 없었다. 온 중국을 덮고 있던 경관 건축과 도시 체계가 거의 전부 소실되었다. 겨우 남은 부분도 지리멸렬하게 파괴되어 더 이상은 시정이 담겨 있는 시스템이라고 부를 수조차 없는 지경이 되었다. 우리가 자연·건축·도시가 구분되지 않았던 이런 시스템의 가치를 의식할 수 있다면, 또 그것이 지금 흔히 목도하는 건축보다 더 숭고한 도덕과 가치를 표현하고 있음을 의식할 수 있다면 우리는 새로운 현실 속에서 그것의 현대 버전을 새롭게 창조할 필요가 있다.

그러나 중국 건축문화 전통을 서구 건축문화 전통과 완전히 상이한 것으로 상상하는 것은 일종의 오해임이 분명하다. 우리가 볼 때 이 둘 사이에는 미세한 차이가 있을 뿐이지만 오히려 이런 차이가 아마도 결정적인 특징으로

---

1 건조: 왕수는 '건축建築'과 '건조建造'의 의미를 구별하여 사용할 때가 많다. 그에 의하면 건축은 인간의 삶과 분리된 기계적이고 형식적인 건물 축조이고, 건조는 인간의 삶과 어우러진 '집짓기'를 의미한다. 이 책의 제목 '집을 짓다造房子'에도 왕수의 이런 생각이 반영되어 있다.

작용하는 듯하다. 서구에서 건축은 줄곧 자연에 대해서 독립적인 지위를 누려왔다. 그러나 중국 문화 전통에서 건축은 산수 자연 속에서 소홀히 할 수는 없지만 부차적인 것에 불과했다. 바꿔 말하면 중국 문화에서 자연은 일찍이 건축보다 더 중요했고, 더더욱 건축은 인간이 만들어낸 자연물처럼 인식되었다. 인간이 끊임없이 자연을 향해 배우면서, 인간의 생활을 자연에 가장 근접한 상태로 회복하려 한 것이 중국 인문정신의 이상이었다. 이로써 중국 건축이 자연의 지형에서 언제나 겸허한 태도를 갖도록 결정했다. 모든 건조 시스템의 관심은 인간 사회의 고정된 영속성이 아니라 자연의 변화를 따르는 방식에 놓여 있었다. 이 점 또한 왜 중국 건축이 일관되게 자연 재료를 자각적으로 선택했는지 설명해 준다. 건조 시스템도 가능한 한 자연을 적게 파괴하려 했고, 재료의 사용도 늘 반복 순환하면서 대체하는 방식을 따랐다. 철거되는 민가 한 채에서 우리는 항상 천년 동안 누적되어 온 재료를 발견할 수 있다. 이를 보며 나는 이탈로 칼비노[2]의 작품 『다음 천년을 위한 여섯 가지 메모 *Lezioni americane. Sei proposte per il prossimo millennio*』를 떠올린다. 어떤 시야가 천년을 조망하게 할 수 있을까? 그는 르네상스에서 서술을 시작했다. 이른바 천년은 바로 과거 500년과 미래 500년에 관한 사고다. 어떤 재료를 반복해서 사용하는 것은 절약을 고려함에만 그치지 않는다. 실제로 우리가 이런 방식에서 읽어내는 것은 일종의 신념이다. 인간은 아마도 자연 시스템에 매우 근접한 어떤 시스템을 구축할 수 있고 그것은 시간 속에서 분명하게 모습을 드러낸다. 우리가 특별히 좋아하는 중국 원림 조성에서 이러한 생각은 시골 생활과 산림생활에 대한 동경에서 출발하여 자연의 사물과 심령으로 화답하

---

2 이탈로 칼비노(Italo Calvino, 1923~85): 이탈리아의 소설가. 환상과 알레고리를 바탕으로 네오리얼리즘 경향의 소설을 썼다. 대표작으로 『보이지 않는 도시들』 『거미집으로 가는 오솔길』 등이 있다.

는 더욱 복잡하고 더욱 정밀한 상태로까지 발전했다. 원림은 자연에 대한 모방에 그치지 않는다. 그것은 또 인간이 건축이라는 방식으로 자연법칙을 학습하고, 마음속 지성과 시정의 전환을 거쳐 능동적으로 자연과 적극 대화할 수 있게 하는 반인공半人工, 반자연半自然의 공간이다. 중국 원림에서 도시·건축·자연·시·그림은 분리할 수 없고 분류하기 어려운 밀집된 혼합 상태를 이룬다. 그러나 서구 건축문화 전통에서 자연과 건축은 늘 간명한 공간 구역으로 구별된다. 사람들은 자연을 좋아하지만 그것은 언제나 위험을 의미하기도 한다.

전통적인 중국 건축은 미리 만들어둔 부재 사용과 신속하게 짜맞출 수 있는 건조 시스템을 채택해 왔다. 재료는 흙·나무·벽돌 등을 쓰는데 이는 자연성이 강해서 신속한 건축에 편리할 뿐 아니라 반복된 개조와 갱신에도 편리하다. 시스템은 바뀌지 않을 수 있지만 재료는 아주 싼 것에서 아주 비싼 것에까지, 굽고 자잘한 작은 재료에서 곧고 옹근 큰 재료에 이르기까지 모두 적응할 수 있어야 한다. 이것은 반복해서 갱신할 수 있는 시스템이기 때문에 늘 전통 건축물의 연대를 단정하기 어렵다. 그것은 왕왕 건축 연대를 미로에 빠뜨리곤 한다. 얕은 기초는 이 건조 시스템의 또 다른 특징이다. 따라서 땅에 대한 파괴를 감소시킨다. 이러한 건조는 또 공간 단위를 기본 구조 단위로 삼는 생장生長 시스템을 갖고 있어서 어떤 척도를 적용해도 생장할 수 있다. 땅에서 재료를 채취하는 것이 기본적인 건조 원칙이어서 건축이 재료의 측면에서 풍부한 차이를 드러낼 수 있게 한다. 자연 상태를 추구하는 것은 기술과 구조에만 구현될 뿐 아니라 자연지리에 대한 건축 배치와 공간구조의 적응과 조정에도 구현된다. 심지어 생활 세계를 건조하는 과정에서 진정한 자연 사물을 건축이나 도시의 어떤 구성요소로만 변화시켜 버리기도 한다. 하지만 '자연의 도'에 관한 이해에 근거하여 사람들은 건축과 도시 속에서 각종 '자연 지형'을 만들어낸다. 이런 시스템에서 문인文人은 원칙을 지도하고 공장工匠은 건조에 대한 연구를 책임진다. 이들 문인이 바로 중국 전통 시스템에 속한 철인哲人인데 이들은 공장과 협력한다. 그러나 오늘날 중국 건축의 현실을 보면 건축사는 서구에 연원을 둔 교육을 받는다. 그들의 작업방식은 거의 현장과 무관하고 일꾼들과도 거의 접촉하지 않는다. 전문 건축 기술자는 현장에서 설계도에만 따라서 시멘트를 섞는다. 그들은 거의 재료와 건축을 연구할 기회를 갖지 못한다. 이러한 현행 시스템은 전통적인 의미에서 '자연'을 추구하던 건조법의 종말을 초래했다. 현대 중국 건축이 만약 이러한 '자연' 건조 시스템을 다시 만들려고 하면 아주 고통스럽게 노력해야 한다.

지금 중국 본토의 현대건축을 탐색하려는 까닭은 우리가 여태껏 단일한 세계의 존재만을 믿지 않았기 때문이다. 사실 중국의 건축 전통이 전면적으로 붕괴된 현실에 직면하여 더욱 관심을 기울여야 할 것은 생활 가치에 대한 자주적 판단을 상실해 가고 있다는 점이다. 이 때문에 우리의 작업 범위는 새로운 건축 탐색에 그치지 않고, 여기에서 더 나아가 일찍이 자연과 산수에 대한 시정으로 충만했던 생활 세계를 재건하는 데도 관심을 기울여야 한다. 서구 건축을 차감하는 일은 불가피하다. 오늘날 중국의 모든 건축 시스템은 이미 완전히 서구적 방식을 쓰고 있다. 우리는 도시화를 핵심으로 하는 많은 문제에 직면해 있고, 그것은 이미 중국 건축 전통에서 자연스럽게 소화할 수 있는 범위를 넘어섰다. 예컨대 거대 구조 건축과 고층 건물, 복잡한 도시 교통 시스템과 인프라 건설에 모두 그런 문제가 포함되어 있다. 이에 우리는 더 넓고 자유로운 시야를 요구한다. 예를 들어 척도 전환의 필요성 때문에 우리는 서구 현대건축을 초월하여 내재 형식으로부터 르네상스 시대의 건축을 차감할 수 있다.

오늘날 이 세계는 중국이든 서구든 모두 세계관 측면에서 비판과 반성이 필요하다. 그렇지 않고 겨우 현실을 근거로만 삼는다면 우리는 미래 건축학의 발전에 대해서 비관적인 관점만 가질 수 있을 뿐이다. 우리는 건축학이 자연 변화의 상태를 회복해야 한다고 믿는다.

우리는 이미 너무 많은 혁명과 급변을 겪었다. 중국이든 서구든 건축 전통은 모두 생태적이었다. 그러나 오늘날 이데올로기와 동서양을 뛰어넘는 가장 보편적인 문제는 바로 생태와 관련하기 때문에 건축학은 다시 전통에서 배워야 한다. 이 점은 오늘날 중국의 시골에서 배우는 것을 의미하는 경우가 더 많다. 건축 관념과 건조를 배워야 할 뿐 아니라 자연과 융화되는 생활방식을 배우고 또 그것을 제창해야 한다. 중국에서는 이러한 생활 가치가 억압되어 온 지 한 세기나 지났다. 우리의 시야에서 미래 건축학은 장차 새로운 방식으로 도시·건축·자연·시·그림을 분리할 수 없고 분류하기 어려운 밀집된 혼합 상태를 이루게 해야 한다. 이러한 의식 속에서 종래의 형이상학적 사고는 구체적인 건조 문제와 분리할 수 없었다. 현대건축 시스템은 이미 오늘날 중국의 현실이다. 우리는 방법을 강구하여 전통 재료의 운용과 건조 시스템을 현대 기술과 결합해야 한다. 더욱 중요한 것은 이러한 과정에서 전통 기술을 발전시켜야 한다는 점이다. 이 또한 우리가 철근 콘크리트 구조와 철골 구조 시스템을 이용함과 동시에 수공예 기술도 많이 이용해야 하는 이유다. 전문가가 자신의 손으로 기술을 장악하는 것이 살아 있는 전통이다. 그렇지 못하면 설령 형식적으로 전통을 모방했다 하더라도 전통은 반드시 죽게 된다. 일단 전통이 죽으면 우리에게는 틀림없이 미래가 사라질 것이다.

이처럼 고통스러운 노력은 근본에서 시작해야 한다. 우리가 주관하는 '아마추어 건축사무실'에서 견지해 온 기본 원칙은 바로 '자연으로 돌아가자'는 것이고 이를 위해서는 가장 먼저 '현장 건조'로 되돌아가야 한다. 전통 중국의 건조 활동 과정에는 원래의 자연 재료를 많이 사용하기 때문에 재료와 기술을 충분히 이해해야 한다. 재료는 건조 활동에서 제일 중요한 요소다. 오늘날 중국 현실에 대해 말하면 시스템적 관성과 내진 설계법을 특별히 강조하기에 시멘트 현장 타설 체계는 단시간 내에 바꾸기가 어렵다. 따라서 어떻게 자연 재료와 시멘트 타설 시스템을 혼합해서 사용하느냐가 바로 우리 업무의 주안점이다. 우리 사무실에서 건축사들은 항상 몸소 건조 실험에 참가하려 한다. 이것은 오늘날 중국에서 매우 드문 일이다. 건축학 교사로서 '아마추어 건축사무실'은 우리가 주관하는 건축예술대학에서 독립해 있지만 사무실의 사상과 작업방식은 대학교육과 긴밀하게 연계되어 있고, 아울러 교육 관념과 교육방식까지 이끌고 있다.

2001~2007년 동안 우리는 항저우에서 이런 생각들을 실험할 기회를 잡았다. '아마추어 건축사무실'이 항저우 소재 중국미술대학교의 새로운 캠퍼스 설계도 공개입찰 경쟁을 통과했기 때문에, 전체 계획에서 건축설계와 경관설계에 이르는 모든 작업을 책임져야 했다. 부지는 800무(53만 3,600만 제곱미터) 내외였고, 중간에 해발 50미터 정도 되는 작은 산, 즉 샹산象山이 자리 잡고 있었다. 이보다 훨씬 큰 산맥은 서쪽에서 동쪽으로 다가왔는데, 그곳이 바로 산맥의 종점이었다. 또 작은 강 두 줄기가 산의 북쪽과 남쪽을 감아 돌고 있었다. 중국의 전통 도시와 건축의 '자연지리' 관념으로 말하자면 부지를 선택할 때는 대척도의 지리 형세를 고려해야 하고 또 소척도의 미시적 지리 배치도 고려해야 한다. 이런 관념에 비춰볼 때 그 부지는 거의 이상적이라 해도 좋을 정도였다. 그곳에 하나의 유토피아를 실현할 만했다.

그림 19 중국미술대학교 샹산캠퍼스(부분)

대척도의 지리로 말하면 그곳은 대학 캠퍼스인데, 800무의 부지 범위에 15만 제곱미터가 넘는 건축물을 보태야 했다. 그것은 거의 '자연의 도'에 부합하는 이상적인 도시건설을 위한 이상적인 부지였다.

이 캠퍼스[그림 19]의 총체적인 구성 속에는 여러 갈래 실마리가 융합된 평행 사상이 포함되어 있다. 거시적 공간 배치로 말하면 거의 항저우란 도시의 전통 구조를 재해석한 것이다. 항저우라는 도시가 중국 도시 역사에서 갖는 중요성은 바로 중국 경관景觀 도시 관념의 원형이라는 점에 놓여 있다. "절반은 호수와 산, 절반은 도시一半湖山一半城"라는 말을 총체적 도시 관념에 비추어 설명하면 항저우는 호산경관湖山景觀과 도시 건축이 각각 절반씩 차지하고 있다는 뜻이다. 이러한 관념은 10세기에 형성되었는데 심지어 산수화에 그려진 유사한 모델보다 2세기나 앞서 출현했다. 중국의 다양한 역사 도시는 모두 이 원형 건조 체계를 참고했으며 베이징의 자금성紫禁城도 이 모델을 참고했다. 항저우와 더욱 비슷한 경관을 얻기 위해 청나라 황제들은 베이징 서쪽 교외에 방대한 규모의 이허위안을 조성했고, 이 역시 완전히 항저우를 모범으로 삼은 원림이다.

이 모델에서 호수와 산은 도시를 구성하는 요소 중 중심적인 지위를 점하고 있다. 오늘날의 도시 상황에 비춰보면 일종의 반도시, 반건축의 모델이라 할 만해서 여기에서는 아무것도 자연·땅·식물에 대한 수호 의지를 초월할 수 없다. 이 모델은 또한 도시 건축이 자연 산수의 끊임없는 생장과 연속된 번식을 따라야 함을 의미한다. 이 도시에는 정치·사회 구조와 관계있는 권력의 등급 구조가 존재하지 않는다. 이는 산수 속 만유漫遊와 삶을 준수하는 시정이라는 방식으로, 마치 연속된 산수화 병풍처럼 우리 앞에 펼쳐진다.

두 번째 층위의 의도는 자연의 지형을 정리하는 측면에 반영되어 있다. 항저우 중심으로서 시후든 아니면 주위의 산이든 거기엔 모두 이러한 지형을 재창조한 모습이 다양하게 존재한다. 여기에는 '자연의 도'에 대한 인간의 이해가 구현되어 있으며, 특히 수리 시스템으로서의 용도를 갖춘 제방이 특징적이다. 샹산캠퍼스에서도 호수의 제방, 비스듬한 강안江岸, 연못, 물도랑 및 작은 구역으로 분할된 농토가 가장 중요한 특징을 이루고, 이 시스템은 우리의 눈에 심지어 건축물보다 더욱 중요하게 보인다. 이것이 없다면 우리가 지은 건축물은 뿌리를 내릴 수 없는 식물과 같아질 것이다.

세 번째 층위의 의도는 이러한 경관 시스템이 어떻게 미시적 건축부지와 융합되는지에 놓여 있다. 이 융합 상태에 대한 사고가 건축 원형의 차이를 결정한다. 본질적으로 등급 구조가 없는 이러한 견해는 진정한 장소 구조가 작은 건조물 단위에서 시작된 후 구불구불 이어지는 운동 과정에서 한곳 한곳이 점차 전체적으로 구조화되어 나타남을 의미한다. 인간의 시선과 생각은 아주 멀리까지 미칠 수 있지만 인간의 신체가 접촉하고 감지할 수 있는 범위는 제한되어 있다. 송나라 시인들은 항저우의 이러한 특질을 매우 아름답게 묘사했다. 그들은 이 도시가 '천 개의 부채꼴'로 구성되어 있다고 말했다. 우리는 비슷하지만 서로 상이한 모든 부채꼴 속에서 차를 마시고, 한담을 나누고, 일을 한다. 각 부채꼴 사이에는 명확한 경계가 있을 뿐 아니라 서로 조응한다. 우리는 하나하나의 세계 속에서 안에서 밖으로 고요하게 응시한다. 자연은 영원히 우리가 접촉하고 응시하는 첫 번째 대상이다. 우리는 항상 이러한 시선과 육체의 감각을 소홀히 한 채, 건축의 물질적 공간과 그보다 한 등급 낮은 공간(가구 배치와 유사한 공간)을 지나간다. 이를 통해 그것은 접촉하고 응시하는 과정으로 진입하고, 서사 아닌 서사의 맥락 속으로 진입하여, 방위·시각·시간·속도·추세·수학·측량·기미·공기 흐름 및 피부 감각을 동반한다. 이는 정확하기도 하고 모호하기도 하며, 온전히 아름답기도 하고 아름답지 않기도 하다. 또 완성된 상태이기도 하고 미완성의 상태이기도 하며, 미소를 짓는 모습이거나 엄숙한 모습이기도 하다. 이러한 상태가 샹산캠퍼스의 분위기를 결정했고, 공법도 결정했다. 그곳의 산에 비해 건축물은 부차적이다. 하나의 건축물을 통과할 때마다 사람의 마음을 가장 깊게 움직이는 건 그곳 산의 변화를 바라보는 일이다. 건축물 사이의 관계는 모두 이러한 요인에 의해 좌우된다.

네 번째로 고려한 것은 건축물의 척도와 공간 상태였다. 전통적인 건축과 원림은 실물이든 아니면 그림 속에 묘사된 것이든 모두가 일반적으로 한 가지 층위나 두 가지 층위를 지닐 뿐 아니라 같은 층수의 현대건축의 척도보다 훨씬 작게 보인다. 현대 중국의 인구 폭발은 필연적으로 척도의 확대를 요구했다. 척도 전환에 관한 문제는 줄곧 중국 건축사들을 고뇌하게 만들었고 성공한 공법도 드물었다. 건축사 펑지중[3]은 상하이 교외에 쑹장탑원松江塔園과 허레이헌何陋軒을 설계했는데, 이들 건물은 지방의 전통 건축이 현대로 전환하는 언어 돌파로 20세기 중국에서 가장 중요한 새로운 건축물이지만, 척도는 여전히 전통과 아주 유사하다. 샹산캠퍼스에서 우리는 "절반은 호수와 산, 절반은 도시"라는 모델로 이어지는 건축군을 건축부지의 남북 경계에 압축해 놓았다. 건축물과 샹산 사이에는 평행의 수평이 대화 관계를 형성하고 있다. 때문에 건축은 산체山體와 유사한 사물로 전환되며, 건축의 척도는 가장 먼저 산체와의 대화 관계 속에서 발생한다. 그러나 그 후 이러한 대화는 또 건축물 사이로 회귀하고 또 건축물 내부로도 회귀하면서 척도 사이에서

---

3 펑지중(馮紀忠, 1915~2009): 중국 현대건축의 기반을 닦은 건축가. 대표작으로 쑹장탑원, 허레이헌 등이 있다. 대표 저서로『건축현주ー펑지중 논고建築弦柱ー馮紀忠論稿』『건축인생建築人生』등이 있다.

더욱 세세한 대화 관계를 형성한다. 예를 들어 한 건축물 내부에 다시 한 건물을 들여놓는다면 두 가지 사이에는 대소 등급 관계가 아니라 완전히 평등한 관계 혹은 마당과 원림이라는 상이한 유형의 병치 관계가 발생한다. 이것은 척도 탐색일 뿐 아니라 척도에 관한 이야기를 쏟아내는 일이다. 형체에 관한 대화이면서 자연 재료 구성을 위한 대화이며, 인간 시야의 대화이면서 공기 흐름에 관한 대화이기도 하다.

이런 관념은 건축을 살아 있는 자연물로 여기게 한다. 이른바 자연의 재료는 자연의 공기와 서로 호흡할 수 있는 대화를 가리키거나 이미 오랫동안 존재한 재활용 재료를 가리키기도 한다. 이것은 또한 목전의 중국 현실에서 반드시 직면하는 문제이기도 하다. 방대한 전통 건축물이 철거되면 다량의 전통 벽돌과 기와, 석재가 아무렇게나 처리된다. 우리는 현대 건축사로서 이러한 현실에 직면하여 반드시 해답을 찾아야 한다. 샹산캠퍼스에서 우리는 재활용 벽돌을 비롯하여 기와, 석재 그리고 도자기 조각 700만 매를 사용하여 시멘트와 결합된 혼합 축조 기술을 발전시켰다. 나는 이런 공법을 '시간'과의 교역이라고 일컫는다. 그곳의 건축물군이 완성되자 거기에는 이미 수십 년 심지어 수백 년의 역사가 포함되었다. 이런 공법은 우리가 이 지역 건축을 조사함으로써 얻어진 결과다. 여름에는 태풍이 잦기 때문에 건축물이 파괴되면 신속하게 재건할 수 있어야 한다. 태풍으로 무너진 건축물의 벽돌과 기와 잔해는 분류하고 정리할 시간이 없다. 이 때문에 공장들은 '와장'[4]이라 불리는 기술을 발전시켰다. 우리는 일찍이 4제곱미터 정도의 벽에다 크기가 다른 벽돌, 기와, 석재, 도자기 조각을 80종 넘게 쌓을 수 있고 심지어 모든 조각을

---

4 와장(瓦片): 철거된 기와·벽돌·석재 등으로 쌓은 담장이나 벽. 기와나 벽돌의 자연스러운 무늬가 소박하고도 아름답게 드러난다.

아무런 낭비 없이 벽체에 쌓을 수 있음을 발견했다. 그렇게 쌓은 벽돌과 기와는 서로 다른 시대의 것이고 심지어 1천 년 전의 것도 있다. 이는 내가 '순환건조循環建造'라고 이름붙인 건축방식이 전통 속에서 끊임없이 존재해 왔음을 설명해 준다. 공장들은 오랜 기간 이런 실용적인 공법을 점차 정밀하고 아름다운 기술로 발전시켰다.

우리는 이 지역의 공장들이 대개 이런 공법을 알고 있지만 그들이 이미 이런 벽체를 다시 건축할 기회는 거의 없다는 사실을 발견했다. 그들은 어떻게 시멘트와 결합해야 하는지 여태껏 시공을 해본 적이 없다. 2003년부터 나는 일군의 공장들과 항저우에서 연구를 시작했다. 또 샹산캠퍼스 시공 현장에서도 실험을 반복했다. 20여 차례의 실험을 거친 뒤 샹산캠퍼스에는 대규모 건조 활동이 전개되었다. 이런 시스템을 우리는 '후장후정(厚墻厚頂, 두터운 벽과 두터운 지붕)'이라 불렀다. 공법도 간단하고 비용도 저렴하지만 에어컨 사용을 효과적으로 줄일 수 있다.

이런 공법으로 시공하는 과정에서 아직까지 경험해 보지 못한 여러 문제와 만날 수 있으므로 건축사는 반드시 현장 상황에 따라 수시로 공법을 개선해야 한다. 그래서 건축사는 공장들과 매우 깊은 교분을 나누면서 재료와 공법을 진정으로 이해해야 한다. 또 공장들 간에도 서로 지도해 주는 관계를 형성하게 된다. 그러므로 건축 시공은 모종의 그림 그리기 과정과 유사하다. 이렇게 시공된 건축은 지금의 건축학 공법으로는 구현하기 어려운 생생한 모습을 드러낸다. 몇백 명의 건축 기술자와 함께 일하는 것은 그 건축이 어떤 건축사의 두뇌에서 생성되는 것일 뿐 아니라 수많은 두 손의 작동과 노동에서 생성되는 것임을 의미한다. 이 때문에 건축은 어떤 건축사의 설계를 뛰어넘어 일종의 인류학적 사실로 변화한다. 일찍이 폐기된 자재들도 공장의 손을 거치면 다시 존엄을 회복한다. 현대적 시공 현장에서는 솜씨가 졸렬한 것처럼 보이는 전통 장인들도 똑같이 존엄을 회복한다.

만약 현재 중국에서 발생한 상황처럼 전통이 단지 박물관에 전시된 물건에 불과하다면 전통은 실제로 이미 죽었다고 인식해야 한다. 하지만 전통은 인간의 손 안에 살아 있고, 공장의 손 안에 살아 있다. 현대 건축사는 건축학을 발전시켜 공장과 그들이 잘 처리하는 자연 재료가 현대 기술과 공존할 기회를 갖게 해야 하고 아울러 그런 재료를 대규모로 확대하고 계속 사용하도록 해야 한다. 이렇게 해야 우리는 전통이 아직 살아 있다고 말할 수 있을 것이다.

우리 건축대학에 대해 말해 보면 '아마추어 건축사무실'에서 따낸 샹산캠퍼스 프로젝트는 건축대학을 짓는 과정까지 포함된 캠퍼스 건설일 뿐 아니라 건축 교사 훈련 과정이기도 했다. 많은 젊은 교사들이 우리 사무실에서 이 실험성 설계의 전 과정을 배웠다. 몇몇은 심지어 이미 완전하고 상세한 시공 설계도를 완성할 수 있게 되었고, 또 각종 재료 공법 실험을 거치는 동안 건축 기술자와도 잘 어울리고 공장들과도 잘 교류할 수 있게 되었다. '아마추어 건축사무실'에서는 우리의 영향 아래 여러 조수들이 모두 일정한 현장 연구 능력과 직접적인 건조 능력을 갖추게 되었다. 2006년 우리는 '베네치아국제 건축비엔날레'의 중국관을 설계하고 직접 시공했다. 13일 동안 여섯 명의 건축사가 샹산캠퍼스 공사장 출신의 공장 세 명을 데리고 낡은 전통 기와 6만 매와 대나무 줄기 5,000개를 사용하여 사람들이 노닐 수 있는 700제곱미터의 건축물을 세웠다. 우리는 이 건축물에 '와원瓦園'[그림 20]이라는 이름을 붙였다. 이런 능력을 갖춘 건축사가 어쩌면 우리가 '철장哲匠'이라고 부르는 분들이 아닌지 모르겠다.

그림 20 와원

샹산캠퍼스는 전국 각지에서 사람들이 방문하는 장소가 되었고 그곳에서 감동을 받지 않는 사람은 거의 없었다. 그러나 우리가 늘 듣는 평가는 다음과 같다. "이것은 거의 실현 불가능한 꿈인데 아마도 이 예술대학 캠퍼스에서만 실현 가능할 듯하다. 캠퍼스 밖 지금 중국에서는 이런 건축을 수용할 수 없기 때문에 이곳은 철저한 유토피아다."

근래에 우리는 중국 건축에 한 가지 논제를 제기했다. 중국 현대 본토 건축학을 다시 세울 수 있을까? 그것의 기본적인 건축 관념과 원형은 지방에서 연원하는 것이지 공허한 상징으로 국가주의에서 유래하는 것이 아니다. 만약 샹산캠퍼스의 실험이 예술대학 캠퍼스에 국한된 것일 뿐이라면 이 논제는 매우 학술적인 논제에 그칠 뿐이다. 따라서 이 논제는 진정한 현실과 접촉해야 하고 또 그것에 도전해야 한다.

2003년 샹산캠퍼스 1기 공사를 마무리짓지 않았을 때부터 '아마추어 건축사무실'에서 닝보박물관 설계를 시작했다는 사실은 그리 많이 알려져 있지 않다. 그것은 과정이 매우 복잡한 공사여서 앞뒤 두 차례 공개입찰이 진행되었다. 2004년 방안을 확정한 후에도 업주는 우리의 방안에 대해 줄곧 이의를 제기하며 우리의 공사를 믿지 않았다. 우리 입장에서는 업주가 제기한 문제가 결코 큰 문제는 아니었다. 가장 어려운 문제는 이 도시의 새로운 중심에 원래 있던 30개 마을이 모두 철거되고 일부만 남아 있었다는 점이다. 그곳은 몇 년 전까지만 해도 전통 건축물이 풍부했던 곳이었고, 특히 '와장'과 같은 수준 높은 축조 기술을 보유하던 곳이었다. 그런데 갑자기 그곳이 기억 속에서 사라지게 되었다.

도시계획에 따라 시 중심이 이상하게 광활해져서 제한고도 24미터의 건축물 사이 거리가 모두 150미터 이상이 되었다. 이것은 건축물 사이에 도시의

그림 21, 22, 23 닝보박물관 전경

무늬와 맥락이 존재하지 않음을 의미하고 또 이 박물관이 갖는 도시 문화 속 지위를 찾기 어렵다는 사실을 의미한다. 설령 그것이 항상 공허하고 방대한 기념물임을 의미하기는 하지만 말이다.

우리는 닝보박물관을 하나의 산으로 간주하고 설계했다[그림 21~23]. 실제로 존재하는 사물을 근거로 삼을 수 없으면 자연으로 돌아가 근거를 찾아야 한다. 이 지역도 일찍이 산수화 전통을 풍부하게 보유하고 있었다. 때문에 자연으로 회귀하는 이런 경향은 예술사에까지 영향을 끼친다. 동시에 우리는 닝보박물관을 하나의 마을로 간주하고 설계했다. 건축물 상부의 갈라진 덩어리에는 산과 마을의 인상을 혼합해 넣었다. 우리는 이 건축물의 피부와 모발을 물질적인 기억으로 간주하고 설계했다. 외벽과 내벽에는 '와장'을 다량 사용했으며, 그 자리에서 철거된 마을의 재료를 그대로 가져와 사용했다. 우리는 또 그 건축물을 상이한 형태의 물질재료 간 대화로 간주하고 설계했다. 재활용 벽돌, 기와, 석재, 도자기 조각을 사용하는 '와장' 기술은 이 지역 건축 전통에서 채용한 것이다. 그것과 대화 관계에 있는 콘크리트 벽은 특수한 대나무 모양 거푸집에 시멘트를 부어 자연과 유사한 반영물을 만들어냈다. 이러한 공법은 다양한 현장 실험을 거쳐야 한다. 우리와 함께 일한 공장들은 이미 우리와 여러 해 동안 함께 일한 경험이 있다. 그러나 온통 대나무 모양 거푸집을 이용한 시멘트 실험이었기 때문에 20여 차례나 실패를 거듭했다. 바로 이 같은 실험정신과 기술에 대한 신중한 수정으로 인해 우리는 최종적으로 업주의 어떤 유보도 없는 신임을 얻었다. 도시 중심의 대형 공공 투자 프로젝트로서 박물관은 샹산캠퍼스보다 훨씬 엄격한 정부 심사를 거쳤다. 예를 들어 '와장' 기술이나 대나무 모양 거푸집 시멘트 타설 기법은 모두 건축법에 검사표준이 없으므로 반복 실험이 필요했다. 이에 대해 정부 조직의 전문가위원회에서 철저한 검증을 거쳤다. 업주의 결정과 신임이 없었다면 그 어떤 것도 실현할 수 없었을 것이다.

업주에게서 받은 것은 신임에 그치지 않는다. 건축사는 굳건한 문화적 자신감을 전달하여 업주로 하여금 중요한 문화적 탐색 및 그 가치를 향유하게 해야 한다. 박물관이 완공된 후 본래 하루 평균 3,000명 이하로 예상한 관람객 숫자가 첫날부터 매일 1만 명을 넘었다. 감동적이지 않을 수 없었다. 주위의 많은 시민들이 여러 번 관람하러 오기도 했다. 그들 중 더 많은 사람들은 건물 자체를 보러 왔다. 우리가 일부 시민들에게 물어본 결과 그들은 여기서 이미 철거된 자신의 집 뜰과의 관계를 재발견했고, 또 그 추억을 상기하러 온다고 했다. 관람객들은 박물관 지붕 계곡 모양의 지점에 서 있다가 갈라진 몸체를 통과하여 '와장'과 대나무 모양의 거푸집으로 만든 벽을 두루 살피면서, 저 먼 곳에서 건축 중인 도시 중앙 상업지구를 바라보곤 한다. 그곳에는 100동 이상의 초고층 건축물이 공사 중에 있고 사람들은 그곳을 '소맨해튼'이라 부른다.

우리는 그곳 어떤 건물의 설계도 거절했다.

만약 누군가 중국 건축의 미래가 어떻게 발전해 나갈 것이냐고 묻는다면 오늘날 중국 현실에서는 대답하기 어려울 것이다. 우리의 몸은 무절제한 광기, 시각적 기이함, 매스컴의 스타, 유행하는 사물이 이끄는 사회적 상황 속에 매몰되어 있다. 이와 같이 발전하는 열광 속에서 자기 문화에 대한 자신감이 사라짐으로써 문화적 건망증에 수반된 공황과 경솔 및 졸부가 야기하는 과장되고 공허한 오만이 마구 뒤섞여 있다. 그러나 우리의 일에 대한 신념은 이렇다. "우리는 고요함으로 존재하는 또 다른 세계를 믿는다. 그것은 지금껏 사라진 적이 없고 잠시 숨어 있을 뿐이다. 또 우리는 믿는다. 도시와 시골의 구별을 초월하여 건축과 경관, 전공과 비전공의 한계를 소통시키고 건조와 자연의 관계를 잇는 새로운 건축활동을 강조하려면 반드시 건축학을 위해 그 근원에 다가서는 변화를 가져와야 한다. 건축학은 전통 경관으로부터 현대 경관의 관념을 의식하는 변화를 겪는 중이다. 우리는 특히 건축에 대한 심원한 사고가 부족하고, 이러한 사고는 장차 새로운 관념과 방법을 진흥시킬 수 있을 것이다."

샹산캠퍼스가 거의 완공될 무렵, 나는 한 친구와 교문의 회랑 아래에 서서 샹산을 바라보던 일을 기억한다. 친구가 물었다. "저 산은 언제 다시 나타날까요?" 우리는 잠시 어떻게 대답해야 할지 몰랐다. 그러자 그 친구가 또 대답했다. "저 산은 여러분의 건축이 모두 완공된 후에야 다시 나타날 것입니다."

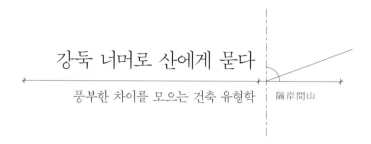

강둑 너머로 산에게 묻다

풍부한 차이를 모으는 건축 유형학 | 隔岸問山

한가할 때면 원나라 황공망[1]의 「산수화론山水畵論」을 읽는다. 이 글은 다음과 같은 점을 강조한다. "산수화 한 폭의 좋아함과 싫어함好惡을 논할 때 가장 중요한 것은 그림에 제목과 제목 풀이가 있어야 한다는 점이다." 처음 이 대목을 읽을 때 나는 좀 달리 생각했다. 그림의 심오한 의미를 어찌 이름 하나에 모두 담을 수 있겠는가? 하물며 그림은 글이 아님에랴. 그림은 우선적으로 순수한 직관의 대상이므로 그 실존 상태는 심지어 이름을 붙일 방법이 없다.

2013년 9월 '아마추어 건축사무실'에서는 또 다른 새로운 건축물을 완공했다. 그 건물은 항저우 중국미술대학교 샹산캠퍼스의 샹산 남쪽 비탈 발치에 위치해 있다. 두자푸杜家浦라는 작은 시내에 임해 있으며, 대학의 전문가 숙소로 쓰인다.

---

1 황공망(黃公望, 1269~1354?): 원나라의 화가. 오진, 예찬, 왕몽과 함께 원나라 4대 화가로 꼽힌다. 대표작으로 「부춘산거도富春山居圖」 「수각청유도水閣淸幽圖」 등이 있다.

그 건물의 이름에 얽힌 유래가 재미있다. 내가 건축 방안을 마련할 때 지은 이름은 '와산瓦山'이었고, 루원위와 건축 방안을 토론하는 과정에서 그녀도 이 이름이 재미있다고 했다. 건물의 지붕은 크고도 넓다. 동쪽 입구에서 바라보면 마치 산 하나가 앞으로 다가오며, 옥상의 검푸른 기와가 거의 천지를 뒤덮고 있는 듯하다. 이 건물의 원래 부지에는 대학 측에서 오래된 창고를 이용해서 운영한 식당이 있었다. 음식 종류가 많고도 저렴한 데다가 시냇가 곁에 큰 정원도 있고 해서 식사를 하면서 일광욕도 할 수 있으므로 교수와 학생들이 아주 좋아한 장소였다. 그 식당의 이름은 '수이안볜水岸邊'이었다. 나는 사실 그 이름에 연연했다. 건물이 완공될 무렵 학장 쉬장(許江, 1955~)은 이 건물의 이름 짓기에 흥미를 보이면서 '수이안산쥐水岸山居'란 이름을 붙였다. 지금도 대학에서는 대내외적으로 이 이름을 사용한다. 나의 대학원생 제자 하나가 졸업논문을 쓸 때 저장성 마을의 수구水口를 연구하면서 이 건물을 언급했다. 글의 제목이 「강둑 너머로 마을에 묻다」, 즉 「격안문촌隔岸問村」이었다. 제목과 건물의 함의가 안성맞춤이다. 강둑 너머로 멀리 바라볼라치면 아주 기묘한 운치가 느껴진다. 건물은 산자락 강변의 녹나무 숲속에 안겨 있으며 기와지붕 한 면의 머리만 드러나 있다[그림 24]. 입구로 들어서면 커다란 지붕이 서로 비좁게 마감되어 있고 겨우 3미터 높이의 건물이 땅을 내리누르는 것처럼 자리 잡고 있다. 바라보는 사람은 건물의 실제 크기를 전혀 예상할 수 없다. 건물 내부로 들어서면 겹겹이 중첩된 구조가 깊숙한 느낌을 준다. 다시 앞으로 나아갈 때에야 비로소 건물의 내부가 이처럼 넓다는 사실을 깨닫는다. 건물의 전체 구조를 파악하기가 쉽지는 않지만 부분을 살펴보면 언제나 명쾌할 정도로 단순하게 보인다.

산수화 경치에만 이름을 붙이는 관행이 있는 것이 아니라 원림을 조성할

그림 24 수이안산쥐

때도 반드시 이름을 붙인다. 오늘날 사람들은 옛날 사람들이 원림을 조성할 때 곳곳의 경치를 모두 구상한 후에야 손을 쓴다고 여긴다. 정말 그렇다면 그 원림은 기이함을 잃게 되어 근본적으로 원림을 조성할 필요가 없다. 조성해 봤자 죽은 원림일 뿐이어서 삭막한 분위기에서 벗어날 수 없기 때문이다. 이전에 원림을 다룬 천충저우[2] 선생의 글을 읽은 적이 있다. 그는 선인들이 원림 속의 경치에 이름을 붙여준 일화를 언급했다. 일단 원림이 완성되면 주인은 재주 있고 정감이 풍부한 문사들을 초청하여 그들과 함께 원림 속을 며칠 간 두루 돌아본다. 주연을 베풀고 청담淸談을 나누면서 곳곳을 함께 유람한다. 상이한 시각과 상이한 분위기에서 펼쳐지는 그곳 경치를 하나하나 발견한다. 이를 감안하여 적절한 이름을 짓게 되면 모든 이들이 감동을 받게 마련이다. 나의 체험에 의하면 이런 이름의 배후에는 언제나 모든 회화사와 문학사가 동반된다. 기억과 상상에 따라 옛날 일들이 눈앞의 정경과 일체가 된다. 언뜻 보면 간단한 이름이 어떤 작은 맥점 하나로 신경 전체를 꿰뚫듯이 복잡한 의미를 갖는다.

나는 이제까지 줄곧 퉁쥔 선생의 『강남원림지』를 원림의 가장 근본적인 지점을 다룬 대단한 책이라고 생각해 왔다. 지금까지도 이 책을 뛰어넘은 저작은 나오지 못하고 있다.

특히 개권 벽두에서 퉁쥔 선생이 원림의 3대 표준을 제시한 점이 가장 뛰어나다. "성김과 빽빽함이 적당하고疏密得宜, 굽이굽이 기묘함이 지극하고曲折盡致, 눈앞마다 경치가 뛰어남眼前有景"이 그것이다. 아직까지 이처럼 철저하고 담력 있게 묘사한 사람을 본 적이 없다. 류둔전 선생이 이 책에 서문을 쓸 때

---

2 천충저우(陳從周, 1918~2000): 중국의 건축학자. 특히 고건축과 원림 예술을 연구했다. 대표 저서로 『설원說園』『쑤저우 원림蘇州園林』등이 있다.

거론한 퉁쥔 선생의 '한육법'[3]이 헛된 말이 아님을 알 수 있다. 퉁쥔 선생 이후에도 원림을 논의한 글이 없다고는 할 수 없지만 그 논의는 대부분 나름의 해석이나 모종의 지식을 나열한 것에 불과해서 원림을 어떻게 조성할 것이냐를 고민하는 사람에겐 기본적으로 아무 도움이 되지 않는다. 이 열두 자 표준에서 요즘 사람들이 가장 이해하기 어려운 것은 '눈앞마다 경치가 뛰어나다眼前有景'는 경지다. '경景'에는 진정한 정취가 있어야 하는데 이는 발견되고 드러나야 한다. 어떤 경치든 모두 '경'이라고 부를 수 있는 건 아니다. '눈앞眼前'이란 두 글자는 이 '경'이 유람 중에 한 굽이를 돌고 멈출 때마다 갑자기 출현하는데 그것이 그곳의 특수한 사물, 시선, 분위기에 의해 촉발된다는 사실을 가리킨다. 이처럼 우리는 황공망이 왜 산수화를 그릴 때 그림 제목을 짓는 것이 가장 중요한 일이라고 했는지 이해할 수 있다. 이름 짓기는 질문이면서 깨우침이다. 묻지 않으려면 이름도 필요 없고 그림 '경'은 바로 침묵한다. 이름은 실제로 한 줄기 선의 실마리다. 그것에 의지하여 물으면서 보아 나가면 수많은 기억이 하나하나 되살아난다.

진정한 감동은 단지 문학의 역사, 그림의 역사, 건축의 역사에 포함된 평범한 전고典故나 지식에서 오지 않는다. 영조營造의 발단은 순수한 개인의 추억과 경험에서 온다. 이 물가의 건물에 붙이는 이름은 저 마을·뜰·산·울타리·흙·물에까지 미치고, 모두 개인의 경험과 관련이 있다.

---

3 한육법(嫻六法): '육법六法'에 익숙하다는 뜻. '육법'은 본래 중국 인물화를 그리고 감상하기 위해 설정한 여섯 가지 표준이었으나 점차 산수화와 화조화 등 회화의 전 영역으로 확장되었다. 남북조시대 제齊나라 사혁謝赫의 『고화품록古畵品錄』 서문에 나온다. 첫째, '기운생동氣韻生動', 묘사 대상의 생생한 운치가 그림에까지 살아나도록 그리는 것이다. 둘째, '골법용필骨法用筆', 묘사 대상을 그릴 때 선과 필치를 적절하게 운용하는 것이다. 셋째, '응물상형應物象形', 묘사 대상의 형상을 사실대로 그리는 것이다. 넷째, '수류부채隨類賦彩', 묘사 대상의 부류에 따라 필요한 색채를 입히는 것이다. 다섯째, '경영위치經營位置', 묘사 대상을 선택하고 화면의 구도를 적절하게 배치하는 것이다. 여섯째, '전이모사傳移模寫', 옛날 그림을 베껴 그리며 화법과 기교를 배우는 것이다. 대체로 이와 같지만 역대로 '육법'에 대해서 다양한 해설이 존재해 왔다.

수이안벤을 짓기 위해 시행한 방안은 사실 세 번째 것이다. 이를 위한 설계는 특히 오래 걸렸다. 2005년에서 2010년까지 6년 동안 완전히 상이한 세 가지 방안을 만들었다. 6년 동안 생각이 계속 바뀌었으므로 방안도 바뀌지 않을 수 없었다. 두 번째 방안은 이미 세부 항목까지 마련하여 조수들이 컴퓨터로 설계도를 그릴 수 있을 정도에까지 이르렀다. 하지만 나는 유예했다. 적절한 깊이에 아직 이르지 못했다고 느꼈기 때문이다. 개인적 경험이 건축학 자체에 대한 질문과 만나지 못하면 나는 흥분하지 않는다.

인간의 사유는 탐구하기가 가장 어려운 영역이다. 내 기억에 의하면 미적거리며 결단을 내리지 못한 날짜가 거의 2~3개월은 된 듯하다. 몇 가지 개인적인 추억이 언제나 완고하게 내 눈앞에 어른거렸고, 어떤 것은 심지어 매우 오랫동안 지속되었다.

마을로 예를 들면 나는 늘 샹시[4] 위안장沅江 강변의 둥팅시洞庭溪라는 마을을 떠올렸다. 1987년에 그곳을 여행했다. 나는 선충원[5]의 『상행산기湘行散記』에 기록된 여행길에 의지하여 위안장을 따라 한 마을에 한 번씩 묵으며 계속해서 앞으로 나아갔다. 나중에 홍콩 중문대학교中文大學 교수가 된 보팅웨이 柏庭衛와 둥난대학교 건축과 왕원칭(王文卿, 1936~) 선생의 아들이 동행했다. 샹시로 들어서는 첫 번째 지점은 마이푸麻伊伏란 마을이었고, 두 번째 지점은 샤칭랑下青浪이란 마을이었는데 둥팅시란 마을은 두 지점 사이에 있었다. 배를 타고 바라보니 매우 아름다운 마을이 있었다. 강안江岸은 모두 물속에 기둥을 박은 고상가옥 천지였다. 다른 연안 마을과 큰 차이점은 없었지만 마을

---

4 샹시(湘西): 중국 후난성湖南省 샹장湘江 서쪽 지방. 후난성 서쪽 전체를 가리키기도 한다.

5 선충원(沈從文, 1902~88): 먀오족苗族 출신의 중국 현대 소설가. 서정적이고 토속적인 정취의 소설로 유명하다. 대표작으로 『변성邊城』 『장하長河』 등이 있다.

로 들어서는 순간 우리는 완전히 흥분에 휩싸였다. 그곳은 일찍이 본 적이 없었던 또 다른 세계였다. 백 채도 넘는 모든 집은 거리와 골목에서 작은 틈도 없이 높아졌다 낮아지며 끊임없이 이어지는 기와지붕으로 덮여 있었다. 밖에서 마을을 바라보면 다채롭지만 안에서 마을을 내다보면 희끄무레한 흑백 색조뿐이었다. 기와가 떨어져나간 지붕에서만 수십 줄기의 가녀린 광선이 쏟아져 내려왔다. 그것은 내가 전에 본 적이 있는, 다우지대에서 흔히 나타나는 극단적인 적응 사례였고, 중국 건축 역사에 관한 나의 고유 지식을 전복했다. 둥팅시는 근본적으로 마을이 아니라 하나의 거대한 집이었다. 그곳의 크고 작은 골목과 마당은 복잡하게 얽혀서 마치 깊은 산속으로 들어선 것 같았다. 이것도 전형적인 북송 산수화를 본 경험과 유사하다고 할 수 있다. 사람들은 대부분 이런 그림을 보면서 서양 유화를 떠올린다. 몇 미터 밖에서만 보면 그렇다. 그러나 산수화 감상은 일종의 특수한 경험이다. 밖에서 보면 "산 밖에서 산을 본다山外觀山"라고 할 수 있지만 이보다 중요한 점은 그림 속으로 들어가서 유람하는 것이다. 나는 이것을 "산속에서 산을 본다山內觀山"라고 말한다.

당시 마이푸에는 수력발전을 위한 거대한 댐 공사가 한창이었다. 생각해보면 둥팅시 마을도 아마 수몰지구가 되어 벌써 물속으로 사라졌을 것이다. 내가 그 마을을 반복해서 떠올린 건 틀림없이 미술대학교 새 건물 부지 환경과 관련이 있다. 샹산캠퍼스의 전체 건축물은 복잡하고 다양하지만 결코 지리멸렬하지 않다. 그 건물 사이에는 대형 구조가 숨어 있다. 나는 그곳의 새 건물에 100미터가 넘는 기와지붕을 덮고, 풍부한 차이를 한데 모은 건축 유형학을 만들려고 상상했다. 마치 둥팅시 마을처럼 말이다. 좀 괴상하다고 말할 수도 있지만 그 마을은 실제로 존재했다. 대학교재로 쓰이는 『중국 건축사』에도 이런 내용이 실려 있지 않다. 나의 독서 경험에 의하면, 현존 『중국 건축사』각 판본에는 중국 건축의 영조 활동을 다룬 실존사實存史가 없다. 책 속에 마치 뭔가를 은폐해 놓은 듯한 느낌이 든다.

산속에서 산을 보는 경험은 절대 산속만 바라보는 데 그치지 않고, 산속에서 어떻게 산 밖을 바라보느냐도 포함된다. 이것은 인간의 존재 상태에 관한 것이다. 하나의 건물을 지을 때 가장 근본적인 것은 바로 이러한 존재 상태를 드러내는 일이다. 나의 또 한 가지 기억은 심주6와 관련되어 있다. 그는 어떤 그림에서 자신의 생활상을 그려냈다. 산속 일대에 넓은 숲이 있고 거기에 기와집 몇 칸이 있다. 그 가운데 문이 열려 있는 중당中堂 안에 밖을 바라보는 사람, 즉 심주 자신으로 보이는 사람이 단정하게 앉아 있다. 그림 위의 화제畵題는 배경이 야경夜景임을 밝히고 있다. 심주는 야반삼경夜半三更에 일어나 홀로 중당에 앉아 집 밖의 바람소리나 빗소리 듣기를 좋아했다. 그의 시선은 산림을 뚫고 담담하게 시끄러운 바깥 세계를 바라보고 있다.

네 가지 시선이 샹산캠퍼스 새 건물 '수이안볜'의 실존 상태를 결정했다. 강 너머로 바라보는 시선이 첫째다. 주거 공간 밖으로 바라보는 시선이 둘째다. 남북으로 관통하는 시선이 셋째다. 동서로 관통하는 시선이 넷째다. 나의 의식 속에서 다음과 같은 건물을 구상했다. 모든 것을 뒤덮은 대형 지붕 아래 남북으로 이어지는 방향에서 사람들의 시선은 불시에 건물을 관통할 수 있다. 남쪽으로는 샹산 제2기 어떤 건물의 일부가 보이고, 북쪽으로는 샹산 위의 숲을 볼 수 있다. 이에 그 큰 지붕은 모든 마을을 덮을 수 있는 대공간구조를 필요로 한다. 나의 인상으로는 중국 근현대 건축사 가운데 이런 의식을 가장 철저하게 갖고 집을 지은 사람은 바로 펑지중 선생이다. 그는 허레이헌

---

6 심주(沈周, 1427~1509): 명나라 중기 오파吳派 문인화의 창시자. 문징명, 당인唐寅, 구영仇英과 함께 명나라 4대 화가로 꼽힌다. 대표작으로 「여산고도廬山高圖」 「추림화구도秋林話舊圖」 등이 있다.

을 설계하여 이러한 새로운 건축 유형의 시초를 열었다. 사람들은 아마 허레이헌이 작은 다실이기 때문에 자연스럽게 작은 건축 부류에 귀착시키곤 하지만 실제로 그것이 보여 주는 것은 가볍고 탁 트인 대공간이다. 나는 펑지중 선생이 '문화대혁명' 전에 '공간 원리'를 제기했고 이에 그가 대공간구조를 만들어야 한다고 강조한 사실을 기억하고 있다.

2010년 초 나는 수이안벤이란 새 건물의 설계도를 책상 위에 방치하고 아예 학생들을 조직하여 허레이헌을 연구하는 교과과정을 개설했다. 내 조교 쑹수화宋曙華가 팀을 이끌면서 학생들로 하여금 허레이헌의 영조성營造性을 측량하여 그리게 했다. 그 대나무 구조 큰 지붕의 모든 접합점을 『영조법식』의 화법에 맞추어 붓을 사용하여 일대일 크기로 제도하게 했고, 또 대나무를 사용하여 일대일 실물을 만들게 했다. 모두 50여 건을 그렇게 만들었고, 1:5 대나무 모형도 한 건 만들었다. 이 연구 결과는 이후 중국미술대학교 미술관에 적용되었다.

중국 현대 신건축으로 말하자면 허레이헌이 절대적인 기점(원형)이다. 중첩된 지붕, 가는 기둥, 민간에서 방법을 취한 대나무 대공간구조, 성김과 빽빽함이 잘 어울린 벽체 나눔, 입구에서부터 시작되는 기묘한 경관 변화와 시선 제한, 지붕 아래 허공을 꿰뚫고 나가는 수평 시선, 노대露臺에 의해 주도되는 높낮이 시선에는 엄격하고 격조 높은 표준에 어울리는 자재 선택이 이루어져 있다. 나는 허레이헌의 남향 처마가 아주 낮아서 사람들이 그 안쪽 노대에 앉으면 좀 내려다보는 시선을 갖게 되는데, 그 남쪽 연못이 정말 작기 때문에 사람들의 시선이 그곳으로 제한된다는 점에 주의했다. 이에 지척 밖의 담장과 시끄러운 자동차 소리는 본래부터 존재하지 않는 것처럼 느껴진다. 구상적具象的으로 살펴보면 허레이헌은 송나라 화가의 산수화 소품과 흡사하지만 나의 흥미는 결코 수이안뺀이란 새 건물 어느 곳에 허레이헌과 유사한 소품을 배치할 것인가에 놓여 있지 않았다. 그와 같이 보았다면 허레이헌을 정말 너무 작게 본 것이다. 유형학의 의미에서 한 가지 유형은 결코 직접 어떤 건물의 형상과 규모를 결정하지 않는다. 나는 허레이헌을 추상적이면서도 구체적인 통용 법칙으로 이해했다. 나는 그것을 그 건물보다 스무 배나 더 큰 건물에도 다시 연역하여 적용하려고 했다.

하나의 대형 건물, 즉 수이안뺀과 같은 건물은 기능이 복잡하므로 내부의 구조를 단순한 소품보다 훨씬 복잡하게 만들어야 한다. 그러나 유형이라는 의미에서 그 통용 법칙을 관철하면 모든 것이 분명하게 변한다. 나는 거의 하루 만에 원래의 방안을 뒤집고 사흘 만에 연필로 개념도를 다시 그리면서 새로운 방안의 중요한 디테일을 확정했다. 나는 이 새 건물에 '와산瓦山'이란 이름을 붙여 주었다. 이 이름은 동일한 맥락에서 우리가 2006년 베네치아에 지은 '와원'을 이음과 동시에 이 건물에 포함된 내부구조가 130미터가 넘는 청기와지붕에 덮임으로써 거의 하나의 산처럼 풍성한 모양을 갖게 될 것임을 암시했다.

공간을 통과하는 시선의 원칙이라는 입장에서 말해 보자. 그리하면 이 기와지붕은 끝없이 광활하여 적어도 하나의 광대한 도시를 덮을 만한 크기를 가졌다고 상상할 수 있다. 다만 그곳의 산 하나와 강 하나의 제한으로 인해 임시로 절단되어 있을 뿐이다. 그 건물의 남북 경계 면은 모두 입면이 아니라 단면이다. 모든 동서 방향의 폐쇄형 벽체는 전부 절단된 듯하고 남북 방향의 긴 벽체만 남아 있는 듯하다.

기능적인 측면에서 바라보면 이 건물은 동쪽 주입구에서 서쪽 끝에 이르기까지 차례대로 네 단의 기능 지역으로 나뉜다. 차 마시는 곳, 회의하는 곳,

음식 먹는 곳, 거주하는 곳이 그것이다. 공간 구역으로 분할하면 일곱 단으로 나눌 수 있고, 남북 방향 큰 벽체를 구분의 근거로 삼으면 열여덟 단으로 나눌 수 있다. 이들 벽체의 성김과 빽빽함은 장소와 관련이 있고, 이를 꿰뚫고 나가는 시선 운동의 순수한 리듬과 관련이 있다. 이에 따라 간접적으로 벽의 고도와 지붕 구조의 분할 간격이 결정된다.

이러한 벽체에 의해 분할되는 모든 장소의 성질을 분명하게 이해하기 위한 한 가지 방법이 있다. 바로 눈을 이용하여 동서를 잇는 축으로부터 강을 건너 횡으로 바라보는 것이다. 수목의 가림, 위치의 가까움으로 인해 영원히 전체 경관을 한눈에 바라볼 수 없고 오직 한 단계 한 단계씩 횡으로 옮아가며 바라볼 수 있을 뿐이다. 마치 책의 페이지를 차례대로 펼치거나 영화 필름을 살펴보는 것과 같다. 또 다른 하나의 방법은 몸을 이용하여 동에서 서로 꿰뚫고 나가 보는 것이다. 이 과정의 깨달음은 모든 감각기관과 지성을 동시에 움직여서 얻어진다. 인간의 육체는 언제나 어떤 장소 안에 둘러싸이고, 변화가 풍부한 재료와 촉감 안으로 둘러싸여서 장소의 성질에 대해 정확하게 분류하기 어려운 상태에 처하게 된다. 그러나 이러한 장소를 자세하게 분류하면 동쪽에서 서쪽 방향으로 다음과 같이 정의할 수 있다.

① 빼낸 처마가 아주 낮고 목가[7]가 촘촘하게 교차하는 곳, 붉은 흙을 다진 지반에 흙 담장이 있음. ② 갈대 곁에 미인이 기대는 곳, 앉아서 자리를 뜰 생각을 하지 않음. ③ 2층의 유리 누각. ④ 비탈길이 나 있는 좁은 틈. ⑤ 지붕이 아주 낮고 폭이 넓은 강변 회랑. ⑥ 작은 안뜰, 그 곁의 드넓게 열린 유리 천장으로 위층의 목가를 볼 수 있음. ⑦ 연못가의 커다란 베란다平臺, 높다란 흙

---

7 목가(木架): 지붕 아래에 나무를 얼기설기 X자 모양으로 빽빽하게 교차시켜 놓은 부분.

벽을 물속에 바로 삽입하고 수직 사다리를 이용하여 2층 베란다로 통하는 곳. ⑧ 목가가 **빽빽**하게 교차하며 둘러싸서 넓은 동굴 느낌을 주는 곳, 공중으로 횡단하는 비스듬한 다리가 있음. ⑨ 빗물이 층층으로 떨어지는 시멘트 베란다, 처마에서 빗물이 층층으로 분리되므로 비오는 날 우레 같은 빗소리를 들을 수 있음. ⑩ 회랑은 비탈길의 안뜰임. ⑪ 삼면의 흙담장에 둘러싸인 2층 베란다. 산길 위에 지붕이 있음. ⑫ 남북으로 관통하는 길을 동반한 건물 틈. 남쪽으로는 캠퍼스가 보이고 북쪽으로는 샹산이 보임. ⑬ 굽이도는 계단이 설치된 건물의 빈 곳. 아래를 굽어보면 깊은 계곡과 같음. ⑭ 지극히 평평하고 고요한 작은 안뜰, 붉은색 질항아리 조각들이 깔린 바닥. ⑮ 길이 굽이도는 건물 틈. 다시 남쪽으로 캠퍼스가 보이고 북쪽으로 샹산이 보임. 거대한 붉은색 질항아리로 쌓은 벽이 사람을 현란하게 함. ⑯ 대나무로 둘러싸인 전체 내부. ⑰ 2층은 가든임. ⑱ 은폐된 대형 누각식 찻집, 선루프식 투명 지붕을 설치함. ⑲ 남쪽으로 대숲 구멍으로 밖을 내다보는 것처럼 캠퍼스를 조망하는 곳. ⑳ 북쪽으로 콘크리트 계곡에서 바라보는 것처럼 샹산을 조망하는 곳. ㉑ 지붕으로 올라가는 대나무 난간 오솔길. 여기에서 이 건물의 뒷면을 볼 수 있음. ㉒ 지붕에서 사방을 조망하는 곳. ㉓ 나무 구조의 좁은 층으로 파고드는 길. 세상 밖에서 들려오는 것 같은 사람의 목소리를 듣는 곳. ㉔ 건물 북쪽 담장 밖에 걸려 있는 구불구불한 산길. ㉕ 망원렌즈 속에 비친 목조 아치 같은 풍경으로, 그곳에서 수업을 하고 싶은 곳. …… 이런 의미의 분류학은 "성김과 **빽빽**함이 적당해야疏密得宜" 하는 표준을 또 다른 층위의 함의로 바꾼다. 그중 하나는 정취의 차이만 있을 뿐 주객의 등급이 없는 장소 분류법이다. 그것은 습관화된 우리의 건축 권력 언어, 즉 등급식의 랭귀지 그래프言語圖, language graph를 조용히 전복시킨다[그림 25~28].

그림 25 수이안산쥐

그림 26 푸른 기와로 덮인 모든 건축

그림 27 목조구조의 지붕

그림 28 아래를 굽어보면 깊은 계곡 같은, 건물의 빈 곳

설계 과정에서 항상 출현하는 문제는 지나친 변화가 총체적인 통제 불능 상태를 초래하기 쉽다는 점이다. 그러나 여기에서 복잡한 차이를 드러내는 변화는 차이성이 풍부한 건축 유형학에 반드시 필요한 것이다. 총체적 통제는 세 가지 기본 원칙을 통해 실현된다. ① 언어학적 의미에서 형태소語素의 여러 갈래가 드러내는 일련의 특성. 그것은 장소, 신체, 시선에 관한 것이든 아니면 재료에 관한 것이든 아무 관계 없다. ② 건축의 층위에서 자연 재료를 기본 원칙에 운용하는 영조의 일치성. ③ 모든 것을 덮는 지붕과 시종일관 다져서 축조하는 벽체.

나는 제자들 가운데 한 조組에게 지붕에 설치할 목조구조를 연구하게끔 과제를 주었다. 그들은 미국 로드아일랜드디자인스쿨Rhode Island School of Design:RISD에서 온 제러마이아 왓슨Jeremiah Watson을 선택하여 나를 따라 심화 연구에 착수했다. 중국 학생들의 사유는 지나치게 구상적이다. 목조 작업을 열렬하게 좋아하는 이 미국 젊은이는 내가 제시한 '구체성의 추상'이란 기본 의미를 신속하게 이해했다. 그는 내가 거칠게 그려준 초안 도면에 근거하여 바로 컴퓨터로 모형을 그려냈고 또 바로 목재로 모형을 제작했다. 겨우 사흘이 걸렸을 뿐이다. 물론 그는 그 후 내가 진행한 일련의 수정 작업은 쉽게 이해하지 못했다. 왜냐하면 내가 당대唐代 포광쓰**8**의 목조구조 척도를 감각의 참조 체계로 삼았기 때문이다.

흙다지기 작업에 들어간 2001년 나는 베를린 〈토목〉전에 참가하기 위해 처음으로 출국했다. 나는 베를린에서 흙을 다져 판축板築 공법으로 만든 성당을 목도하고, 내가 2000년 항저우에서 만든 흙 조소彫塑 판축 벽의 품질

---

8 포광쓰(佛光寺): 당나라 때 건축된 불교 사찰. 지금의 산시성山西省 우타이산五臺山에 있다. 이 사찰의 대전大殿은 857년에 지어졌다.

보다 훨씬 뛰어나다는 사실을 발견했다. 독일 건축법은 매우 엄격하기로 알려져 있는데, 이 성당이 어떻게 건축 허가를 받았느냐 하는 점이 흥미로웠다. 이 성당의 재료 분석과 구조 성능은 계량화된 표준에 맞았을까? 나는 그곳의 판축을 연구하는 사람을 찾기로 마음먹었다. 그러나 시행착오를 거듭한 끝에 나는 10년 후에야 내가 찾고자 한 사람과 장소를 찾아냈다. 시간이 그렇게 오래 걸릴 줄 생각지도 못했다. 마침내 30여 년 동안 현대 판축 건조建造 기법을 연구해 온 교수들을 만난 자리에서 우리는 피차 공통적으로 건조에 대해 흥미를 느껴왔기 때문에 금세 친구가 될 수 있었다. 그들은 뜻밖에도 중국 건축사들도 판축을 연구한다는 점에 깜짝 놀랐다. 이어서 1년 동안 그들의 사심 없는 도움으로 나는 중국미술대학교 내 건축예술 단과대학에 판축 영조 실험실을 설립했다. 6개월 동안 토양에서 건조에 이르기까지의 모든 실험을 진행하며 내 조수와 제자를 길러냈다. 이어서 또 반년 동안 수이안벤 새 건축물의 토양에 대한 분석을 완료하고 최종적으로 기초가 되는 토양이 판축에 적합하다는 결론을 내렸다. 아울러 정확한 판축 배합법과 거푸집 지탱 방안을 확정했고 심지어 새 건축물 작업에 참여하는 판축 인부도 실험실에서 훈련시켰다.

집짓기 측면에서 이 공사의 어려움은 인부들이 이런 목조구조와 판축 공법에 참여해 본 적이 없다는 것 외에도 이 건축물의 공간구조가 복잡하게 변한다는 것 그리고 재료가 너무나 다양하다는 점에도 존재했다. 조수 천리차오陳立超는 자발적으로 도전했다. 즉 그는 자신이 혼자서 전체 건축시공도를 완성하겠다고 했다. 조금은 특이한 조수였던 천리차오는 미술대학을 졸업했지만 그림 실력만큼 수학도 잘했다. 설계가 복잡했기 때문에 그는 전체 시공도를 매우 세밀하게 그렸다. 평면도의 설명도 더 이상 쓸 곳이 없을 정도로 빽빽하게 써넣었다. 설령 그와 같이 샹산캠퍼스 공사 과정에서 단련된 사람도 그 시공도를 그릴 때는 늘 모호하게 처리하는 부분이 많았다. 그가 한 번은 내게 이런 질문을 던졌다. "이 건물의 난간은 안팎으로 높이가 각기 상이한 위치에 있는데 그 공법을 어떻게 분류해야 합니까?" 그는 상이한 경우에는 반드시 상이한 공법을 쓴다는 나의 분류학 원칙을 알고 있었다. 그러나 이처럼 복잡한 공간에서는 어떻게 해야 할까? 내가 대답했다. "간단해! 정상적인 계단과 비탈길로 처리하면 돼. 어떻게 굽이돌고 변화를 주더라도 모두 쇠난간을 사용할 거야. 무릇 산을 꿰뚫고 가는 산길은 고저나 상하, 실내나 실외, 지붕 위나 지붕 아래를 막론하고 모두 강철 골조에 대나무 난간을 설치하고, 직접 시내에 닿는 부분은 어떤 위치든 모두 콘크리트 테두리에 크고 둥근 대나무 관을 꽂는 공법을 쓸 거야." 실제로 그 건축물 전체는 거대한 조직이어서 처음 볼 때는 복잡하지만 모든 동선은 매우 분명하게 처리되었다.

지붕의 연속된 파도 모양에서 그 아래에 덮인 공간과 물체는 들쭉날쭉한데, 그것은 배수 체계의 복잡함을 의미한다. 지붕을 이중으로 처리한 것은 지붕의 목가와 하부의 이음 부분을 대폭 단순화한 것이지만 빗물 홈통이 외부로 노출되어 그 모양을 감추기 어렵게 되었다. 내가 흥미를 느낀 것은 어떻게 빗물이 지붕의 가장 높은 곳으로부터 굽이굽이 굴곡진 경로를 거쳐 마지막 땅바닥까지 정확하게 전해지느냐 하는 점이었다. 풍부함이 결집된 이러한 유형학에는 건축언어와 기술언어의 간극이 존재하지 않고, 배수 과정도 전체 조직체의 한 계열이 된다. 관람객들은 비오는 날이면 입구에서 바로 거대한 기와지붕의 빗물이 그곳에 모여 우렛소리를 내며 문 옆 시멘트 연못 속으로 쏟아져 들어가는 광경을 볼 수 있다. 세심하게 시선을 위로 이동하면 적절하게 처리된 배수 홈통 시스템을 목도할 수 있다. 중간의 이중 수조도 규모는 크지만, 처리한 취지는 앞의 과정과 똑같다.

그 지붕 아래 목가도 복잡해 보이지만, 짜넣은 원칙은 단순하고 분명하다. 시공 초기에 목가를 어떻게 시공하느냐는 문제에서 나는 그 구조를 만든 기사와 완전히 의견이 일치했다. 즉 그 구조의 건축 원칙에 따라 미리 그 설비들을 만들어두어야 한다는 것이었다. 그런데 생각지도 못하게 처음부터 끝까지 시공팀의 저항에 부딪쳤다. 인부들은 고집스럽게 현장과 공중에서 하나하나 설비를 조립하려고 했다. 이유는 그렇게 해야 그들의 장기를 발휘할 수 있고 속도도 더 빠르기 때문이라는 것이었다. 그들은 자신들의 의견을 고집하면서 공정도 맞추기 위해 현장의 각 업종을 동시에 시공하게 했다. 작업장이 몹시 혼잡해도 그들에게 맡겨둘 수밖에 없었다. 그러나 나와 전체 구조 담당 기사는 모두 누계오차가 발생할까 봐 걱정이었다. 사실 그들의 작업은 확실히 빨랐다. 하지만 공사가 절반에 이르렀을 때 측량을 해보니 수평오차가 벌써 1미터에 도달해 있었다. 재미있게도 그들은 뜻밖에도 마지막에 그것을 전부 교정해 냈다. 나는 다음과 같이 생각해야 한다고 느꼈다. 즉 현대의 사전설비 제작 시공법은 정확하고 빠르지만 오차를 용납하지 않는다. 그러나 전통적인 현장 작업은 오차를 포용할 수 있는 탄력성이 있다. 풍부한 차이성의 출현은 결코 전부 정확성에서만 의지하는 것이 아니다.

2013년 9월 건축물이 완공되자 관람객들이 몰려왔다. 이 복잡한 현장을 마주한 관람객들이 내가 해설해 주기를 바랐다. 실제로 이 건축물은 '이해'를 위해 건조되었다. 마치 베르톨트 브레히트[9]의 연극을 관람하는 것과 비슷하다. 이 집은 거의 모든 세부 구조가 직접 노출되는 공법으로 지어졌다. 또 수리 결

---

9 베르톨트 브레히트(Bertolt Brecht, 1898~1956): 독일의 극작가. '낯설게 하기'라는 연출 기법을 통해 사회의 부조리와 모순을 지적했다. 대표작으로 『억척어멈과 그의 자식들』 『서푼짜리 오페라』 등이 있다.

과에만 그치지 않고 세세한 현장 수리 과정도 모두 노출된다. 한 예술가가 물었다. "왜 구체적인 지점에서 굵은 목조구조와 가는 대나무 줄기가 동시에 드러나는 데도 불편한 느낌이 없습니까?" 내가 대답했다. "그것이 제 자리에 맞게 각각 제 역할을 하는 건 각각 제 본성에 따른 것입니다. 여기에서는 예술 형식을 강제로 통일시키지 않아서 상이한 계열의 차이만 공존할 뿐입니다."

이러한 '이해'는 아마도 모든 건축물을 다 보아야만 형성될 수 있을 것이다. 설계가 지향하는 동선은 동쪽 입구에서 시작하여 줄곧 서쪽으로 나아가는데 여기에는 세 가지 독법 노선이 있다. 그 한 노선은 강을 따라 전체 건축물을 관통하는 것, 또 한 노선은 2층에서 전체 건축물 가운데 부분의 계곡, 대지, 뜰과 유사한 혼합 구역을 통과하는 것, 다른 한 노선은 산길인데 건축물 안팎의 지붕 위아래를 구불구불 맴도는 것이다.

나의 관념은 줄곧 완고했다. 즉, 산수화 한 폭의 입축立軸[10]을 어떻게 하나의 건물로 완공하느냐 하는 것이었다. 붓과 먹이 지향하는 의미와 취향의 고유한 표준을 마주하고 나는 산수화 속에서 형이하와 형이상의 대화 구조를 어떻게 이해해야 하느냐에 큰 흥미를 느꼈다. 이러한 독법으로 반드시 이른바 경전적 작품만을 읽어나갈 필요는 없다. 예를 들면 명나라 사시신[11]의 「방황학산초산수도仿黃鶴山樵山水圖」[그림 29]가 바로 전형적인 텍스트에 해당한다. 그 하부를 나는 '산 밖에서 산을 본다'로 칭한다. 중간은 '산속에서 산을 본다'로 칭하는데 그 속으로 들어가면 매우 복잡함을 느낀다. 상부는 '형이상의 돌아보기'로 칭한다. 문제는 이 세 가지 관람법, 세 가지 위치, 세 가지 시간이

---

10 입축(立軸): 산수화의 상하를 관통하는 가상의 중심축.

11 사시신(謝時臣, 1487~?): 명나라의 화가. 산수화에 뛰어났다. 대표작으로 「계산람승도溪山攬勝圖」「책장심유도策杖尋幽圖」 등이 있다.

그림 29 사시신, 「방황학산초산수도」, 명

어떻게 동시에 한 폭 그림의 특수한 시공간 속에 존재할 수 있느냐 하는 점이다. 나는 한 폭의 그림에서 그것을 이룰 수 있다면 한 채의 집에서도 그것을 구현할 조건이 있다고 믿었다. 다만 그런 집에서 구현한 산수화의 입축이 결코 사람의 눈앞에 직접 출현하지 않을 뿐이다. 그것은 사람들에게 몇 가지 동선을 따라 교차하며 움직여 보기를 요구한다. 문을 나와서 고개를 돌려 바라보면 그 입축은 사람들의 의식 속에 세워진다. 나는 이런 의식을 '내산內山의 경험'이라 칭한다. 그것은 완전히 신체성身體性에 속한다.

단면의 시야

텅터우전시관 | 剖面的視野

내가 보기에 중국 근현대의 새로운 건축은 줄곧 '내부의 빈곤'에 빠졌거나 그 자체에 아예 내부가 없다. 전통 건축 관념에 비춰서 몸과 마음처럼 내외 공간의 연관성이 지극히 중요하다고 볼 때 내부가 없으면 외부도 있을 수 없으므로 건축에는 단지 공허한 겉모습만 남게 된다.

시각을 바꿔서 도시가 지금 중국의 외부라면 시골은 바로 내부다. 나는 닝보시 정부의 요청을 받아들여 세계박람회 닝보 텅터우전시관滕頭案例館을 위해 하나의 건축 방안을 제시했다. 그동안 쌓아온 친분 외에도 내가 줄곧 농촌 건설에 흥미를 가져온 점이 순수한 인연으로 작용했다. 오늘날 중국 도시 건설의 열광적인 분위기 속에서 역사적 감각이 있는 사람은 모두 이에 대해 고충을 토로하지 않을 수 없을 것이다. 이 나라에서 수천 년 동안 견지해 왔던 전통적인 도시 문명은 30년 사이에 이미 폐허가 되었고, 터전이 되었던 시골도 폐허가 되거나 황무지로 변하고 있는 중이다. 그해 량수밍[1] 등 여러 선생이 산둥에서 8년 동안 시골을 중건하고자 한 노력은 참으로 심오한 식견에 기반한 일이었다. 오늘날 그의 길을 따르려는 지식인은 전무하다시피하다.

나는 그리 천진한 사람은 아니지만, 닝보 전시관이 세계박람회 가운데 유일하게 중국 농촌 주제관이라는 말을 듣고 건물을 지으려면 먼저 현지에 가봐야 한다고 요청했다.

그곳은 펑화奉化에서 멀지 않았다. 거리가 매우 깨끗하고 질서정연해 보였다. 실제로 도시 근교를 낀 뉴커뮤니티 구역과 흡사하여 시골 흔적은 거의 찾아볼 수 없었다. 도시구조로 보면 다음 구역으로 구분되어 있었다. 한 곳은 1980년대의 가지런하고, 낮은 담장을 둘러친 연립주택식의 새로운 농가 주택지로 국외 뿐 아니라 중국 각지의 노동자가 거주하고 있었다. 다른 한 곳은 1990년대 이후 단순화한 유럽식 독립 별장으로 텅터우 마을 사람들이 거주하고 있었다. 또 다른 곳은 여행객들에게 빌려주는 농촌 가든식 주택이었다. 나머지는 전시용으로 쓰이는 농업 실험실로, 대형 천막으로 덮여 있었으며 식물을 재배할 토양은 없었다. 지도자들이 기념식수를 하는 숲도 있었는데 그 곁에 상징적으로 풍력발전을 위한 풍차 하나를 세워두었다. 거리에는 도시처럼 인도·가로등·이정표·가로수 등이 있었다. 공업 시설이 발전되어 모두 인근 농촌 토지 위에 건설되었으며, 그곳 1년 총생산치가 이미 30억 위안에 달했다. 마을의 인구는 고작 800명에 불과했지만 농촌에서 운영하는 기업의 고용 노동자 수는 수천 명에 이르러 수십 년 만에 천지가 뒤바뀐 셈이었다.

마을의 안정을 유지하는 방법은 다음 세 가지 규칙에 의지하고 있었다. 첫

---

1 량수밍(梁漱溟, 1893~1988): 몽골족 출신의 중국 철학자. 신유가新儒家를 대표하는 학자로 농촌 건설 운동을 펼쳤다. 대표 저서로『중국문화요의中國文化要義』『동서문화 및 그 철학東西文化及其哲學』등이 있다.

째, 몇 세대 동안 강력한 전투력을 발휘해 온 당지부黨支部. 둘째, 공개 선거로 유지되는 농촌 민주주의. 셋째, 시대의 변화에 따라 함께 진화해 온 마을의 규약. 그 마을은 나무만 심을 뿐 농사는 짓지 않았다. 평지에 자리 잡은 마을이어서 상류 원천에서부터 물을 관리하여 수질이 매우 좋아서 생태 마을로도 유명했다. 이 때문에 '유엔 글로벌 생태 500개 아름다운 마을'에 선정되기도 했다[그림 30].

근래 몇 년간 텅터우에서도 문화건설을 중시하기 시작했다. 마을의 낡은 건축물은 일찌감치 철거하고 이웃 마을에서 사당 한 채를 옮겨온 후 거기에서 차도 마시고 전통 연극도 공연했다. 마을위원회 내에는 상하이의 모 대학에 부탁하여 설계한 대형 모래 모형 도시가 설치되어 있었다. 그곳의 주택들은 그 마을에서 새로 기획한 건축물이었다. 즉 전형적인 미국식 야외 별장으로 여행객들에게 빌려주기 위한 시설이었다[그림 31].

그 마을은 대단한 계획 아래 움직이고 있었으며 그와 유사한 지역을 대표할 만한 성격을 지니고 있었다. 하나의 문명이 수천 년 동안 지속되다가 일순간 붕괴된 이후 그것을 다시 체계적으로 건설하려면 아주 힘든 과정을 겪어야 하는 법이다. 텅터우 마을 사람들이 시도하려는 모든 것은 가장 기본적인 생존을 위한 것으로 완전히 자발적인 노력에서 비롯되었다. 문명은 없어져도 최소한의 생태는 남는다. 오직 이 점만은 도시가 배워야 한다. 그래도 문명이 남긴 잔여물이 있다고 말한다면 그것은 바로 고효율, 고밀도, 조직적인 집체 생활일 텐데, 물론 거기에는 기본적으로 골패로 내기를 하는 따위의 폐습도 없다.

문제는 우리가 목도한 것이 수천 년의 문명사를 간직한 시골이지, 아프리카 부락이 아니라는 사실이었다. 나는 직감적으로 중국의 농촌 문명이 거의

그림 30 텅터우 마을

그림 31 모래 모형 도시

메말라 버렸다고 판단했다.

텅터우가 하나의 완전한 소세계라면 그 세계에는 엉성한 외부만 있고, 그 내부에는 생존과 진실하게 관련을 맺은 세밀한 구조가 거의 없었다.

나는 일찍이 클로드 레비 스트로스[2]의 다음 말에 깊은 인상을 받았다. "모든 문명의 위대한 점은 다양한 차이의 디테일에 있다. 디테일은 구조에서 나오며, 희미한 것을 보고 분명한 것을 안다." 건축학적 시각에서 보면 생활 세계의 내부는 주로 절단면을 통해 간파된다. 텅터우 마을의 내부는 외부와 마찬가지로 단순하고 건조하다. 거기에는 내장內臟이 없으므로 절단면이 없다고 말할 수도 있다.

나는 동행한 닝보시 고위 관리에게 말했다. "텅터우의 현재를 표현하기만 바란다면 나는 어떻게 해야 할지 모르겠습니다만 나는 하나의 건축물을 짓는 데 흥미가 있습니다. 이 지역 농촌 건축의 과거와 현재의 차이를 절단하면 그 미래를 추측할 수 있을지도 모릅니다."

생활 세계의 시야와 구조

진실한 생활 세계는 반드시 직접 볼 수 있어야 한다. 본질은 배후나 하부와 같은 보이지 않는 곳에 숨어 있다는 말이 있는데, 나는 이 말을 믿지 않는다. 생활의 진실을 보려면 진정한 차이가 필요하다. 건축학 입장에서 말하자면 이런 관점에는 특수한 그림 표현 방식이 있다. 예를 들면 명나라 숭정판崇禎版

---

2 클로드 레비 스트로스(Claude Levi Strauss, 1908~2009): 벨기에의 구조주의 인류학자. 벨기에 브뤼셀에서 태어나 프랑스에서 성장했다. 대표 저서로『슬픈 열대』『레비 스트로스의 인류학 강의』등이 있다.

『금병매金瓶梅』목각 삽화에 이와 연관된 전형적인 관법觀法이 있다. 낮고 평평하게 내려다보는 2~3층 누대 높이의 시각인데(반대 방향이 건축물의 보편적인 높이를 정한다) 도면은 경사진 축을 가진 측량도와 같다. 수평선은 평행이고 수직선은 단방향으로 기울어지면서 수평의 연속을 유지한다. 뜰은 담장에 의해 예닐곱 곳으로 분할되었고, 그 테두리는 도면 가에서 직접 절단되어 이 세계가 도면 밖으로 연속된다는 의미를 가진다. 예닐곱 가지 생활 속 사건이 동시에 발생해서 상이한 기물과 직물, 식물과 동물, 구조와 척도를 동반하는데, 차이가 있고 디테일하고, 다양한 세계가 모두 일제히 우리에게 목격된다. 이러한 그림을 '세계관 제도世界觀制圖'라고 한다. 서구 건축의 입면관立面觀에 따르면 뜰 담장을 입면으로 삼는 것은 입면이 없는 것과 같다. 문제는 실제로 입면이 없고 인구가 밀집된 건축 유형에서는 이런 그림이 효과적이라는 점이다. 이는 사실 조감도가 아니라 위에서 아래로 비스듬하게 잘라 들어간 단면도다. 이는 그림일 뿐 아니라 여러 차이를 포용한 생활 세계의 구조표이기도 하다.

또 다른 관법은 수평에서 시작된다. 이 지역에는 한 가지 건축 유형만 있었다. 담장 안에 뜰이 있는 원락식院落式 주택이 그것이다. 기타 각종 유형의 건축은 변체에 불과하다. 외관은 유사하고 담장은 높으면서 대문은 크지 않다. 내게 깊은 인상을 남긴 곳은 항저우 허팡가河坊街에 있는 팡후이춘탕 약방方回春堂藥店이다. 이 약방의 형체도 주택에서 변화한 것이다. 거리에서 바라보면 높고 큰 흰색 벽에 대문 구멍만 하나가 있고 특별한 점은 찾아볼 수 없다. 그러나 대문에 서서 내부를 들여다보면 복잡한 구조로 인해 복잡한 감정이 엄습해 온다. 건축물의 목조구조와 공간구조, 그리고 생활 속 인간 형상의 복잡성이 빽빽하게 한 곳에 혼재되어 있다. 건축물은 페티시즘식의 복잡한 디테일 속에 존재한다. 한담을 나누고, 서로 왕래하고, 멍하니 시간을 보내는 사람이 진찰 받고 약을 사는 사람보다 훨씬 많다. 그런 전체 장면들은 극장의 공연 장면과 같다. 그러나 자세히 살펴보면 정당正堂의 양쪽 회랑, 누각 위와 아래, 앞뜰과 후원에는 사람들이 각각 제 자리를 잡고 있다. 촉감으로 말하면 바깥 담장은 겹겹이지만 내부는 가볍고 자잘하다. 광선으로 말하면 외부는 맑은 하늘에 태양이 떠 있지만, 내부는 청명한 그림자 속에 잠겨 있다. 건축 제도의 시각으로 말하면 대문으로 들어서는 건 마치 신체의 장기로 들어서는 것과 같다. 내부에 청신한 공기가 흐르는 뱃속이나 진배없다.

대문은 하나의 동굴 입구다. 동굴 안으로 진입하면 한 겹 한 겹 절단면으로부터 내부를 바라보게 된다.

두 가지 관법과 두 가지 절단면을 통해 특별히 생활의 차이를 포용하고 보호할 수 있는 세계를 구조화할 수 있다. 즉 이곳에서 우리는 볼 수 있고, 드로잉을 할 수 있고, 건조할 수 있고, 인정을 넉넉하게 채울 수 있는 구조를 기대할 수 있다.

토지와 밀도

이러한 특수한 공간구조는 특히 인구밀도와 관련이 있다. 저장 지역은 인구가 많고 토지는 부족하여 예부터 땅을 효율적으로 이용하는 방향으로 건축이 진행되었다. 가족이 모여 사는 전통으로 말하자면 모든 주택 내부는 복잡한 디테일을 갖춘 소규모 사회다. 외부와의 경계가 분명하고 분파된 가족 모두가 그 내부에서 독립된 구역을 갖는다. 가족의 집은 제각기 거리에 한 면을 대고서 모두 자존의 모습을 보인다(이탈리아 건축가는 특히 건축물이 어떻게 존엄성을 갖는지 잘 안다). 그들은 피차 차이에 따라 대화하고, 그 차이는 비록 작지만 결정적인 성격을 갖는다. 외벽 안에서 건축물을 제어하는 것은 사실상 의미의 질서가 드러나는 단면이다. 이러한 스타일은 이 지방 물水과 땅土의 지리와 인문에 합치되는데 이는 수천 년 동안 지속되어 온 심사숙고의 결과다.

사실 나는 텅터우마을위원회에서 미국 야외 별장촌을 본뜬 대형 모래 모형 도시를 보자마자 이제 많은 일을 돌이킬 수 없게 되었음을 알아챘다. 내 생각과 다른 텅터우전시관이 이미 눈앞에 펼쳐져 있었다. 우리가 이 지역 전통 주택의 스타일과 관법을 묘사하려는 것은 그것을 해석하기 위함이 결코 아니고 그 속에 포함된 파편적인 방식으로—회고와 유사하다. 역사에 기록되지 않아서 좀 지리멸렬하고 모호하다—그것의 진실을 제어하고 그것의 질감과 접촉하여 새로운 어떤 것을 구조화하려는 것이다. 그러한 새로움은 흔히 갑작스럽게 출현한다.

텅터우전시관은 새로운 농촌 마을이 지향하는 모델의 '구조단위'가 되어야 했다. 세계박람회가 정한 척도에 따르면 길이 50미터, 폭 20미터, 높이 20미터 이하로 맞춰야 했다. 그러나 그런 높이에 이를 필요도 없었다. 사회 통론으로 3층 최고 높이를 계산한다 해도 13미터이면 충분했기 때문이다. 건물의 각 동은 긴 방향으로 지어나가며 담장을 경계로 삼게 했는데, 각 건물이 담장을 함께 쓰거나 1~2미터 간격만 두어 땅을 고도로 절약해서 쓰도록 했다. 건물은 3층으로 지어, 아래층은 가내공장·상가·창고 등으로 사용하고 위 두 층은 꿰뚫어서 정원으로 삼게 했다. 3대가 거주하려면 평균 대략 4호에 10여 명 정도 들어갈 공간이 필요했다. 그리고 최대한 생태 식생을 조성하고 그 식생이 건축면적의 50퍼센트 이상을 덮도록 했다. 또 그것을 일련의 변화된 모습으로 발전시킬 수도 있는데 학교·사무동·병원·여관·식당·박물관 등의 건물에도 응용하여 전 농촌의 건축 유형을 포괄할 수도 있다.

잊을 수 없는 것은 건축과 식생에서 이 지역 전통이 농업생산에 그치지 않고 이른 시기에 이미 시적詩的 고도에 도달했다는 점이다. 이 사실은 우리에게 더욱 심원한 시야를 요구한다.

이것은 본래 내 마음속 구상일 뿐이었지만 닝보시 고위 관리들에게는 단순하고 직접적으로 설명했다. 나는 전시관 부지 주위가 과장된 건축물의 경연장일 것이라고 예상했다. 이에 나는 구두로 닝보 텅터우전시관의 전반적인 지향성을 묘사해 주었다. "형체는 네모꼴이고, 단순하면서 고요하지만 인간의 마음을 뒤흔드는 것이 건축 내부에 숨어 있습니다. 시끌벅적한 건축물 중에서 가장 고요한 그 한 동을 사람들이 가장 주목할 것입니다."

우연

인간이 어떤 시야를 가지면 다른 어떤 것들을 볼 수 있다. 명나라의 화가 진홍수(陳洪綬, 1599~1652)의 「오설산도五泄山圖」[그림 32]를 예로 들면 그것을 뒤집은 것은 우연이었다. 내가 기대한 것이 갑자기 출현하는 듯했지만, 거기에는 내가 보고 싶어 하던 모든 언어 요소가 갖춰져 있었다. 나는 이 그림을 통해 닝보 텅터우전시관을 직접 보았다. 혹은 내가 이 지역 농촌 건축의 새로운 가능성을 목격했다고 말할 수도 있다. 수목에 의해 구성된 겹겹의 입구가 있고, 입구 위에는 큰 나무가 하늘을 찌른다. 더욱 기하학적으로 형상화된 언어가 그 나무 동굴 뒤 수목 위의 산봉우리에 나타난다. 이것은 전형적인 세계관

그림 32(왼쪽) 진홍수, 「오설산도」, 명
그림 33(오른쪽) 전형적인 세계관 회화

회화일 뿐 아니라 건축성도 풍부하게 갖추고 있다[그림 33]. 이 2D 화면은 인류사회와 자연 사이를 보여 주는 하나의 단면과 같아서 구체적인 역사의 시간과 사건을 완전히 초월한다. 디테일에서도 이런 의미를 읽어낼 수 있다. 명나라 때 매우 드문 인물화가였던 진홍수는 나무 동굴에 선비 한 사람만 그려 넣었다. 그는 근본적으로 화면 밖을 바라보지 않고 있다.

짙은 그늘이 해를 가리다

하나의 건축을 그려내려면 먼저 그것의 언어, 어조, 내부의 모든 사물을 제어하는 분위기를 찾아야 한다. 내 의식 속에서 그 분위기는 바로 '짙은 그늘이 해를 가리다濃蔭蔽日'라는 어구로 감지되었다.

물과 소리

짙은 그늘이 바람 속에서 소리를 내면, 그 아래에는 반드시 물이 있다. "샘 구멍은 소리 없이 세류를 흘리며 물을 아끼고, 나무 그늘은 물을 비추며 맑고 여림을 사랑하네泉眼無聲惜細流, 樹陰照水愛晴柔."[3] 양만리[4]의 이 시구가 항상 마

---

3 양만리의 「작은 연못小池」이라는 7언절구. 전체 시는 다음과 같다. "샘 구멍은 소리 없이 세류를 흘리며 물을 아끼고, 나무 그늘은 물을 비추며 맑고 여림을 사랑하네. 작은 연꽃 비로소 뾰족뾰족 모습 드러내니, 때 이른 잠자리 그 위에 가만히 섰네泉眼無聲惜細流, 樹陰照水愛晴柔. 小荷才露尖尖角, 早有蜻蜓立上頭."

4 양만리(楊萬里, 1127~1206): 남송의 시인. 감각적이면서도 철리哲理가 담긴 시를 썼다. 우무尤袤, 범성대范成大, 육유陸游와 함께 남송 4대가로 일컬어진다. 문집으로『성재집誠齋集』이 있다.

음속에 떠올랐다. 이것은 시간을 초월할 수 있는 시구이므로 마음속의 단단하고 차가운 모든 것을 깨부술 수 있다. 이곳을 흐르는 물은 크기도 작고 깊이도 얕아서 그림자라는 말을 입에 올릴 수 없다. 부서진 그림자는 바람에 따라 가볍게 흔들리며 넓지만 단순한 담장을 요구한다. 그것은 역으로 건축의 형체를 제어한다.

오직 단면만 있을 뿐

단순한 직사각형으로 둘러싸인 텅 빈 공간으로 건축물을 지었다. 양쪽의 긴 가로변은 담장을 향하도록 했지만 창문은 내지 않았고, 짧은 폭은 양쪽 끝을 향하며 동굴처럼 보이게 했다. 두 개 층의 아래는 방으로, 위는 정원으로 꾸몄다. 사람은 아래층 바닥에서 작은 길을 따라 구불구불 위로 올라간다. 마치 높은 누각으로 층층이 올라가는 것과 같다. 건축물의 높이는 약 13미터인데 거기에 또 약 10미터 높이의 나무를 옥상 위에 심었다. 그 속을 거니는 사람의 시각은 수평에서 약간 올려다보게 되어 몸이 숲으로 싸인 느낌을 받는다.

이와 같은 시각화visualization는 거의 자동으로 만들어진다. 나는 측면 조감도 스케치를 손 가는 대로 그려냈다[그림 34]. 그림을 작게 그렸다. 나는 A3 용지로 초벌 그림을 그리는 데 익숙하다. 그러나 이처럼 작은 그림에도 이미 두 가지 관법과 두 가지 단면이 포함되어 있다.

단면으로서 조감도 안에는 세밀한 구조가 포함되지만 그 시야는 오히려 광활하다. 시각화되는 것은 계속 이어지는 건축물로, 마치 1,000미터 길이의 사면체四面體처럼 가정된다. 그러나 시각은 수평에서 약간 올려다보는 단면에

그림 34 측면 조감도 스케치

맞춰지고 건축물의 단방향 양끝은 이미 수정을 거쳐 그 척도는 일대일이 된다. 짙은 그늘 아래 흩어진 그림자를 고려한 것이다. 나는 이 작은 조감도 스케치에 숫자를 표기하여, 이 건축물이 몇 겹으로 절단되는 횟수와 실제 치수를 밝혔다. 진홍수의 「오설산도」 나무 동굴에 감춰진 곡절과 변화를 자세하게 체험할 수 있게 했다. 이 건축물의 몇 겹으로 절단되는 횟수는 또 대략 주거지 네 곳의 구역 나눔과 관련이 있다. 각 주거지는 양단으로 나뉘는데 뜰 하나와 집 한 채가 서로 떨어져 있으므로 모두 팔단이 된다. 이는 또한 허虛와 실實의 리듬과도 관련이 있으며, 긴 것과 짧은 것, 주된 것과 부차적인 것의 차이도 포함되어 있다. 1층에서 2층까지는 걸어 올라가야 하는데, 아래층 전시관의 높이가 최소한 7미터 이상임을 고려하여 나는 휠체어도 쉽게 지나갈 수 있게 설계하려 했다. 이 때문에 2층으로 올라가는 통로는 전부 완만한 비탈길로 만들었다. 그 폭은 1.5미터이고 각 구간 끝에서 한 번 돌아 오르게 되므로 전체 폭은 3미터이며, 난간까지 계산하면 3.3미터가 된다. 이것은 바로 방 한 칸의 치수와 딱 맞아떨어지고, 또 큰 나무를 옮겨 심을 때 뿌리 흙덩이의 크기와도 부합한다. 즉 이는 이 건축물 각 단의 최소 분할 계수가 된다.

시야를 바꾸면 화법도 바꿔야 한다. 내가 보기에 사상이 없는 것처럼 보이는 평면, 입면, 단면 화법 및 그림 차례는 실질적으로 우리가 건축에 사상을 불어넣는가 아닌가를 결정한다. 나는 직접 단면으로부터 그리기로 결정했다. 끝면도 단면으로 칠 수 있으므로 단면도 아홉 장을 그려야 했다. 1,000미터 길이 정사각형과 일대일의 두 가지 척도 사이를 왕복하며 심사숙고했다. 남쪽에서 똑바로 걸어갔다가, 북쪽에서 반대로 걸어오기도 했다. 최종적으로 나는 A3 용지에 열두 개의 단면도를 그렸다. 결정적인 언어는 매 단면, 즉 단면이면서 입면이기도 한 3~4미터 깊이의 공간에 존재했다. 커다란 측면 조감도나 투시도로는 일대일 척도를 파악하기 어려워서 나는 또 부분 측면 단면도 열한 개를 그렸다. A3 용지에서 시리즈로 서로 이어지게 그리는 점이 관건이었다.

이런 화법을 적용하려면 직접 구조와 대면해야 하는데, 그 단면은 모두 세 칸으로 이루어진다. 각 변의 틈은 3.3미터로 최소한도의 방 치수이며 또한 큰 나무를 옮겨 심을 때 뿌리 흙덩이의 최소 크기이기도 하다. 이것이 중간의 큰 틈이다. 직접 마주해야 할 것에는 물의 흐름도 있다. 옥상에서 지면까지 물은 연속해서 흐르는 한 줄기 선을 형성한다. 2층 중간에는 큰 정원이 있다. 나는 거기에 빗물을 받아 얕은 수원지를 만들고 2층으로 오르는 경사도 가에 폭 100밀리미터, 깊이 50밀리미터의 가는 수조를 설치하여 물이 소리 없이 아래로 흐르도록 해볼 생각이었다. 그러나 그렇게 하려면 2층 바닥과 경사로에 방수처리를 해야 했다. 공사 기간이 너무 짧아서 결국 지면의 수조 이외에 상부의 구상은 모두 실현하지 못했다.

나는 평면도를 그리지 않고 대학원생들에게 단면도에 따라 컴퓨터에서 직접 모델링하여 마지막에 평면도를 도출하게 했다.

물료

중국 전통 건축에서는 물료物料 선택이 중요하다. '재료'라는 말은 정확하지 않다. 사물에는 '물성'이 있고 그것은 살아 있기 때문이다. 당초 닝보박물관을 지을 때 와장 설치에 반대하는 사람이 아주 많았다. 심지어 내 앞에서 탁자를 치는 사람도 있었다. 그런데 이번에는 닝보의 고위급 인사가 반드시

그림 35 텅터우전시관, 외부는 중후하고 내부는 경쾌하다外重內輕.

옛날 기와와 벽돌, 그리고 대나무 모양의 거푸집을 사용해야 한다고 요구했다. 나의 대답은 간단했다. "그것은 한약을 지을 때 한 가지 약재를 더 넣는 것과 같습니다. 대나무 모양의 거푸집을 사용하여 직접 건축 내벽을 만들면 약재 배합이 변하는 것처럼 의미도 바뀝니다. 즉 외부는 중후하고 내부는 경쾌해집니다"[그림 35].

이와 같이 물료를 중시하면 아마도 사람들이 '연물벽戀物癖'을 가졌다고 수군댈 것이다. 그러나 나는 이와 반대되는 것을 '개념벽槪念癖'이라 불러야 한다고 생각한다. 그러나 개념은 공허하지만 물료는 실재한다. 내가 보기에 역사는 인물의 사건사가 아니라 물료에 관한 시야사視野史다. 나는 줄곧 개념에 의지하지 않는 건축을 추구해 왔다. 물료에 대한 이런 깨달음은 나로 하여금 롤랑 바르트가 우크라이나 가수의 노래를 들은 후 행한 진술을 상기하게 했다. "그것은 그의 폐부 깊은 곳에서 뿜어져 나온 소리 알맹이였다."

공장工匠

시공 전에 우리는 세계박물회 당국에 다음과 같이 요구했다. "기와 조각과 오래된 벽돌, 대나무 모형의 시멘트 타설, 대나무 모형의 거푸집 등은 최근의 큰 건축회사에서는 만들 수 없으므로 우리에게 편의를 주기 바랍니다. 아마도 닝보에 있는 저의 제자들만이 만들 수 있기 때문입니다." 세계박물회 당국에서는 나의 요구를 받아들였다. 결과적으로 나의 예상처럼 그들은 빠르고도 훌륭하게 일을 완료했다. 텅터우전시관 최종안은 2009년 5월에 가장 좋은 부지에서 가장 늦게 시공했지만 가장 먼저 완공했다[그림 36].

그림 36 텅터우전시관 내부(면면도)

그 일에 참여한 대오隊伍는 2003년부터 나를 수행하며 전통 공예를 현대적으로 결합하기 위해 실험을 거듭했다. 이미 우싼방과 닝보박물관 공사를 거치면서 그들의 의식과 기술은 이미 성숙 단계에 이르렀다. 나는 처음으로 공사장에 갈 필요를 느끼지 않았다. 나의 동료와 조수들이 몇 번 갔을 뿐이다. 제자들은 전화로 내게 말했다. "선생님 마음 놓으세요. 우리는 어떻게 해야 하는지 알아요."

아프리카 출신의 건축가인 내 친구는 부르키나파소에서 흙벽돌을 사용하여 너무나 훌륭한 학교를 지었다. 예전에 그와 공장에 대해서 한담을 나눈 적이 있다. "꼭 따라다녀야 해요. 안 그러면 바로 실수를 저질러요." 그 말을 듣고 내가 내 제자가 한 앞의 말을 들려주자 그는 두 눈을 반짝이며 그런 경지는 꿈이라고 말했다.

역사에 기록되지 않은 기억과 그 기억의 부활

건축이 준공될 무렵 나는 대학원생들에게 그 열한 개 단면의 초안 그림을 사용하여 1,000미터의 시야로 그림 한 장을 다시 그리도록 지도했다. 그 배경은 북송 이공린⁵이 그린 「산장도山莊圖」의 앞 두 폭이었다. 그림의 원본은 여덟 폭 장편 두루마기다. 이공린은 세밀한 필법으로 유명하다. 그러나 여기에서 말하는 세밀함은 필치의 세밀함만을 가리키는 것이 아니라 심신 합일의 시야를 가리킨다. 내가 선택한 두 폭 중에서 전자는 먼 곳을 조망하는 그림

---

5 이공린(李公麟, 1049~1106): 북송의 화가. 산수·인물·동물·화조 등 모든 분야의 그림에 뛰어났다. 대표작으로 「산장도」 「오마도五馬圖」 「유마거사상維摩居士像」 등이 있다.

으로 1,000미터에 해당하고, 후자는 가까운 곳을 바라보는 그림으로 일대일
에 해당한다. 전자를 외관外觀이라 하고, 후자를 내관內觀이라 한다. 그러나 그
림 속 인물을 자세히 살펴보면 완전히 같은 척도로 일대일을 구성한다. 이는
두 가지 관법이 동시에 드러남을 의미하는데 그것이 바로 시각화다.

열한 개 단면의 초안 그림에 의지하여 새로 그린 그림을 이용하고 또 단면
도를 이용하여 나는 텅터우를 통해 새로운 농촌의 파노라마를 그려내려 했
다. 또 그 속에 생활 세계의 차이를 보호하는 세밀한 구조를 담으려 했다. 여
기서 한 가지 문제가 제기된다. "기억은 이미 역사에 의지하지 못하는데, 그
기억을 부활할 수 있나?"『세설신어』[6]에 대략 다음과 같은 기록이 있다. 어느
날 왕융[7]이 관리가 된 후 나무 정자와 같은 가마를 타고 하루는 지난날 완
적[8], 혜강[9]과 술을 마시던 술집을 지나갔다. 그는 멀리서 바라보기만 하고 들
어가지 않았다. 그리고 탄식했다. "오늘 이렇게 가까이서 보지만 저 아득한 모
습은 마치 산과 강을 사이에 두고 있는 듯하다."

---

6 『세설신어(世說新語)』: 중국 남북조시대 송나라 유의경劉義慶이 쓴 필기소설. 후한 시대에서 당시까지
유명한 문인들의 기이한 언행과 에피소드를 모아서 기록했다.

7 왕융(王戎, 234~305): 중국 서진西晉의 문인·정치가. 죽림칠현의 한 사람이다.

8 완적(阮籍, 210~263): 중국 위나라의 사상가·문인. 죽림칠현의 한 사람이다. 대표작으로 오언시 「영회
시詠懷詩」 82수가 있다.

9 혜강(嵇康, 224~263): 중국 위나라의 문인. 죽림칠현의 한 사람이다. 문집으로 『혜강집嵇康集』이 있다.

폄하하고 억압해 온
세계를 드러내기 위해

爲了一種
曾經被貶抑的
世界的呈現

여름방학에 나는 왕신王欣과 만나기로 약속했다. 나와 왕신은 무슨 관계인가? 나는 건축대학의 학장이고 그는 단과대학의 교수라고 말하면 가장 재미없는 설명이 될 것이다. 우리는 특수한 관계인가? 겉으로 보면 오히려 정반대다. 우리는 사실 서로 만나는 일이 거의 없다. 대학 안에서도 우연히 만나고 대학 밖에서는 거의 만나지 않는다. 그렇다고 우리의 관계가 그냥 보통 수준이냐 하면 절대 그렇지는 않다. 왜냐하면 나는 줄곧 왕신이 무슨 일을 하는지 알고, 그는 시종일관 나의 시야 안에 있으며, 왕신도 시종일관 내가 무슨 일을 하는지, 무슨 말을 하는지 관심을 기울이고 심지어 특별히 마음을 쓰기 때문이다. 나는 늘 "도道는 함부로 전해 줄 수 없으며, 바탕이 없는 사람을 만나 그에게 도를 전해 주면 그것은 그를 해치는 것과 같다"라고 말해 왔다. 그러나 왕신에게 말할 때 나는 언제나 마음을 놓고 심지어 좀 흥분하기도 한다. 왜냐하면 나는 나의 가벼운 말 한마디가 어쩌면 어떤 의미 있는 일을 이

끌어내거나, 어떤 기지 있는 견해로 연장되거나, 어떤 교육과정에서 새로운 실험으로 이어질 수 있다는 걸 알기 때문이다. 이 때문에 어떤 말은 내가 일부러 그에게 들려주기도 한다. 이와 같기는 해도 정말 그가 일을 낼 줄은 몰랐다. 언젠가 왕신을 만나자, 그는 자기가 쓴 두툼한 견본 도서를 들고 와서 내게 리포트를 제출한다고 말했다. 내가 의아하게 생각하자 그는 책의 많은 내용이 모두 나와 관련이 있다고 설명했다. 책을 들춰보니 정말 그의 말과 같았다. 제목은 『그림 같은 관법如畫觀法』이었다. 내용을 살펴보니 그야말로 내가 그에게 전해 준 말의 결과라 해도 과언이 아니었다. 내가 먼 곳을 향해 길을 제시하는 것처럼 나는 그의 부지런함을 인정해야 한다. 많은 사람들이 그 길을 보았지만 오직 왕신만이 조금도 주저하지 않고 그 길을 걸었고, 또 그렇게 멀리까지 갔다. 먼 곳에 있는 그 세계의 이름은 '중국의 건축세계'이다. 그러나 진정으로 이 부문에 관심을 기울이는 사람은 아주 드물다. 게다가 이 부문에서 대표적으로 내세우는 가치관은 과거 한 세기 동안 줄곧 폄하되고 억압당해 왔다. 그 길을 가는 사람은 심지어 주류 건축학계에 의해 기괴한 사람이나 혼자서 즐기는 사람으로 낙인찍혔다.

9년 전(2007년) 나는 쑤저우 원림에서 처음으로 왕신을 만났고 그를 항저우로 초빙하여 교수직을 맡겼다. 그러나 여러 사정으로 인해 2011년에 이르러서야 남쪽으로 이사했다. 나는 정중하게 2학년 '건축설계 기초교육' 강의를 그에게 맡겼다. 이 과목의 직전 담당자는 바로 나였다. 과목의 구체적인 제목은 '흥조의 발단興造的開端'이다. 나는 '흥조興造'라는 말로 '설계設計'를 대신한다. 이 말은 퉁쥔 선생의 『강남원림지』[그림 37]에서 나왔다. '흥조'라는 말은 또 이 말이 가리키는 건축활동이 언제나 순수한 흥미에서 시작됨을 의미한다. 흥조에는 방법은 있지만 이른바 체계는 없다. 바우하우스가 현대 건축

그림 37 『강남원림지』 표지
퉁쥔 지음, 중국건축공업출판사, 1984년 출간

학에 끼친 가장 중요한 공헌은 바로 특수한 기초교육이다. 그것은 의견이 분분한 교육 실험을 표지로 삼는다. 왕신도 완전히 나의 주장에 공감했다. 목하 중국의 본토 건축학이 존재한다면 가장 먼저 중국의 특수한 철학사상에 속하는 건축 기초교육이 존재할 필요가 있다. 그러나 이러한 철학은 중국 근대에 이미 1세기 동안 폄하되고 억압되어 왔기에 기본적으로 망각된 처지에 놓여 있다.

하지만 내가 왕신을 중시하는 까닭은 그의 사고가 내 영향을 많이 받았기 때문이 아니라, 그가 언제나 중도에 그만두지 않고 이 분야를 깊이 있게 파고들어 나와 다른 결과를 생산해 왔기 때문이다. 이 점이 가장 중요하다. 나는 일정 정도 그에 비해 더욱 이상주의에 기울어 있거나 학생들을 그보다 더 방임한다고 말할 수 있다. 나는 늘 학생들로 하여금 자연의 발생이 무엇인지 깨닫게 하려고 한다. 그러나 왕신은 모든 학생들의 과제를 각각 하나의 작품으로 간주하는 듯하다. 다양성을 드러내려는 의도가 뚜렷하다 해도 그는 학생의 과제에 더욱 분명하게 개입한다. 이 방식은 『개자원화전』[1]으로 강의하는 것과 비슷하지만 사물의 견본 그림은 왕신 자신이 직접 그려서 편집한다.

나와 왕신의 학술교류 관계를 좀 더 분명하게 말하거나 흥겨운 방식으로 이야기하려면 기록으로 남겨놓는 편이 더 적합할 수 있다. 아래 기록은 바로 이와 관련된 사고와 사건 기록이지만 이들 사이에 무슨 논리적인 관계는 없다. 단지 지금 내 머릿속에 떠오른 선후를 차례로 삼고 아라비아 숫자로 번호를 매겼다.

---

1 『개자원화전(芥子園畵傳)』: 청나라 강희康熙 연간 왕개王槪 등이 그려서 출간한 화보畵譜. 『개자원화보芥子園畵譜』라고도 한다. 나무·바위·인물·건물·산수·사군자 등의 형상과 화법을 상세하게 소개한 책이다. 일종의 동양화 그리기 견본이라 할 수 있다.

1. 그림 같은 관법. 왕신은 이 의미를 최초로 나에게서 계발 받았다고 생각하는데 나는 나 자신의 건축 작품에서 계발 받았다. 2008년 나는 「자연 형태의 서사와 기하」(36쪽 참조)라는 글에서 닝보박물관 남쪽 입면과 송나라화가 이당의 「만학송풍도」의 관계를 언급했다. 주안점은 북송 시대 대관화법大觀畵法에 대한 깨달음을 이야기하는 것에 놓여 있었다.

물론 설계는 2005년 말에 완성되었다. 나는 지금까지도 당시 의식이 발생할 때 느껴지던 몸의 떨림을 기억한다. 그 남쪽 입면은 우선 절대적인 2D이지만 마치 자연스럽게 이어지는 물체의 한 단면과 같다. 자세하게 관찰하면 콘크리트 측면 벽과 남면 와장의 맞물림이 단면화한 것을 발견할 수 있다. 이러한 방법은 좀 모호하기는 하지만 직접 2D 화면과 관계를 맺게 한다. 즉, 일종의 현상학적 관계다. 그 후 어떤 과도過渡 단계도 없이 직접 굽이돌아 깊어지는 공간으로 방향을 바꾼다. 이른바 공간은 어떤 중요한 사물이 그 내부에 포함되어 있음을 의식하지만 흡사 그 사물이 의식적으로 배제되고 어떤 암시 또는 어떤 존재의 가능성만 남아 있다.

당시 설계와 「자연 형태의 서사와 기하」라는 글 사이에는 시간의 간격이 상당히 길게 가로놓여 있다. 나는 이 글을 쓸 때 그것이 나에게 이미 분명한 설계 방법으로 작용했음을 의식했다. 간단하게 말해서 산수화가 자체적으로 드러내는 방식으로 공간을 바라보고 아울러 일련의 맛은편 공간의 위치를 기록하면 건축물은 그처럼 생동감 있게 완성될 것이다. 그러므로 관법觀法은 설계 방법이기도 하다. '산수화처럼 건축을 하는' 이런 전통이 중국에만 있는 것은 아니다. 아마 중국의 영향을 받았겠지만 영국에서도 17세기부터 이런 관념이 유행했다. 오늘날 관점으로 바라보면, 다소 완고한 관념이라 할 수 있다. 즉 건축물을 반드시 풍경화 속 일부처럼 지어야 한다는 관념이다. 물론 오늘날의 시각에서 이런 요구는 지나치게 우아하고 실제적이지 못하다. 단지 입면과 주위 환경에 의해 통제될 뿐이지만 중국 산수화가들 입장에서는 틀림없이 천박한 초기 버전으로 인식될 뿐이다. 왜냐하면 '그림 같은 관법'이 진입하려는 경지는 단순한 입면과 환경이 아니라 생활 세계에서 만나는 다양한 '모형模型'이기 때문이다. 여기에서 모형은 내재적 연관성을 말한다. 그러나 추상적인 개념이 아닌 모든 치수, 질감, 몸으로 느낄 수 있는 물질성을 포함한다. 왕신은 겸손하게도 나에게서 일깨움을 받았다고 말하지만 나는 '모형'이란 단어가 그에게 무슨 의미인지 혹은 모형에서 생활 세계로 되돌아오는 첩경이나 능력을 갖추고 있는지 감히 단정하지 못하겠다.

2. "내부로 들어가라." 2000년쯤 어떤 글에서 내가 쓴 말이다. 원림을 어떻게 볼 것인가? 산수화, 특히 송나라 산수화를 어떻게 볼 것인가? 나의 건축 경험을 어떻게 토론할 것인가? 등의 질문에 대한 대답이 바로 이 한 마디다. 가장 중요한 한 마디다. 바꿔 말하면 내가 말하는 원림 감상법은 다음을 의미한다. 원림 속 건축은 원림 내부로 들어가야만 진정으로 의미를 깨달을 수 있다. 그것은 일종의 경험이다. 한 층 또 한 층 더해지는 경험에는 클라이맥스가 없고 시작과 끝도 없다. 이 때문에 외관은 부차적이고 심지어 조형도 부차적이다. 왕신의 학생들이 제출한 과제물 내부의 복잡성으로 말하자면 나의 이 말이 틀림없이 그에게 영향을 주었을 것이다. 그러나 나는 그가 여전히 지나치게 조형에 집착한다고 생각한다. 이러한 인식에는 시간이 필요하다.

3. 만약 '그림 같은 관법'이 설계 방법이 될 수 있다면, 그 핵심 요소는 바로 '시선'이다. 일찍이 내가 건축물의 시선 관계에 관심을 갖게 된 것은 1985년

안후이성安徽省 남쪽 농촌을 여행할 때였다. 나는 그 시절 늘 공간 밀도에 대한 나의 깨달음을 그려낼 수 있는 화법을 찾을 방법이 없다고 느꼈다. 혹은 그것을 공간에 의해 덮이고 공간 속에 존재하는 의식이라고 일컬을 수 있다. 나는 일주일 동안 한 장의 스케치도 그려낼 수 없었다. 그러다 갑자기 입체파 화법이 어쩌면 이런 이해를 확립하는 데 도움을 줄 수 있을지 모른다는 사실을 알아챘다. 이에 바로 피카소식의 변형된 스케치를 여러 장 그려보았다. 그러나 공간 속의 느낌과 공간 주위를 연관시킨 것은 1986년이었다.

나는 알랭 로브그리예의 소설 『질투』를 통해 깨달음을 얻었다. 이 소설에는 처음부터 끝까지 사람이 등장하지 않는다. 독자는 자동차가 지나가고, 멈추고, 잠시 후 다시 출발하는 소리만 듣는다. 독자는 햇볕이 방 안에서 이동하는 것을 의식하다가 마침내 어떤 질투하는 눈빛이 블라인드를 통해 방 안을 엿본다는 것을 의식한다. 아무도 등장하지 않는 상황에서도 이 소설은 현장에 흐르는 정신적인 분위기를 성공적으로 그려냈다. 나는 갑자기 이것이 일종의 건축학적 의식이라고 느꼈다. 이런 시선의 뒷면에는 이른바 심도 있는 서사는 없고 일종의 사건 서사만 있을 뿐이다. 나는 당시에 이런 감각이 산수화 감상이나 원림 유람 경험과 그처럼 비슷한 줄 아직 깨닫지 못했다. 1997년 퉁쥔 선생의 『동남지역 원림별장』을 읽고 난 후에야 비로소 이런 의식을 완성하게 되었다. 왕신의 글과 그림에서 우리는 이런 시선의 작용을 똑같이 목도할 수 있다. 예를 들어 『삼국지연의三國志演義』의 부분 장면도에서 조조曹操, 여포呂布, 초선貂蟬, 네 발 침상과 둥근 문 사이의 시선과 공간의 관계를 보면 잘 알 수 있다. 그러나 왕신의 시점이 보여 주는 특수성은 민간 목조 부재部材에 깊이 새겨진 서사수법에 대한 그의 짙은 미련에 잘 드러난다. 그것은 고의로 눌러서 납작하게 만든 공간인데, 모든 이야기가 동시에 드러나기 때문에 거의 이야기가 없는 것과 같고 관심의 중점도 스릴이 없는 점을 분명하게 알아차리는 데 놓여 있지만 특수한 공간이 뒤틀리고 꺾이면서 여전히 다양한 흥미를 유발한다. 나는 일찍이 기존의 기념 건축에 반대하고 모든 정통 건축학에 반대하는 소품 건축학의 가능성을 토론한 적이 있다. 왕신이 이런 실험을 계속해 나간다면 특히 명청의 운치와 관련한 소품 건축학을 구현하는 일도 가능할 듯하다.

4. 공간 범형范型의 의지물로서 이러한 목조木雕나 필통筆筒은 매우 흥미롭기는 하지만 왕신의 건축언어 추출은 완전히 추상적이다. 이것이 나의 방법과 본질적으로 다르다. 나에게 있어서 재료는 언제나 첫 번째 고려 대상이다. 왕신의 학생들이 제출한 과제물을 살펴보면 화초나 수목이 없이 충분한 곡절과 밀도가 있는 건축만을 통해서도 여전히 그것을 정원이라 칭할 수 있다는 퉁쥔 선생의 통찰을 끝간 데까지 연역했음을 알 수 있다. 그러나 직접적인 참조물로서 목조나 필통은 공간의 분할과 부재의 밀도를 더욱 긴밀하게 하지만 흰색 모형은 우리로 하여금 그 재료가 아마도 콘크리트이거나 흰색 벽돌일 것이라는 사실을 추측할 수 있게 한다. 이런 방법은 대학교 2학년 수업의 단계적 과정으로서 임시방편의 수단이 될 수 있고, 실제적인 건축방법으로서도 분명히 과도적인 형식일 수 있다. 하지만 현재 중국 건축계에 자생 형식이 심각하게 부족한 상황에서는 이와 같은 어떤 형식의 탐색도 필요하고, 특히 왕신처럼 중도에 포기하지 않고 끝까지 밀고나가는 탐색은 더욱더 필요하다.

5. 건축 형식의 과도한 모형화는 분명히 골격만 있고 피와 살이 없는 현상을 초래하는데, 이는 분명 재료 의식과 관련이 있을 뿐만 아니라 공간의 거리

의식과도 관련이 있다. 나는 일찍이 명나라 사시신의 그림 「방황학산초산수도」를 샹산캠퍼스에 새로 지은 '와산瓦山'의 사고 원형으로 삼아 분석을 진행하면서 그 중간 부분에 묘사한 갖가지 사물의 밀도가 세계관으로서 역량을 보여 주고 있음을 특히 강조했다. 왕신도 자신의 글에서 이 그림을 분석했고 마찬가지로 이 부분을 특히 세밀하게 분석했다. 재미있는 것은 그가 이 부분을 직접 원림의 내경內景으로 간주할 수 있다고 인식한 점이다. 이런 예민함을 통해 그는 측면의 진상眞相을 목도했다. 확실히 그 부분은 '인력人力'(『낙양명원기』 참조)의 결과지만 나는 여태껏 이런 환원적 시각에 만족하지 못했다. 내가 보기에는 적어도 다음 몇 가지 점이 더욱 흥미롭다.

① 그 집은 극도로 간결하고 그 사람은 빽빽한 자연 사물에 포위되어 있다. ② 만약 심주 선생이라면 그 시각은 극도로 고요한 한밤중일 것이다. ③ 전체 화폭은 산 밖에서 산을 보는山外觀山 원관遠觀이고, 중간 부분은 산속에서 산을 보는山內觀山 형식인데, 가까이에서 평탄하게 바라보는 시선을 유지하고 그 거리는 아주 가깝다. 하단은 바로 위에서 굽어보는俯瞰 시선이다. 상이한 거리에서 바라봄과 거기에서 얻는 경험은 모두 아주 좁은 범위 안에 압축하여 실현할 수 있다고 말할 수도 있고, 혹은 산수화를 바라보는 것은 절대 위의 세 가지 원법遠法과 그 대응에 그치지 않고, 우러러 봄仰視, 낮고 평탄하게 바라봄低平視, 위에서 굽어봄俯瞰과 같은 세 가지 높고 낮은 시선의 변화도 있으며, 또 안팎으로 들고 나는 여닫이 관계도 있고, 또 그 속에 가려져서 거의 밖으로 드러낼 수 없는 느낌도 있다. 아침저녁, 사시사철, 맑음과 흐림, 사람의 유무, 사람의 다소多少 등이 그것이다. 건축 분야로 말하자면 이런 방법은 너무나 유용하다. 멀리서 바라봄遠觀이 형식일 뿐이라면 가까이서 바라봄近看에는 피와 살, 모발과 같은 질감이 갖춰져야 한다. 물론 건축에 대한

이런 깨달음은 점진적으로 형성되는 경험이고 여기에는 시간의 자양분이 필요하다.

왕신은 그의 책 첫째 문장에 다음 시구를 써놓았다. "이끼 위에 옆으로 앉으니 풀빛이 몸에 비치네側坐莓苔草映身."**2** 내 아들이 우연히 책을 들춰보다가 삐뚤삐뚤한 필체로 종이쪽지에 이 시구를 썼다. 그 종이쪽지를 내 사무실 책상 위에 놓아두고 그가 오기를 기다리던 그 순간을 나는 기억한다. 오래 기다리면서도 매우 즐거웠다. 2학년 강의 전담자를 마침내 찾았다는 기쁨 때문이다. 이로써 나의 에너지를 다른 학년으로 옮겨 쓸 수 있게 되었다. 중국식 건축의 기본적인 언어 교육은 이처럼 한 학년 한 학년씩 시행해 나갈 수밖에 없었다. 조급함은 아무 쓸모가 없었다.

* 이 글은 왕신의 『그림 같은 관법』 「서문」이다.

---

2 당나라 시인 호령능胡令能의 7언절구 「낚시를 하는 어린아이小兒垂釣」의 승구承句. 전체 시는 다음과 같다. "봉두난발 어린아이가 낚시를 배워서, 이끼 위에 옆으로 앉으니 풀빛이 몸에 비치네. 길 가는 사람 말 물으러 멀리서 손 흔드나, 물고기 놀랄까 두려워 대답도 하지 않네蓬頭稚子學垂綸, 側坐莓苔草映身. 路人借問遙招手, 怕得魚驚不應人."

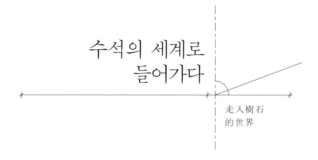

수석의 세계로
들어가다

走入樹石
的世界

매년 봄이면 중국미술대학교 샹산캠퍼스 내의 건축예술대학에서는 한 차례
씩 '수석 포럼樹石論壇'을 개최한다. 2007년 4월 이 단과대학이 개설된 이후
지금까지 모두 아홉 차례 포럼을 열었다. 건축예술대학의 중요한 학술 포럼인
데도 제목에 '건축'이라는 단어가 들어 있지는 않지만 '수석樹石'이라는 두 글
자에 기본적인 학술 취향이 반영되어 있다. 이 대학에서는 현대 중국의 본토
건축학을 토론하면서 '수석'이 '건축'보다 중요한 사물임을 강조하고 있는 셈
이다. 포럼 제목은 내가 지었다. 수석은 중국 산수화에서 채용한 용어다. 산
수화의 기초는 바로 '나무와 돌로 구성된 작은 경치樹石小景'를 그리는 것이다.
기본적으로 나무 두세 그루, 바위 서너 개, 작은 잡목과 잡초들의 조합으로
이루어진다. 이러한 사물에 대한 묘사법을 배움으로써 우리는 특수한 세계의
정감과 어감을 이해하기 시작한다. 포럼 제목은 이 대학 교수들의 폭넓은 공
감과 호감을 얻었다. 내 생각으로는 사람들이 모두 이 어휘가 주류 건축학과

상이한 방향을 가리킬 뿐 아니라 기본적으로 그것과 구별되는 가치관을 의미한다고 의식한 듯하다. 또 그들은 이 어휘에서 경직되지 않고 살아 있는 촉감을 본능적으로 느꼈음에 틀림없다.

중국 건축 범주에서 '수석'이란 용어는 분명히 원림과 직접적인 관계를 맺고 있다. 그것은 특히 산수화를 통한 재번역과 같다. 지난 20년간 진행된 중국건축학사에서 '원림'[그림 38]이 전위적인 건축사에게 혐오의 대상이 되었다가 점차 과도적인 차용의 대상으로 변하기는 했지만 이 점은 내가 애초에 예상하지 못한 부분이다.

내가 알고 있는 모든 현대 언어로 원림에 관한 고유 의식을 해체할 때, 이러한 의식은 원림에 현대적 언어 환경을 다시 부여했고, 동시에 주류 건축학의 가치관과 방법론을 해체하는 역량을 갖추게 했다. 1999년 세계건축사대회의 〈중국 건축中國建築〉전에서 나는 명확하게 '원림의 방법園林的方法'이란 개념을 제기했다. 이런 방법론의 시야에서 기념 조형물로서의 건축학 관념은 폐기되고, 장소와 분위기를 더욱 중시하는 건축학으로 대체되었다. 등급 질서를 의미하는 건축언어는 폐기되고, 아무 목적이 없이 흥취만 가득한, 그리고 갈림길에서 신체의 동작이 유도하는 무등급의 건축학으로 대체되었다. 이처럼 새로운 건축언어는 미세한 입자와 같은 상태, 어떤 사물 자체가 갖는 거의 순수한 물질 상태를 드러낸다. 그것의 유일하고 명확한 조합 원칙은 낡아빠진 의미에 대한 회피다.

이것은 또 다른 건축학적 관념 아래 건축언어 자체에 대한 귀환을 추구하므로, 원림을 차용하여 이야기를 풀어가는 기존의 모든 방식은 아마 이 기본을 이해하지 못할 것이다.

그러나 내가 포럼의 제목을 직접 '원림 조성 포럼造園論壇' 따위로 짓지 않은

그림 38 졸정원(부분)

것은 원림이란 말이 사실 진부한 의미를 가장 쉽게 유발하는 중국 건축 함정의 하나이기 때문이다. 나는 '수석'이란 말이 훨씬 좋다. 이것은 건축학에 대해 말하자면 더욱 간접적이어서 고정적인 건축 의미가 아직 생성 과정에 있음을 의미한다. 하지만 사물에 대해 말하자면 이 어휘는 더욱 직접적이다. 사상력思想力과 상상력想像力이 심각하게 부족한 중국 건축학계의 입장에서는 이 두 가지에 대해 경각심을 가질 필요가 있다.

수석이란 어휘는『개자원화전』과 관련이 있다. 만약 퉁쥔 선생의 판단에 공감하여 심지어 원림은 대학 건축학 교육에 의미를 갖는 전체 설계도면조차 있어서는 안 된다고 여긴다면 그런 산만한 건축활동을 과연 전수해 나갈 수 있겠는가? 나는 이 부분이 매우 흥미로웠다. 건축사로서는 이 점에 상관하지 않을 수 있지만 건축교육 담당자로서는 반드시 고려해야 하는 부분이다.

2005년부터 나는『개자원화전』의 교육법을 참조하여 건축 관련 기초 과목을 개설할 수 있을지 없을지의 여부를 사고하기 시작했다. 산수화는 매우 철학화된 그림이라 근본적으로 가르칠 수 없다는 인식이 중국 산수화 이론의 주류 관념이었기 때문이다. 따라서『개자원화전』이 청나라 초에 출판되었을 무렵, 수많은 문인 화가에 의해 조롱거리가 되자 이러한 분위기에 압박을 받은 이어李漁 같은 사람은 이 책에 서문을 써서 변호하기도 했다. 재미있는 것은『개자원화전』에서 제시한 부분 장면도, 예컨대 '나무와 돌로 구성된 작은 경치樹石小景'를 단위로 한 모형화 교육법이 원림 조성 학습 과정에서 매우 큰 효과를 발휘한다는 점이다. 이것은 또한 원림 조성 언어를 혁명하려면 이 부분 장면도 언어를 혁명하는 데서 시작해야 함을 의미한다. 그런데 오늘날 미술대학 산수화과에서는 부분 소경小景을 전혀 가르치지 않는다. 이유는 기본 과목을 개설할 때 입학 전에 학생들이 이미 회화의 부분 소경을 배웠다고 가정하기 때문이다. 나는 이 점을 생각지도 못했다. 이것은 사실상 회화 기초 교육에 대한 포기를 의미한다. 더욱 황당한 것은 산수화를 배우려는 학생이 미술대학에 진학하여 가장 먼저 배우는 것이 뜻밖에도 목탄 소묘라는 점이다.

또 다른 건축학으로서 원림 조성造園이라는 관념, 즉 중국 철학의 기본 관념과 관련 있는 새로운 건축학으로서의 특별한 기본 관념에 대해 나는 1999~2000년에 네 편의 글을 연속으로 써서 그 가능성을 탐구했다. 「설계의 시작 1設計的開始1」은 한 친구를 위해 상업화된 표준 오피스빌딩 안에서 한 예술가의 사무실을 개조하는 것에서 시작한 글이다. 이 글에는 나의 몇 가지 기본 입장과 정보가 드러나 있다. 원림 조성 건축사는 사업주가 누군지에 대해 깊은 관심을 기울인다. 이러한 건축학의 기본 공간 관념은 삽입되었거나 이식된 세계로, 그것은 현실에 대해 명확한 입장과 비판성을 지닌다. 롤랑 바르트의 말을 차용하여 나는 이러한 건축학의 가치관과 방법론에 대해 서술했는데, 이런 혼합적인 서술을 이론과 작품의 공통적인 비판 표준으로 삼을 수도 있다. 나는 이를 통해 근원이 없는 복제품, 원인이 없는 사건, 주체가 없는 기억, 의지 대상이 없는 언어를 분별해 냈다. 이런 관념은 오직 구체적인 사물에 의지하여 '실천해 나감'으로써 직접 현실로 드러날 수 있다. 「원림조성기造園記」라는 글에서 보여 준 몇 가지 허술한 듯한 사고가 계속해서 많은 목소리를 불러일으킬 줄을 나는 전혀 예상하지 못했다. 심지어 '기記'라는 문체까지 건축학 글쓰기에서 부활했다.

퉁쥔 선생의 『동남지역 원림별장』에 대한 계발성 토론에는 다음과 같은 내용이 포함되어 있다. 즉 작은 세계, 사람을 홀리는 구체적 생활 세계, 소란을 피하는 장소, 비정상적 습관, 불합리한 습속, 사소한 경솔함과 황당함, 방임한 채 강제하지 않는 영역 등 화초나 수목이 없는 건물만으로도 원림을 구성할 수 있다는 사실, 이어李漁가 되어보기, 보르헤스의『끝없이 두 갈래로 갈라지는 길들이 있는 정원El jardín de senderos que se bifurcan』을 빌려서 원림을 현대 중국의 사상 모델의 하나로 새롭게 해석하기가 그것이다. 나는 갈림길로 갈라지는 화원花園을 여러 가지(전부가 아닌) 미래를 위해 남겨줬다. 무슨 이유인가? 나는 2007년 건축예술대학을 설립하면서 이 단과대학의 학문 방향을 "현대 중국 본토 건축학의 한 종류를 다시 세우는 것"으로 설정했다. 이는 "현대 중국 본토 건축학 전부를 다시 세우는 것"이 아니다. 어떤 사람은 나를 비판하며 담력이 부족하다고 했지만 나는 이것이 담력이 있고 없고의 문제가 아니라고 생각한다. 사상적 입장에서 이 두 가지 설정은 근본적으로 상이한 목표를 지향한다.

같은 시기에 발표한 세 번째 글「거주할 수 없는 여덟 칸 집」에서 나는 당면한 시대의 거대한 서사, 즉 건축의 관념으로서 '소품'의 가치와 의미를 중점적으로 탐구했다. 혹자는 '소품 건축학'에 대한 새로운 가치판단이라고 말했다. 그것은 일종의 계시를 남겨줬다. 만약 원림 조성이 소품 유형의 건축활동일 뿐이라면 굳이 소품만 만들면서 무엇을 선택하고 무엇을 거부해야 하는가는 바로 일종의 자각적 입장이라 할 수 있다. 그리고 이는 자각적 세계관과 생활태도를 분명하게 드러내는 것이다. 그러나 '소품'이란 말의 또 다른 의미는 기물과 생활 속 사소한 물건을 재차 건축학의 시야로 끌어넣고, 대형 건축물과 사소한 물건 사이의 등급을 타파하여 동일한 수준의 세계를 재건하는 것이다. 이와 관련한 일련의 서술 중에서 마지막 글인「시간이 정체된 도시時間停滯的城市」는 나의 박사논문 발췌문이다. 오늘날 입장에서 살펴봐도 이 글에는 지금까지 줄곧 영향을 끼쳐온 몇 가지 토론의 실마리가 포함되어 있다.

즉 레비 스트로스의 구조주의 인류학 사상에 대한 재토론, 특히 언어학 모델에 기반한 심층 구조의 운행 기제에 대한 토론 및 부분에서 시작하여 구조언어학으로 나아간 토론이 그것이다. 이는 푸코가 『말과 사물』에서 보르헤스를 모방하여 만들어낸 중국 백과전서식 사물 분류법 토론을 빌려와서 일종의 새로운 건축 유형학, 즉 '헤테로토피아'[1]에 관한 건축 유형학을 그려내려는 시도다. 원림은 특히 '헤테로토피아'에 적합한 본보기 중 하나임이 분명하다. 위에서 서술한 관념을 지침으로 삼은 중국 촌락 유형과 의미에 대해서 행한 총체적인 서술이다.

위에서 서술한 학문적 실마리는 '수석 포럼'에서 근래 10년 동안 가장 뜨거운 관심을 불러일으킨 화제였다. 내가 이 포럼이 발전하는 데 이론적으로 공헌한 점이 있다면 다음의 세 가지를 들 수 있겠다. 첫째, 산수화의 관화觀畵 방법을 재평가하고 재서술하면서 원림의 관법觀法으로 확장하고, 동시에 새로운 건축의 구성 방법으로 인정한 점이다. 둘째, 자연 형태의 서사와 기하에 대한 토론을 통해 원림을 더 이상 일종의 형식 체계로만 간주하지 않은 점이다. 셋째, 자연 재료와 자연 건축이라는 각도에서 이러한 건축학의 기초 관념과 감각을 다시 빚어낸 점이다.

나는 '수석 포럼'의 발기자와 명명자로서 제9회 포럼이 끝난 후 이 포럼의 개설 취지를 한 번 회고해 볼 필요가 있었다. '헤테로토피아'의 분위기가 물씬 풍기는 이 포럼에는 원림 속에서 활동하는 문인의 그림자가 드리워져 있다.

---

1 헤테로토피아(Heterotopia): 푸코가 '다른'이라는 뜻의 'heteros'와 '장소'라는 뜻의 'topia'를 합성하여 만든 어휘. 중국어로는 '異托邦'으로 번역한다. 유토피아가 현실에는 존재하지 않는 이상적인 장소를 뜻한다면, 헤테로토피아는 현실에 존재하면서 일상 공간 밖에 있는 장소를 말한다. 일상 속에 있으면서 일상을 벗어날 수 있는 모든 공간과 행위다. 다락방·극장·항구·박물관 등과 심지어 묘지·감옥 등도 헤테로토피아가 될 수 있다.

다소 산만하므로 강제적인 요구도 거의 없다. 이처럼 한 해 한 해, 한 가지 한 가지씩 발전해 나가고 있지만 지금까지 정식 출판물도 내지 않았다. 아직 미성숙한 단계라고 생각하기 때문이다.

우리의 사고는 날이 갈수록 더욱 광활해지고 있다.

우리는 여전히 원림을 좋아한다. 하지만 '수석樹石'이란 어휘는 본래 더욱 개방된 세계를 의미한다.

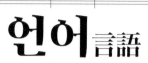

언어 言語

쫜탕轉塘이라는 완전히 해체된 대도시 근교 시골 읍내에 새로운 대학 캠퍼스가 귀속감을 갖춘 중심 장소로 재건되어 지방 건축의 전통을 잇게 되었다. 모든 건축물 안 또는 건축물 사이에서 바라보면 샹산은 이미 환골탈태한 모습을 보여 주고 있다. 새로운 캠퍼스가 준공된 날에야 비로소 이 산이 탄생했다고 할 수 있다.

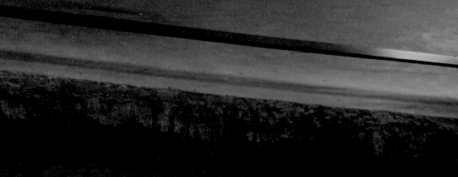

중국미술대학교 샹산캠퍼스

왕수 · 루원위

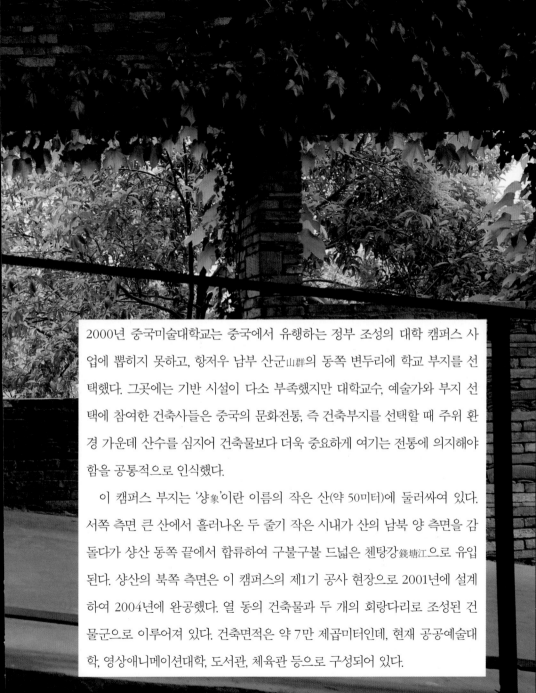

2000년 중국미술대학교는 중국에서 유행하는 정부 조성의 대학 캠퍼스 사업에 뽑히지 못하고, 항저우 남부 산군山群의 동쪽 변두리에 학교 부지를 선택했다. 그곳에는 기반 시설이 다소 부족했지만 대학교수, 예술가와 부지 선택에 참여한 건축사들은 중국의 문화전통, 즉 건축부지를 선택할 때 주위 환경 가운데 산수를 심지어 건축물보다 더욱 중요하게 여기는 전통에 의지해야 함을 공통적으로 인식했다.

이 캠퍼스 부지는 '샹象'이란 이름의 작은 산(약 50미터)에 둘러싸여 있다. 서쪽 측면 큰 산에서 흘러나온 두 줄기 작은 시내가 산의 남북 양 측면을 감돌다가 샹산 동쪽 끝에서 합류하여 구불구불 드넓은 첸탕강錢塘江으로 유입된다. 샹산의 북쪽 측면은 이 캠퍼스의 제1기 공사 현장으로 2001년에 설계하여 2004년에 완공했다. 열 동의 건축물과 두 개의 회랑다리로 조성된 건물군으로 이루어져 있다. 건축면적은 약 7만 제곱미터인데, 현재 공공예술대학, 영상애니메이션대학, 도서관, 체육관 등으로 구성되어 있다.

캠퍼스 제1기 설계 과정에서 당면한 구체적인 문제는 규모가 방대한 캠퍼스가 어떻게 규모가 크지 않은 샹산과 공존할 수 있는가였다. 왜냐하면 그 산은 캠퍼스보다 먼저 그곳에 존재하고 있었기 때문이다. 나는 항저우 류허탑六和塔에 올라본 경험에서 계시를 받았다. 그 탑의 체적은 방대했고, 탑이 소재한 산의 체적은 샹산과 유사했지만 탑 속으로 들어가면 방대한 느낌이 완전히 사라졌다. 탑은 각층 육각형에 완전히 동일한 열여덟 개의 창으로 이루어져 있다.[1] 모든 창에서 밖을 향해 사진을 찍으면 창도 같고 산도 같지만 위치가 달라지면 산도 달라진다. 외부에서 탑을 바라보면 빽빽한 기와지붕이 어두운 탑 색깔을 내리누르고 있다. 재료와 산의 몸체가 호응하여 탑이 마치 절반의 산속에 흡입되어 있는 듯하다. 샹산처럼 안개가 흔한 기후에서 탑은 심지어 완전히 모습을 숨기기도 한다. 그 순간 나는 이 캠퍼스가 귀의해야 할 길을 보았다.

중국의 전통식 서원을 되돌아보는 가운데 샹산캠퍼스 건축은 마침내 일종의 '대합원'[2] 모티브의 촌락 형식으로 낙착되었다. 그것은 수척한 유리탑을 세심하게 선택한 위치에 놓고, "산을 마주하여 건축물을 경영하는" '탑원식'[3] 구조를 형성했다. 실제로 전통적이고 단순한 '합원合院'은 다양한 기능에 적응할 수 있는 유형인지라, 샹산캠퍼스에서는 이러한 합원과 연관된 자유유형학을 실험했다. 합원은 산, 햇볕, 사람의 의향에 따라 불완전한 구조가 되기도

---

1 약간의 착오가 있는 듯하다. 항저우 류허탑은 팔각탑이며 하나의 면에 창이 세 개씩 나 있으므로 각 층의 창은 모두 스물네 개이다.

2 대합원(大合院): 대문에서 행랑채, 안채, 뒤채로 뜰(정원)과 건물을 겹겹이 조성하여 각각의 뜰을 중심으로 겹쳐 대형 가옥군을 이루는 중국 전통식 건축 구조. 베이징의 '사합원四合院'이 이런 특징을 잘 반영하고 있다.

3 탑원식(塔院式): 중앙의 탑을 중심으로 건축물과 정원을 겹겹이 배치하는 건축 구조.

한다. 여기에서 확정한 것은 평면구조와 공간조형에 그치지 않는다. 이보다 중요한 것은 차이가 공존하는 장소가 되도록 건축물을 창건했다는 점이다. 여기에서는 다양한 차이가 정밀하게 분별되도록 했는데, 두 곳에 조성된 정원 중심의 건물군은 완전히 동일할 수 있지만 다만 평면의 각도, 산의 위치, 인접한 건축물, 실외 장소의 세밀한 차이에 따라 그 상이함을 드러냈다. 불완전한 합원은 건축물이 절반을 차지하고 자연이 절반을 차지했다. 건축물은 감아 돌고 단절되는 산의 모습을 예민하게 따르면서 가변성과 정체성整體性을 드러냈다. 전통 중국 산수화의 '삼원법'⁴ 투시학과 서구 르네상스에서 비롯된 초점 투시학이 혼합되어 전형적인 중국 강남 구릉지의 모습으로 평탄하게 개조되고, 이것으로 거대한 면적이 야기하는 육중한 무게를 통제하고 해소했다. 이 때문에 건축물은 납작하게 그려지고 수평의 기와가 조밀한 처마를 만들며 재차 건축물의 수평적 추세를 강화한다. 이런 건축물은 산의 몸체와 비교할 때 일종의 평행 건조물로 작용한다. 전통 원림 조성술 가운데서 '대大'와 '소小' 간의 변증법적 척도는 자각적으로 변환된다. 척도를 초월한 문門과 사람 크기의 문을 돌발적으로 병치하는 것, 예를 들면 범관의 산수화 세로축에서 척도를 초월한 문이 진짜 산과 서로 겹치는 것처럼 이와 유사한 일련의 방법이 건축 척도에 관한 고정관념을 해체하면서 일군의 단순한 건축물에 복잡하고 심오한 의미를 부여했다. 작업장이 있는 건축 하층은 모두 작업장으로 만들어 낮은 석축을 쌓았다. 방법은 현지의 룽징다원龍井茶園의 돌담과 돌도랑을 똑같이 모방하여 건축물이 그 땅에서 자생한 특징을 갖추게 했다.

---

4 삼원법(三遠法): 송나라 곽희가 『임천고치林泉高致』에서 제시한 중국 산수화의 세 가지 투시법. 첫째, 고원高遠으로 산 아래에서 산꼭대기를 쳐다보는 방법이다. 둘째, 심원深遠으로 산 앞에서 산 뒤를 엿보는 방법이다. 셋째, 평원平遠으로 가까운 산에서 먼 산을 평평하게 바라보는 방법이다.

또 4층 높이 삼나무杉木 판재의 원색 입면이 산을 향한 삼합원三合院을 삼 면으로 둘러싸게 하여, 닫았을 때는 사람을 흥분시키는 단순성을 갖게 하고, 열었을 때는 경쾌한 다양성을 갖게 했다. 연결고리와 빗장은 모두 그곳 시골 마을 대장장이가 직접 만든 것을 사용했다. 일종의 본토 인문 의식에서 출발 하여 그 땅에 뿌리내린 재료의 선택을 원칙으로 삼았다. 그러한 재료 선택으 로 건축물의 짜임새와 구조를 추론했다. 여전히 현지에서 광범위하게 사용 되는 것은 자연환경에 대한 장기적 영향이 적고, 또 대규모 전문 설계와 시 공 방식에 의해 폐기되더라도 민간 수공업 건조 재료와 공법의 선택 표준으 로 작용할 수 있다. 따라서 민간 공법과 전문가 시공을 효과적으로 결합하고 대규모 확대·보급을 연구목표로 삼았다. 기본적으로 변하지 않을 것처럼 보 이는 단순한 스타일로 대규모 건축의 신속한 건설에 적응하도록 했다. 설계에 의해 결정되는 것이 아니라 설계가 다량의 수공 작업에 의해 야기되는 전체 건조 과정의 수정과 변경 과정을 따라가게 했다.

이 때문에 각 공사를 연결하는 명세도가 특히 중요하게 변했으며, 이로 인해 설계는 개인의 창작과 전문기사의 통제를 뛰어넘어 수공 작업을 핵심으로 하는 집체 협력 공사로 발전했다. 각기 다른 시대에 생산된 옛날 벽돌과 기와는 그 수량이 300만 매를 상회했는데, 이는 전 저장성 주택 철거 현장에서 수집하여 샹산으로 옮겨왔다. 그것은 폐기된 쓰레기로 여겨질 수도 있었지만 이곳에서 재활용함으로써 건축 단가를 효과적으로 조절할 수 있게 되었다. 이는 주류 건축관과 상이한 중국 건축 영조관營造觀을 구현한 일이라 할 만하다.

공사가 마무리되어 갈 무렵부터 그곳의 새로운 환경이 모습을 드러내기 시작했다. 산자락에 본래부터 존재한 시냇물, 흙제방, 연못은 원형을 보존한 채 간단한 수정만 가해졌다. 준설한 흙은 건축물 주변의 인공 복토로 사용했다. 시내와 연못가에 갈대를 다시 심자 주변에 거주하는 사람들이 갈수록 많이 그곳으로 들어와 산보했다.

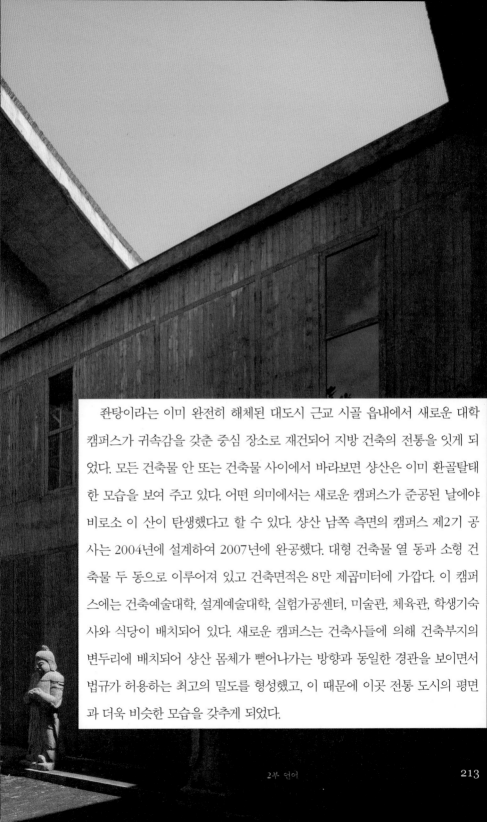

좐탕이라는 이미 완전히 해체된 대도시 근교 시골 읍내에서 새로운 대학 캠퍼스가 귀속감을 갖춘 중심 장소로 재건되어 지방 건축의 전통을 잇게 되었다. 모든 건축물 안 또는 건축물 사이에서 바라보면 샹산은 이미 환골탈태한 모습을 보여 주고 있다. 어떤 의미에서는 새로운 캠퍼스가 준공된 날에야 비로소 이 산이 탄생했다고 할 수 있다. 샹산 남쪽 측면의 캠퍼스 제2기 공사는 2004년에 설계하여 2007년에 완공했다. 대형 건축물 열 동과 소형 건축물 두 동으로 이루어져 있고 건축면적은 8만 제곱미터에 가깝다. 이 캠퍼스에는 건축예술대학, 설계예술대학, 실험가공센터, 미술관, 체육관, 학생기숙사와 식당이 배치되어 있다. 새로운 캠퍼스는 건축사들에 의해 건축부지의 변두리에 배치되어 샹산 몸체가 뻗어나가는 방향과 동일한 경관을 보이면서 법규가 허용하는 최고의 밀도를 형성했고, 이 때문에 이곳 전통 도시의 평면과 더욱 비슷한 모습을 갖추게 되었다.

건축물과 샹산 사이에는 드넓은 공터를 그대로 남겨서 본래 그곳에 있던 농지, 시냇물, 토란 연못을 보존하게 했다. 전체 평면상에서 모든 건축물은 자연스럽게 흔들리는 듯한데, 이는 중국 서예의 글자 흐름과 비슷하여 건축물이 샹산의 파동과 기복에 민감하게 반응하는 의미를 구현한 것이다. 실제로 서예에 익숙한 건축사가 전체 캠퍼스의 건축물 배치를 반복해서 숙고한 후 마치 서예 작품을 쓰듯 순간적으로 그 위치를 결정했다. 이런 과정을 임의로 중단하지 않음으로써 샹산의 자연 상태와 가장 부합하는 경관을 만들 수 있었다. 이곳의 모든 건축물은 서예 작품의 중국 글자와 같아서 전체 건물은 샹산에 대한 방향성을 드러낸다. 글자와 글자 사이의 공백도 똑같이 중요한데, 글자가 잠시 중단될 때마다 한 차례씩 그 산의 위치를 돌아보게 된다.

만약 본래부터 존재한 '자연'이 경관의 일단이라면 건축사가 고려한 또 다른 일단은 바로 '도시'이다. 캠퍼스 안의 건축물은 법규가 허용하는 범위 내에서 고밀도로 배치되었고, 높이는 주로 3~4층 사이를 유지하게 했다.

마치 우연한 평면 위치가 갑자기 꺾이고 그렇게 만들어진 공간이 대大와 소小, 개방과 정숙 사이에서 갑자기 변화하면서 하나의 건축물이 완전히 다른 두 가지 입면을 갖게 하여 어떤 사건이 돌발하기를 기다리는 듯한 일련의 작은 장소를 형성하는 것처럼 보인다. 또 좀 산만하면서 심지어 엄격한 짜임새가 없는 듯해도 진정한 생활이 이곳에서 느슨하게 발생할 수 있다. 때문에 캠퍼스의 건축군은 고립적으로 설계된 것이 아니라 '자연'과 '도시' 사이를 사고하는 과정에서 분명하게 드러난 것이다. 중국의 건축 전통에서는 이 같은 건축을 '원림'이라 불렀다. 이를 영어의 'garden'으로 번역할 수는 없다. 원림은 특히 '자연'이 '도시'의 위치로 스며드는 경관을 가리킨다. 이 때문에 도시 건축에 모종의 질적 변화가 발생하여 반半건축, 반半자연의 형태를 드러낸다.

원림에 대한 이러한 이해가 특히 샹산 남쪽 측면의 캠퍼스 제2기 공사에서 실현되었다. 중국 남방의 시적 운치가 다음과 같은 세 가지 기본 방식으로 구현되었다. ① 이곳 자연 산수의 짜임새와 융합된 밀도로 총체적인 건축의 위치를 구성했다. ② 지형을 재정리하여 건축과 지형의 구별을 모호하게 했고, 지형·물·식물과 건축의 간격을 중복하는 방식으로 건축군이 각 단계 위주의 상태를 드러내게 하여 사람들이 각 건물의 꺾임에 따라 그 안으로 진입하게 했다. ③ 시적 운치가 있는 일련의 작은 장소가 서예 붓놀림의 리듬에 따라 행진 과정에서 갑자기 출현하는데, 이는 또 건물과 경로가 꺾이고 반복되는 과정에서 재차 출현한다.

건축물의 몇 가지 범형을 확정한 것이 이러한 방법의 전제였다. 그것은 건축 범형 자체가 아니라 건축과 자연 지형이 뒤얽힌 일련의 조각 모음이었다. '아마추어 건축사무실'은 근래에 기본적인 작업방식을 확정했는데, 대형 공사 시작 전에 소형 아이템으로 범형·구조·재료를 운용하는 실험을 진행하는 것이다.

샹산 남쪽 측면 캠퍼스의 제2기 공사 전에 '아마추어 건축사무실'은 2003년부터 '우싼방'으로 이름한 작은 건축군을 설계하기 시작했다. 우리는 이 공사를 저장성 닝보시의 한 공원에 시공하여 2006년 초에 완공했다. 이 실험을 새로운 샹산캠퍼스에 확대·시행했다. 여기에는 '산방山房'으로 명명된 건축 유형이 포함되었다. 바로 항저우 링인쓰靈隱寺 앞의 천불암千佛岩에서 제재를 취한 일종의 암벽 불굴佛窟 유형이다. 건축사는 암벽 불굴 속 모든 불상이 위대한 스승이고, 자연과 도시가 교차하는 곳의 이러한 강의 장소가 바로 아시아에서 가장 본질적인 대학 건축의 원형이라고 인식했다. '수방水房'으로 명명된 또 다른 유형은 중국 남방 호수에서 은은하게 이는 잔물결의 모습을 드러나게 했다. 관건은 이러한 유형을 건축물 안팎이나 심지어 모든 옥상에 이르는 각종 강의 장소와 산책 장소에 제공하여 사람들에게 상이한 광선이나 공기, 온도를 느낄 수 있게 하는 것이었다.

세 번째 유형은 도시 건축에 가장 근접한 '합원'이었다. 이와 연관된 기본 원칙은 모든 건축군 속에 세 개 이상의 소규모 정원을 포함하는 것이었다. 그곳은 특히 몇 사람이 녹차를 마시며 조용히 대화를 나누는 장소에 적합하지만 평평하게 기울어진 지붕 아래에서 산책도 할 수 있고 강의도 할 수 있다. 이러한 건축 유형을 배합하고 나서 건축사는 넓은 벼논 가운데에 세 줄기 흙제방을 쌓았다. 각각의 제방은 높이 4미터, 너비 10미터, 길이 150미터에서 200미터 사이로 이루어졌다. 모든 유형은 적어도 두 번 중복되게 했고, 모든 재료와 시공 방법도 적어도 두 차례 중복되게 했다. 그러나 모든 건축물이 지형과 결합하는 방식에는 결정적인 차이가 나도록 했다. 사실 샹산 남쪽 측면 캠퍼스 제2기 공사는 건축물과 경관의 구별이 더 이상 존재하지 않는다. 종종 건축물이 바로 경관으로 드러나는데 여기에는 중국 송대 산수화의 분위기가 깃들어 있다.

제1기 공사와 마찬가지로 건축물과 도로 사이의 땅은 그 땅을 징발당한 농민들에게 다시 빌려주어 다양한 농작물을 심게 했다. 다만 학교에서 소작료를 받지 않는 대신 농약과 비료를 주지 않는다는 조건을 달았다. 이를 통해 200미터 길이의 물도랑이 시냇물과 연결되어 캠퍼스를 관통했다. 그것은 이미 경관으로 작용할 뿐 아니라 농토와 연못에 물을 공급하는 역할도 한다.

이 열 동의 대형 건축물 외에도 건축사는 열한 동의 소형 건축물을 나란히 설계하여 대형 건축물 사이에 마음대로 흩어놓았다. 우리는 이러한 소형 건축물의 운명을 얼마간 예상할 수 있다. 건축사는 자체적으로 목적을 실현할 수 없는 소형 건축물을 대형 건축물 사이에 몰래 끼워넣었다. 그것들의 본래 위치는 건축대학 학생들이 전체 크기로 건축 연습을 할 수 있는 장소로 준비한 것이다.

건축 단가가 낮게 책정되었기 때문에 캠퍼스 전체 건축 구조와 형식은 이곳에서 가장 흔하게 볼 수 있는 철근 콘크리트 골조와 부분 강철구조에 벽돌을 쌓아 넣는 벽면 시스템을 선택했다. 그러나 건축사는 이런 체계를 이용하여 이곳에서 값싸게 회수해 온 옛날 벽돌과 기와를 다량으로 사용했으며 아울러 이곳에서 널리 이용해 온 수공手工 건축방식을 충분하게 적용했다. 이 때문에 이 지역 특유의 다양한 옛 벽돌 혼합 축조 전통과 현대건축 기술이 결합되어 두터운 벽으로 이루어진 효과적인 단열 시스템을 형성했다. 또한 친환경적인 속이 빈 콘크리트를 선택하여 레미콘 방식으로 지붕에 두텁게 부어넣고, 회수해 온 옛 벽돌과 기와로 벽면과 지붕을 처리함으로써 효과적인 단열 지붕 시스템을 형성했다. 이처럼 두터운 벽체와 두터운 지붕을 결합하여 이곳 여름의 뜨거운 날씨와 겨울의 한랭한 기후에도 에어컨 사용을 효과적으로 줄일 수 있게 했다. 캠퍼스 전체 건축과 경관 조성에 모두 700만 매에 달하는 옛 벽돌과 기와를 사용함으로써 자원을 절약했을 뿐 아니라 이를 통해 이곳 교수와 학생의 생태 관념에도 깊은 영향을 끼쳤다. 샹산 남쪽 측면 캠퍼스 제2기 공사는 샹산 북쪽의 제1기 공사와 마찬가지로 공사 기간이 겨우 14개월에 불과했다. '아마추어 건축사무실'에서는 지속적으로 건축 과정을 뒤쫓았다. 다량의 수공업 건조 방식은 현장에서만 해결할 수 있는 문제를 자주 발생시켰지만 그것은 그 자체로 또 하나의 기회였다. 그것은 마치 무수한 두 손이 반복해서 마주치는 것과 같아서 캠퍼스가 완공되었을 때 건축물은 이미 자신의 생명을 자체적으로 갖추게 되었다.

宁波美术馆
NINGBO MUSEUM OF ART

우리는 내부에서 알아챈다

닝보미술관 설계

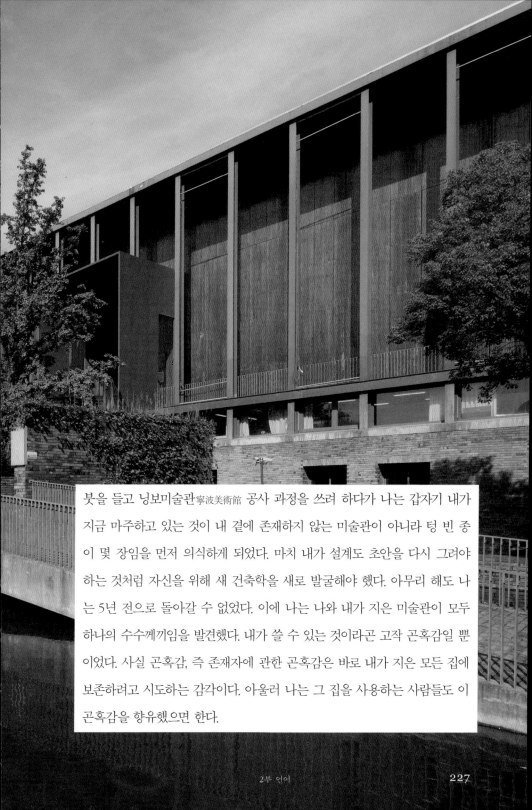

붓을 들고 닝보미술관寧波美術館 공사 과정을 쓰려 하다가 나는 갑자기 내가 지금 마주하고 있는 것이 내 곁에 존재하지 않는 미술관이 아니라 텅 빈 종이 몇 장임을 먼저 의식하게 되었다. 마치 내가 설계도 초안을 다시 그려야 하는 것처럼 자신을 위해 새 건축학을 새로 발굴해야 했다. 아무리 해도 나는 5년 전으로 돌아갈 수 없었다. 이에 나는 나와 내가 지은 미술관이 모두 하나의 수수께끼임을 발견했다. 내가 쓸 수 있는 것이라곤 고작 곤혹감일 뿐이었다. 사실 곤혹감, 즉 존재자에 관한 곤혹감은 바로 내가 지은 모든 집에 보존하려고 시도하는 감각이다. 아울러 나는 그 집을 사용하는 사람들도 이 곤혹감을 향유했으면 한다.

2001년 10월 어느 날에 시작하여 닝보미술관 현장에 간 것이 몇 차례였던 가? 50차례? 100차례? 기억이 분명하지 않다. 20세기 1970년대 말에 건축된 그곳의 항운 터미널航運樓은 폐기된 지 오래되었지만 내가 그 건물을 읽은 첫 번째 감각이야말로 정말 진실했다. 그날 현장에는 나를 비롯해 쉬장 등 모두 네 명이 있었다. 분위기는 격정과 희열에 충만해 있었다. 거대한 그 건물이 융 장강甬江과 강변가에 있는 우리를 감시하는 듯 침묵을 지키고 있었다. 바람은 세찼고 토론도 격렬했던 것으로 기억한다. 닝보 사람들은 일찍이 이곳에서 배를 타고 상하이와 푸퉈산普陀山을 왕래했다. 따라서 이 건물은 사람들의 상상 속에서 많은 추억을 불러일으킨다. 쉬장은 녹슨 강철 부두에서 메모지 한 장을 수첩에서 뜯어 당시 닝보시 고위 당국자에게 친필 편지를 썼다. 그는 폐기된 이 항운 터미널 건물을 미술관으로 개조하는 일이 정확한 정책 결정임은 의심할 바 없고, 부두의 모든 것을 원 상태로 보존하는 것이 얼마나 중요한지 서술했다. 나는 바람 속에 서 있었고, 함께한 모든 사람의 신체도 변화하기 시작했다. 그 건물은 그곳에 있었다. 그것은 실체 세계 속의 하나의 실체였다. 그 건물의 외관은 틀에 박힌 기호의 조합에 불과한 것처럼 보였다. 하지만 그 건물은 기다리고 있었다. 즉 누군가 자신을 정확하게 읽어준 뒤 다시 장소와 사건을 살려낼 수 있도록 기다리고 있었다.

자신의 최초 감각에 충실하게 반응하는 것은 매우 중요하다. 설계라는 어휘는 매우 위험하다. 건축사가 자기 작업의 중요성을 드러내기 위해 이미 존재하는 사물에 무엇인가 좀 보태려는 마음을 참지 못할 수도 있기 때문이다. 설계 과정도 마찬가지로 위험하다. 수많은 건축사가 기술적인 해결에만 빠져들어 최초의 감각을 완전히 상실하기 때문이다. 낡은 항운 터미널 건물은 강변에 서 있었다. 길이 104미터, 높이 18미터의 아주 단순한 ㄱ자 모양의 몸체였다. 건물 내부도 똑같이 단순했다. 현관홀 하나, 높고 큰 대합실 둘, 일련의 부속 사무실, 사각형 내부 홀 둘, 승선을 위한 콘크리트 잔교 둘이 있었지만, 내가 갔을 때는 곧 철거될 운명이었다. 이와 같을 뿐이었다. 그러나 그곳은 이미 나에게만 속한 것이 아니라 수많은 닝보 사람들의 기억 속에 존재해 있었다. 또 그곳은 이미 좋은 건축이 될 만한 잠재력을 갖추고 있었는데, 하나의 단순한 중심 원칙을 견지하고 있다는 사실이 바로 그것이다. 하지만 이를 활성화하려면 그 공간에 재미있는 상상을 갖춰줘야 했다. 무엇보다 원초적인 존재자로서 도시와 강을 빨아들이고 내뱉는 그 건물의 방향성은 조심스럽게 보존해야 한다는 것이 중요했다.

나는 영조營造 계획을 세울 때마다 매번 개인적인 기억에서 출발한다. 물론 나는 기억 속에서 계획을 찾고 조직한다. 이런 업무는 집에 대한 나의 이해, 또 집이 자리 잡고 있는 세계에 대한 나의 이해에 의해 결정되며, 또 건축에 대한 나의 호오好惡에 의해 결정된다. 어떤 것을 보존해야 하는가를 토론하는 것은 바로 어떤 것을 가장 먼저 배제해야 하는가를 토론하는 일과 같다. 내 입장에서는 먼저 미학을 배제한다. 건축이론 저작과 미학 저작에서 중시하는 그 미학 말이다. 나는 이론에서 출발하여 기능과 형식이라는 낡은 문제로 빠져드는 일에는 흥미가 없다. 나는 특정 사건에만 흥미를 느낀다. 내가 맨 처음 현장 사람들에게서 느낀 격정은 결코 미학에서의 격정이 아니었다. 재미있는 것은 한 건축부지가 이미 파괴된 장소이거나 심지어 한 도시에 의해 버려진 장소일 때에야 비로소 그 본래의 의미가 분명하게 드러난다는 점이다. 나는 그곳에서 사람들의 분주한 발걸음 소리와 공장의 소음을 듣는다. 이에 일찍이 어떤 상징적 의미를 표현하던 장소가 그 상징적 본색을 회복한다. 수많은 사람이 지나간 장소, 승선하던 장소가 마치 모종의 조선造船 장소로 변화한 듯하다. 다소 어지럽지만 도처에 재료가 쌓여 있고, 반짝이지는 않지만 살아 있는 육체 활동의 역량이 충만하다. 이곳이 바로 미술관 부지로서 좋은 조건을 갖춘 셈이다. 중국에는 아직 진정한 의미의 미술관이 없고 예술 박물관만 넘쳐난다고 말할 수밖에 없다. 예술 박물관은 경전적 작품을 진열하지만 그것은 이미 과거의 물건인 데 비해, 미술관의 예술은 목전에서 발생하고 예술활동이 발생하는 그 순간에 발생한다는 점에서 이 두 가지는 구별된다. 이 때문에 미술관에는 화강석과 대리석이 없으므로 그곳은 공장과 유사하다. 지금 실제로 발생하는 일만이 영생불멸한다. 진정한 미술관의 전시실에는 현장 제작이 허락되어야 하고, 전시 준비 면적이 심지어 전시 면적보다 넓어야 한다.

또 한 가지 경계해야 할 것은 바로 역사다. 닝보 사람들은 이 지역을 '라오와이탄'[1]이라고 부르는데, 식민지풍의 건물과 전통적인 민간 주택 스타일의 건물이 다양하게 혼재되어 있다. 이곳에 미술관을 짓게 되었으므로 역사에 관한 토론을 피할 수 없을 것이다. 이에 관한 토론은 흔히 건물 양식에 집중되었고 결론은 늘 건물 스타일의 정체성과 일치성으로 귀착되었다.

사실 건축사, 특히 중국의 건축사들은 흔히 지나치게 무거운 역사의 중압에 직면한다. 일례로 젊은 시절에 우울증에 시달리거나 분노를 폭발해 가며 언제나 있는 힘을 다해 자신의 설계가 현대 조류를 따라가고 있음을 증명하려는 건축사가 있는가 하면, 나이가 들면서 점차 패기를 잃어버리고 늘 자신의 작업이 전통을 계승했음을 증명하려는 건축사도 있다. 심지어 현대성을 가장 맹렬하게 비판하는 행동조차 현대성의 일종일 뿐인데도 말이다. 한 가지 사물의 단순하고 직접적인 충동에 직면하여 지나치게 무거운 역사의 짐을 지는 것은 곤란하다. 내가 마주하는 모든 것은 눈앞의 사물과 현실이다. 나는 한 가지 사물이 하나의 세계에서 제 기능을 발휘하기를 바랄 뿐이다. 내가 숱하게 많은 회의에서 몇 차례나 좋은 도시에는 반드시 다양한 시간의 실마리가 병존하고 혼재해야 한다는 나 자신의 역사관을 웅변했는지 기억하지 못한다. 다행스럽게도 닝보시는 내 관점을 받아들였다. 내 입장으로는 어떤 개인의 자아를 마주할 때 유구한 역사적 시간과 사건은 내가 첫 번째로 현장에 도착한 그 순간에 응고된다. 도시가 포기한 건물은 그처럼 고독하다.

---

1 라오와이탄(老外灘): 닝보의 항구도시. '라오老'는 오래되었다는 뜻이고 '와이탄外灘'은 대외 개방 항구라는 뜻이다. 당송 때부터 번화한 항구였으며, 1844년 부두가 개설되어 대외무역 중심의 항구로 기능했다. 상하이에도 비슷한 기능의 와이탄이 있다.

그 순간에 내가 마음으로 겪는 경험이 바로 내가 말하는 '문인의 경험'이다. 그것은 얼마나 많은 책을 읽었느냐는 문제와는 아무런 상관이 없다.

나는 도시에 익명으로 건축된 건물을 뜨겁게 사랑한다. 하지만 나는 또 개인의 표현 욕구를 지나치게 강하게 드러낸 설계를 혐오한다. 내 입장에서는 개인의 지나친 표현 욕구가 왕왕 지나친 준비를 초래한다고 생각한다. 이것은 하나의 세계를 건축하는 일이 진정한 일상생활로 회귀할 수 있는지 여부에 관한 것이다. 실제로 역사적이든 현대적이든 집을 짓는 사람이 직접 마주하는 것은 모두 벽돌·기와·시멘트·철강·목재일 뿐이고 마찬가지로 그들이 마주하는 것은 문·창·기둥일 뿐이다. 이 모든 것은 평범한 재료에 불과하다. 내 작업의 중심은 평범한 재료를 이용해 어떤 세계의 가능성으로 짜맞추어 일종의 특수한 사건을 암시하는 데 놓여 있다. 왜냐하면 그 재료들은 아직 불확정적이고 심지어 아직 명확한 의미를 갖지 못하기 때문이다. 우리는 어쩌면 그것을 모종의 단순한 사건으로 칭할 수도 있다. 하지만 이런 과정을 통해 하나의 장소와 그곳에 출현한 사람들은 생생하게 다시 살아난다.

이것이 바로 내가 낡은 항운 터미널의 내부구조를 바꾸지 않은 원인이다. 공사가 시작된 후 나는 리노베이션 방식으로는 치러야 할 대가가 너무 크고, 본래의 전체 조립식 구조로는 현행 내진설계 기준을 만족시키기 어렵다는 사실을 발견했다. 하지만 나는 여전히 오래된 목재구조를 보수하는 것처럼 무너진 기둥을 다시 수리하여 끼워넣는 방식을 견지했다. 항운 터미널과 연관된 특정 공간구조를 변경하면 수많은 사람의 기억이 바로 사라질 것이기 때문이었다. 그러나 내가 시도하려 한 것은 여기에 그치지 않았고 내가 만난 사람들도 이런 부류에 그치지 않았다. 이곳이 암시한 것은 더욱 광활한 범위와 시간을 초월했다.

하나의 세계를 건축하는 일이 미치는 범위와 내용은 필연적으로 매우 드넓을 수밖에 없다. 이런 임무는 심지어 다소 엄숙하게 보이기도 하지만 나는 고요한 세계를 선호한다. 그 속에는 예측할 수 없는 기쁨이 내재되어 있다. 이것은 바로 건축이라는 자유로운 문체를 이용하여 구체적인 생활이 생겨날 수 있도록 해야 함을 의미한다. 바로 그곳에서 서로 만나기 어려워 보였던 모든 것이 함께 모일 수 있다. 그곳에는 등급의 차이는 없고 부류의 차이만 있을 뿐이다. 어려운 일은 어떻게 필수적인 반응과 필수적인 언어를 사용하여 그러한 건물을 짓느냐이다. 생각이 너무 많으면 이런 일을 애초에 시작조차 할 수 없다.

사람들은 이 건물을 통해 조만간 생활 속의 사건이 기억 속의 몇 가지 사건에 국한될 뿐이고, 그것에 적합한 형식도 몇 가지 형태에 국한될 뿐이라는 사실을 알아챌 것이다. 예를 들면 나의 작업 속에는 '2'라는 숫자가 자주 출현한다. 나는 흙벽 둘을 다져서 판축하고, 세 가지 상이한 방식으로 벽돌벽 둘을 쌓았다. 여기에는 소소한 관념이 들어 있을 뿐이지만 이 모두는 즐겁고 경쾌한 생활 건축이다. 이에 비해 닝보미술관은 내가 지속해 온 일련의 작업 중에서 단일 건축면적이 매우 거대하다는 특수한 위치를 차지하고 있다. 그 면적은 2만 4,000제곱미터에 달한다. 일반적으로 말해서 나는 작은 건축물을 편애한다. 그것은 등급이 낮고, 권력이 없고, 심지어 익명인 건축물이기도 하다. 조건만 허락한다면 거대한 2만 4,000제곱미터 건축물을 열 개의 작은 건축물 모음으로 분해했을 것이다. 그러나 이미 존재하는 건축물을 마주하고 나서야 계획을 바꿔야 했다. 나는 그 건축물이 하나의 비밀이고, 단일한 주 건물 몸체 속에 서로 다른 사건과 장소가 모여 있으며, 겉모습에는 몇 가지 암시만 드러나 있을 뿐이라고 가상했다. 텅 빈 중심과 가장자리, 안과 밖,

높음과 낮음, 열림과 닫힘, 무목적의 어슬렁거림, 움직임과 멈춤, 가벼움과 무거움, 통과와 갑작스러운 중지, 언뜻 스쳐보기, 어둠에서 밝음으로 혹은 밝음에서 어둠으로의 전환, 우연한 만남, 실체의 실감, 공간의 공허함, 순수한 물질의 감각 등 내가 편애하는 일련의 주제 외에도 나는 이 건물 내부구조의 상하에 대해 더 깊은 공부를 하기로 마음먹었다. 이 건물의 겉모습이 이미 사람들에게 일종의 강렬한 기대를 불러일으킨다고 할 수도 있지만 진정한 떨림은 내부에서 사람을 기다리고 있다고 말해야 한다. 그 사람이 이미 그 떨림을 경험했다면 거기에 빠져 스스로 헤어날 수 없을 것이므로, 갑자기 그는 또 자신의 떨림을 외부, 즉 한 줄기 강 앞에 드러내려 할 것이다. 여기에 포함된 사건과 경험의 질서는 자연스럽게 한 세계의 조직을 분해하고 다시 짜맞추고 또 한곳에 새롭게 모을 것이다. 이 과정에서 건축의 기본 평면과 공간 배치, 동선의 짜임새와 그에 상응하는 공간적 체험을 이미 경험하고 있을 것이다. 심지어 어떤 크기의 문을 사용할 것인가? 그 문에 돌쩌귀를 달 것인가, 경첩을 달 것인가? 어떤 촉감의 손잡이를 사용할 것인가와 같은 문제의 해답이 이미 마음속에 분명하게 떠오를 것이다.

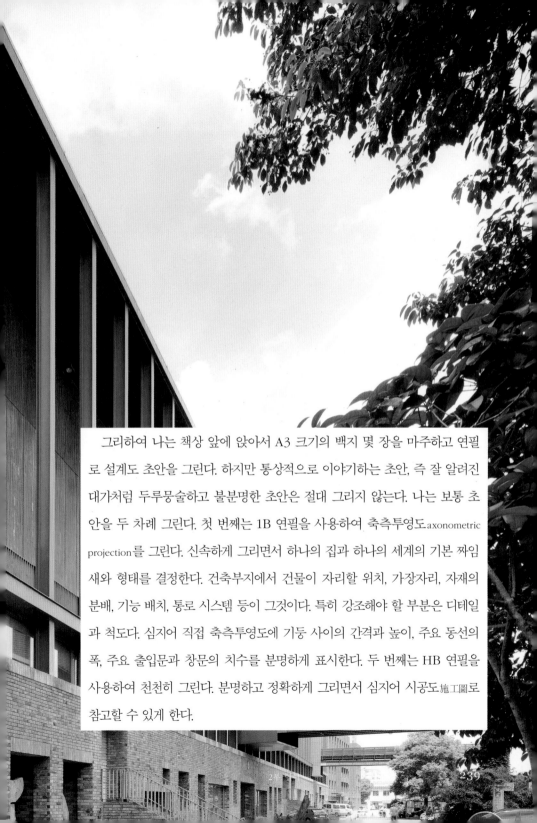

　　그리하여 나는 책상 앞에 앉아서 A3 크기의 백지 몇 장을 마주하고 연필로 설계도 초안을 그린다. 하지만 통상적으로 이야기하는 초안, 즉 잘 알려진 대가처럼 두루뭉술하고 불분명한 초안은 절대 그리지 않는다. 나는 보통 초안을 두 차례 그린다. 첫 번째는 1B 연필을 사용하여 축측투영도axonometric projection를 그린다. 신속하게 그리면서 하나의 집과 하나의 세계의 기본 짜임새와 형태를 결정한다. 건축부지에서 건물이 자리할 위치, 가장자리, 자재의 분배, 기능 배치, 통로 시스템 등이 그것이다. 특히 강조해야 할 부분은 디테일과 척도다. 심지어 직접 축측투영도에 기둥 사이의 간격과 높이, 주요 동선의 폭, 주요 출입문과 창문의 치수를 분명하게 표시한다. 두 번째는 HB 연필을 사용하여 천천히 그린다. 분명하고 정확하게 그리면서 심지어 시공도施工圖로 참고할 수 있게 한다.

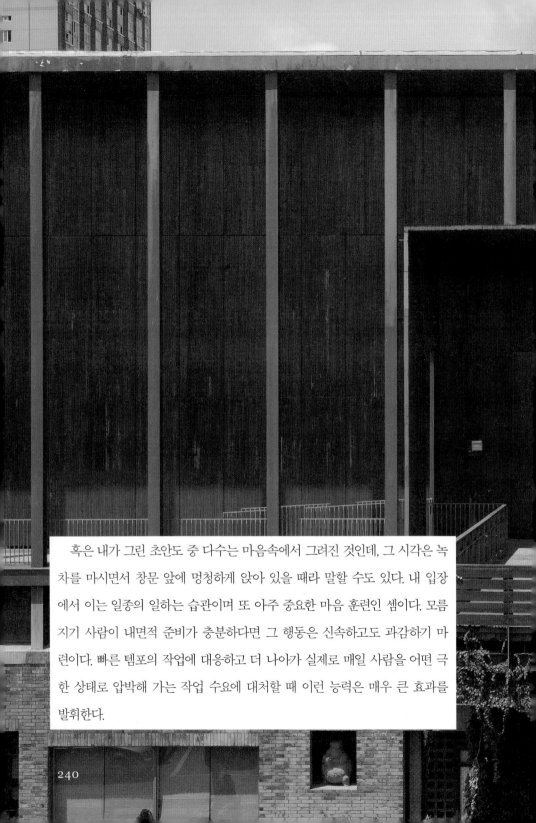

　혹은 내가 그린 초안도 중 다수는 마음속에서 그려진 것인데, 그 시각은 녹차를 마시면서 창문 앞에 멍청하게 앉아 있을 때라 말할 수도 있다. 내 입장에서 이는 일종의 일하는 습관이며 또 아주 중요한 마음 훈련인 셈이다. 모름지기 사람이 내면적 준비가 충분하다면 그 행동은 신속하고도 과감하기 마련이다. 빠른 템포의 작업에 대응하고 더 나아가 실제로 매일 사람을 어떤 극한 상태로 압박해 가는 작업 수요에 대처할 때 이런 능력은 매우 큰 효과를 발휘한다.

유일하게 항상 자신을 일깨워야 하는 것은 늘 어떤 사물을 처음 본 것처럼 자신의 업무 결과를 바라보는 일이다. 일을 해나갈 때 비주류 문화조차도 발생하지 못할 정도로 지나치게 완전하게 처리하려 해서는 안 된다. 완전함이 더러 완벽한 아름다움을 의미하기도 하지만 흔히 거기에서 아무 흥미도 느끼지 못하기도 한다. 진정한 세계를 지탱하는 것은 인공 세계가 아니라 몇 가지 진정한 생활의 정취다. 설계도 초안을 일단 그리고 나면 나는 가볍게 그것을 번복하지 않고, 몇몇 기본 문제를 따라서 한결같이 작업 단계를 차례차례 밟아간다. 기본적으로 좋은 집이란 적잖은 몇 가지 문제를 끊임없이 해결해 나가는 과정에서 완성되기 마련이다. 무슨 변동이 생긴다 해도 반드시 필요한 과정이다.

"한 번 그리고 두 번, 두 번 그리고 세 번—而再, 再而三." 생활의 진상을 묘사하는 이 짧은 구절에는 오직 '그리고而'만 두 번 반복된다. 그 낡은 항운 터미널 건물은 강변에 의지해 있고 그것과 런민로人民路 사이에는 넓은 공터가 자리 잡고 있다. 나는 거의 도시의 밀도에 대한 직관에 의지하여 폭 20미터, 길이 60미터의 평평한 공간을 그 공터와 평행하도록 펼쳐놓았다. 그리하여 도시는 이곳에서 일찍이 보유했던 자신의 밀도로 압축되는데 그 모양은 흡사 공터의 체적이 두 번 중복되는 듯하다. 건물 주체는 도시의 간선도로부터 의식적으로 그 모습을 숨기거나 후퇴한다. 혹은 이 건축물이 이중의 주체를 보유하고 있다고도 말할 수 있다. 그 하나는 건축 내부에 관한 주체이고 다른 하나는 건축 외부에 관한 주체다.

대략 폭 20미터, 길이 60미터의 평평한 체적이 지향하는 공간은 건물 앞의 허공이고, 그 아래는 자동차 200대를 주차할 수 있는 주차장이다. 이러한 배치는 이 건축물이 맞닥뜨릴 미래 도시의 교통문제를 해결하여 후환을 남기지 않으려는 시도다. 이 차고의 크기는 이중적 의미를 지녀야 한다. 즉 주차와 전시를 위한 가장 적합한 크기를 갖추는 것이다. 이렇게 되면 현대 미술관이 차고에서 임시 전시실을 여는 일도 가능하게 되고, 이에 따라 차고지 위의 1층 높이도 결정된다. 지상의 두 공간 사이의 길은 완전히 도시를 향해 개방되어야 한다. 그것은 소방도로이면서 산책에 적합하고 자전거를 타고 달릴 수 있는 길이다. 중간에는 낮은 비탈을 설치한다. 비탈을 높이는 사람이 건축물의 양끝에 섰을 때 맞은편 사람을 볼 수 없을 정도다. 이 높이는 비탈 아래로 각종 배관을 지나가게 하고 미술관으로 입장하는 사람을 확인하기에도 적합하다. 또 비탈 꼭대기에서 두 건축 몸체로 오르는 주법走法은 우리가 자발적으로 건설한 도시의 가로변과 가로 모서리에서 늘 목도하는 드문드문한 발걸음과 비탈길을 쉽게 드러내준다. 건축의 진정한 의미는 그곳에 매복해 있다가 수시로 우리를 향해 박두해 온다.

나는 이 주차장을 상대대원上擡大院이라고 이름 붙였다. 그것은 자연스럽게 나로 하여금 이 항운 터미널 건물의 주체를 상하 두 곳으로 나누게 했다. 나는 주체 밖에다 폭 3미터의 1층 회랑을 둘러쳤다. 정확하게 말하면 U자형 회랑이다. 이것은 '부계주잡'[2]과 '금상두저조'[3] 공법과는 구별되는데, 이 건축물이 남북 방향으로 자리 잡고 있음을 암시한다. 주체의 이런 뒷면이 장차 진정한 뒷면으로 작용할 것이다. 이러한 수평 구분은 건축물의 수평 방향성을 강화한다. 한 줄기 강변에서는 단순한 수평 방향성보다 더 진중하고 강력한 힘을 발휘하는 것은 없다. 이것은 또 건축물로 하여금 이중의 대좌臺座를 드러

2 부계주잡(副階周匝): 고대의 건축물이나 대형 탑을 조성할 때 건축 몸체 밖으로 회랑을 둘러서 돌아가며 사방을 조망할 수 있게 하는 방식.

3 금상두저조(金廂斗底槽): 대형 전각 내부 가장자리에 기둥을 둘러세우고 회랑을 만들어 공간을 구분하는 방식.

내게 한다. 이에 상부의 강철 기둥들로 둘러싸인 주 건물 몸체의 체적이 곧바로 미끄러져 움직이는 듯한 느낌을 준다. 사실 조선 공장에서 새 선박을 진수시키는 일은 내 어린 시절 추억에서 매우 격동적인 장면 중 하나였다. 배를 고정한 밧줄을 끊으면 거대한 체적의 선박이 거대하고 검은 그림자처럼 천천히 물속으로 미끄러져 들어간다. 본래 주체 위에는 승선을 위해 설치된 잔교 두 개가 있었다. 그렇다. 역시 두 개다. 두 잔교는 도시 방향으로 주체를 뛰어넘은 후 계속해서 상대대원으로 올라간다.

두 잔교는 주 건물 몸체를 거대한 벽돌 기반 위에 단단히 고정시킨다. 즉 주 몸체를 어떤 사건이 층층이 발생하는 도시 사물에다 단단히 붙들어 매는 것과 같다. 벽돌 기반을 걸어 올라가는 사람들은 주체로 뻗어 있는 두 잔교를 마주한다. 그 앞에는 반짝이는 목재로 겉면을 만든 검은 동굴 같은 두 입구가 사람을 내부로 이끌면서 다소 머뭇거리고 주저하는 느낌을 준다. 이러한 머뭇거림이 바로 흥미로운 도시가 사람에게 선사하는 낯익은 감각 중 하나다.

대좌 같은 두 거대한 기반을 돌로 쌓을지 아니면 벽돌로 쌓을지, 또 주체 상부의 내층을 목재로 만들지 아니면 대나무로 만들지에 대해 나는 오랫동안 망설였다. 초안 그리기에서 정식 시공까지 그리고 이 부분의 공사에 들어가기 직전까지도 나는 2년 동안이나 결정을 내리지 못했다. 최후 단계에서 나는 돌을 버렸다. 왜냐하면 이 건축물 주위에 벽돌 건축이 많았기 때문이다. 유사성 속에서 차이성을 드러내는 것이야말로 내 사고의 중점이다. 특별히 제작한 도시형 벽돌을 사용하여 차이를 이끌어내고 동시에 벽돌로 쌓을 것인가 흙으로 덮을 것인가 하는 건축논리 문제를 해결했다. 또 대나무를 버리고 삼나무를 썼는데 대나무가 건축 외부에 작용하는 과정에 아직 해결하지 못한 기술적 어려움이 있었기 때문이다. 대나무를 부착하기 위해 사용하는 접착제는 품질 면에서 햇볕이나 비에 노출되면 그것을 견디는 내구성이 확보되어야 하고, 접착제에 포함된 성분이 실내 공기에 좋지 않은 영향을 끼칠 수도 있다.

나는 특히 현장 인부들과 이러한 문제에 관해 토론하기를 즐긴다. 아주 디테일한 것처럼 보이는 이러한 건축 토론은 실재하는 건축학이다. 나는 그런 과정을 회고할 때마다 늘 즐거움에 젖곤 한다.

주 건물 몸체의 기반에는 폭 3미터의 바깥층이 감춰져 있다. 거기에는 일련의 구멍으로 구성된 시스템이 마련되어 있는데, 주 건물 몸체에 의해 유실된 공간이다. 그 구멍들은 주 몸체로 진입하는 진짜 입구와 계단이기도 하고 가상의 입구와 계단이기도 하며 이에 따라 진입이 가능한 공간이기도 하고 진입이 불가능한 공간이기도 하다. 이 바깥층은 완전히 도시적 성질을 지니고 있어서 이 건축물이 자질구레한 주변 도시 사물과 잡다하게 대화를 나누게 한다. 상하로 나눈 층의 높이도 반복해서 사고한 결과다. 베네치아 총독 관저인 두칼레 궁전Palazzo Ducale처럼 상하의 높이를 같게 할 것인가? 이 문제는 내가 줄곧 흥미를 느껴온 숙고 대상이었다. 준공 후에 어떤 이가 내게 물었다. "이렇게 만든 것은 파르테논 신전을 상상했기 때문이 아닌가요?"

기억하건대 그는 내게 우타이산 포광쓰 대전을 의식한 게 아니냐는 질문은 하지 않은 듯하다. 왜냐하면 나는 이와 관련된 사고의 단서를 깊이 숨겨놓았기 때문이다. 혹은 이런 질문은 대개 건축사들이 하기 때문에 건축 노동자로 질문 주체를 바꾸면 그들은 그것이 시멘트를 타설할 때 설치하는 간이 지지대 혹은 비계와 관련이 있지 않느냐고 질문할 것이다. 강철 기둥 회랑은 매우 무거워서 그것을 지탱하는 기둥을 3미터에 하나씩 세웠다.

처음 도면을 보면 본래의 건축에 3미터와 6미터의 두 가지 간격이 병존하는데, 중간 간격과 좀 더 좁은 간격으로 배열했음을 알 수 있다. 주 몸체의 기둥 3분의 1은 나중에 추가로 세웠고, 이 두 부분의 기둥 사이에는 60센티미터의 틈이 있어서 한 쌍의 기둥을 그곳에 나란히 세웠음을 간파할 수 있다. 모두 균등하게 3미터 간격의 기둥을 사용했고, 간격 60센티미터의 쌍기둥은 그대로 남겨놓았다. 이는 기술적 문제 이외에도 주 몸체의 발현과 은닉 논리에 대한 이중의 의미를 견지하려는 의도다. 창처럼 설치된 내층의 문짝은 강의 한 측면을 향해 전부 열어 길이 108미터, 폭 6미터, 높이 8미터의 내부 회랑과 소통시킬 수 있다. 사실 나는 처음부터 높이 8미터의 108개 문짝을 융장강을 향해 함께 열었을 때 만장의 금빛 햇살이 쏟아져 들어오는 그 순간을 기대했다. 도시에 면한 한 측면의 문짝을 열었을 때는 이따금씩 미술관 내부의 흰색 벽을 목도할 수 있다.

그것은 문짝과 기둥 하나의 간격만 유지하는 데 어떤 감정도 개입되지 않은 듯하다. 이들 문짝은 입면이 아니라 위아래로 통한다. 심지어 그 어떤 설계 디테일도 포함되어 있지 않다. 그것은 문짝이면서 가림막이어서 닫음과 엶, 드러냄과 숨김이 그 목적일 뿐이다. 나는 표현을 혐오하고 암시를 좋아한다. 나는 언어로 어떤 것을 암시하는 데 뛰어난 시인을 좋아한다. 암시는 어떤 사물에 다가가게 해줄 뿐이다. 사람으로 하여금 사물의 가장 가까운 곳으로 다가가게 하지만 아무 목적도 없는 것처럼 보이게 한다.

닝보미술관을 설계하는 과정에서 나는 학생들을 지도하며 또 다른 다섯 가지 방안을 마련해 보라고 주문했다. 그 모형들을 2002년 상하이비엔날레에 전시한 적이 있다. 모두 아주 재미있는 방안이었다. 이들의 방안과 비교해서 내가 직접 마련한 방안은 겉으로 보기에 가장 평범하지만 건물의 모든 외부 움직임이 더욱 강력한 내부를 지향한다. 수평 방향은 길이가 108미터이고, 수직 방향은 각각 7.7미터 높이와 12미터 높이로 나뉜다. 실제로 7.5미터 이하의 공간은 배의 갑판 아래와 같다.

아니면 지면 이하라고 말할 수도 있다. 창고를 제외하고도 나는 약 1,000제곱미터의 임시 전시관 하나를 그곳에 배치했다. 사람들은 끊임없이 내게 왜 땅에 까는 실외용 벽돌을 임시 전시실 대청에까지 깔았느냐고 질문한다. 나의 대답은 둘이다. 하나는 그것이 도시를 향해 아무 장애 없이 개방됨을 암시한다. 따라서 그곳에는 어떤 물품이라도 전시할 수 있다. 어떤 사람은 그곳에 어시장이 열릴 수도 있으므로 조심해야 한다고 농담을 던지기도 했다. 나는 정말 그런 일이 발생한다면 이 미술관이 더욱더 닝보에 속하게 된다고 생각한다. 다른 하나의 대답은 그곳이 주로 노동력을 제공하는 공장임을 암시한다.

따라서 현장 제작에 적합할 뿐 아니라 거대한 준비 공간으로도 전환하여 상부의 전시관을 위해 강력한 준비와 지탱 동력을 제공할 수 있다. 또 이 지하 전시관에는 폭이 6미터에 달하는 대문이 두 개 설치되어 있어서 대형 차량도 통과할 수 있다. 이 공간 주위는 소규모 화랑, 화구점, 주점, 예술 양성 교실 등이 둘러싸고 있다. 나는 이곳을 기초라고 부른다. 기능과 사건이 혼합되는 곳이다. 이곳은 마치 선박의 거대한 발동기처럼 전체 미술관을 위해 구체적인 사건이 있는 동력을 제공한다. 7.5미터 이상의 공간은 기본적으로 원건축의 공간구조를 유지하고 있다. 현관홀은 여전히 현관홀이다. 상부 천장을 강철구조의 유리로 덮었지만 여전히 본래 모습을 잃지 않고 있다. 심지어 중앙홀이 중심이 되는 공간, 가장자리, 광선, 이벤트성 장소로서의 특징을 더욱 강렬하게 갖추고 있다. 두 대합실은 자연스럽게 거대한 전시실로 바뀌었다. 대들보 아래까지의 높이는 10미터를 넘고, 측면의 높다란 창문은 천장의 창문처럼 바뀌었다. 자연 광선이 들어오는 방식이 바뀌면 즉시 공간의 사용 성질이 바뀐다. 도시에 면한 좁은 측면 공간은 서로 다른 규모의 전시를 기획하기에 적합하다. 그러나 모든 전시실 한가운데 자리 잡고 있는 계단은 전적으로 통로로서만 기능하지 않는다. 그것은 완전히 동일한 두 전시실에 자리한 한 쌍의 계단인데 마치 무대 위에서 연기하는 한 쌍의 배우와 같다. 그 계단의 비정상적 모습은 전시공간의 자잘한 디테일을 주체로 변하게 하고 부분이 전체를 이기게 한다. 그것은 순수한 이벤트성 장치에 불과해 세밀하지만 결정적인 차이를 드러내 보인다. 차이성의 추구야말로 이 미술관의 진정한 주제다.

지면에서 7.5미터 위로 올라오거나 지하에서 지상으로 올라오면 일련의 포치porch와 계단이 하나씩 계속 이어진다. 하나의 끝은 도시와 땅으로 연결되고, 다른 한 끝은 하늘을 향해 올라가며 밝은 지면과 연결된다. 사실 이 미술관은 대여섯 가지에 달하는 상이한 진입 방식을 갖고 있다. 상대대원에서 작은 연못을 거치는 진입 방식은 가장 공식적인 것이다. 그러나 이 미술관은 마치 모든 중국의 전통 도시가 자리 잡고 있는 경전적인 산처럼 사람들은 각종 상이한 이유에 따라 서로 다른 경로를 통해서 산으로 진입한다. 모든 길은 세밀하지만 결정적인 차이를 드러낸다. 이 때문에 이 대형 건물 안에는 식물뿌리와 같은 거대한 미로가 포함되어 있다. 혹은 도시에 관한 축소된 백과전서이고 미로는 바로 백과전서의 가장 진실한 구조와 형식에 해당한다고 할 수 있다.

그것은 특별한 감정을 드러내지 않고 건축물 안에서 기능과 의미의 상습 체계를 전복한다. 상대대원 북쪽 측면에는 거목으로 만든 직사각형 삼나무

박스가 있다. 그 기능은 대형 예술품을 걸어놓을 수 있는 커피숍이지만 중요한 것은 그것이 북쪽에 자리 잡고 앉아 남쪽을 바라보고 있다는 점이다. 이 위치가 심지어 주 몸체보다 더욱 중요하게 작용한다. 나는 범박하게 문화를 이야기하는 것에 아무 흥미가 없고, 도시 사물 중에서 그처럼 구조적으로 드러난 인간적 특성에 짙은 흥미를 느낀다.

나는 건축을 이용하여 무의식적이고 단순하게 무엇인가를 전달하지만 공간의 중첩에도 관심이 많다. 나는 주 건축 몸체의 기반을 '경제 기초'라고 부른다. 복합적인 기능 공간으로 작용한다는 이유만으로 그렇게 부르는 것은 아니다. 중국 미술관의 건축 흐름을 보면 오직 건설을 위한 투자만 있을 뿐이다. 운영자금은 건축물을 운영하여 나온 이익에서 어렵사리 조달하라고 할 뿐이다. 미술관은 반드시 다양한 경영을 통해 미술관만으로 미술관을 먹여 살려야 한다. 이것은 틀림없이 여러 문제를 야기한다. 하지만 사회적 활동을 통해 미술관을 개방한다든가 그것으로 야기되는 미술관 설계 관념의 변화는 건축 교과서에 언급되어 있지 않다. 그것이 오히려 대중과 직접 만나고 대중 속으로 깊이 들어가는 현대 예술의 태도와 더욱 절실하게 합치되는 데도 말이다.

강가에 면한 3층 회랑은 문짝을 모두 열 수 있도록 설계하였다. 여기에서 얻을 수 있는 효과는 공간구조에 대한 고려에만 그치지 않는다. 나는 닝보 지역의 기후에 근거하여 전시실 내에 에어컨의 사용을 제한하려고 생각했다. 대부분의 시간 동안 현관홀과 회랑과 같은 공간에 자연의 공기를 유통시킬 수 있기 때문이다. 이 미술관의 주체는 이미 내부와 외부 두 공간으로 분할되어 있다. 상대대원에서 바로 강변까지 갈 수 있으므로 미술관이 문을 닫은 시간에도 외부 공간만은 도시의 모든 사람을 향해 개방할 수 있다. 심지어 미술관 관리자가 전시실 입구를 관리하는 것만으로도 모든 공공 공간을 사회를 향해 개방할 수 있다.

내가 줄곧 주장한 것처럼 건축사는 다양한 가능성을 암시하는 장소를 제공해야 할 뿐 그 가능성을 하나로 결정해서는 안 된다. 그것은 사용자의 사용과 독해를 통해 장차 사람의 마음을 뒤흔드는 진정한 건축적 효과를 완성할 수 있다. 개관 때 대중이 보여 준 관심을 제외하고 이후의 전시는 그것이 엄숙한 혁명의 역사에 경전적 미술품을 추가하든 아니면 목전에 유행하는 전시물을 기획하든 관람객이 그리 많지는 않을 것이다. 오히려 공룡이나 〈인체의 신비〉와 같은 과학전에 사람이 미어터질지도 모른다. 나는 티라노사우루스의 거대한 골격이 10미터 높이의 전시실에서 현대 예술의 대형 제작 방식으로 준비되는 장면을 현장에서 지켜본 적이 있다. 그런 뜨거운 장면이야말로 모든 현대 예술가가 기대하는 광경이다. 어떤 건축물에 대해 말하자면 이런 광경은 그 의미가 결코 중요하지 않다. 중요한 것은 현장의 구조가 구동해 내는 여러 이벤트의 가능성이다. 혹은 이것을 여러 가지 이벤트 공간이 중첩될 수 있는 방식이라고 말할 수도 있을 것이다.

나는 닝보미술관의 넉넉한 용적을 이용하여 그 안에다 복잡한 구조를 짜넣을 수 있었다. 하나하나의 부분이 전체를 이기고 한 쌍 또 한 쌍의 사물이 차이를 만들어내면서 자신을 복제한다. 그것은 마치 기억이 순환하는 것과 같은데, 이는 전체 건축물로 하여금 더욱 광대한 넓이를 갖게 한다.

건축사에게 글로써 자신이 지은 건축물을 소개하라고 요구하는 것은 결코 쉬운 일이 아니다. 나도 지금의 이 글에 불안정한 비약이 포함되어 있음을 잘 안다. 그러나 이런 글쓰기 방법은 습관화된 나의 사유 경향을 확실하게 드러낸다. 나는 백지 몇 장을 마주한 채 연필을 잡고 집과 하나의 세계를 스케치하기 시작한다. 나는 늘 나 자신의 기억에서 시작하여 어지러운 망상을 좇는다. 아마 이것이 바로 언어의 미로를 뛰어넘을 수 있는 아주 적합한 방식일 것이라 믿는다.

중산로

길의 부흥과 도시의 부흥

중국에서는 어떤 건축사의 업무도 도시의 거대한 변화와 무관하지 않다. 그 거대한 변화의 규모는 상상을 초월한다. 과거 20년 동안 거의 모든 도시에 존재한 90퍼센트 이상의 역사적 건축물이 훼손되었다. 이것은 90퍼센트 이상의 도시 고유 구역이 철저하게 재개발되었음을 의미하는데, 외부로 확장된 도시 규모는 몇 배 이상에 달하는 것으로 파악된다. 그럼 도대체 그곳에서 어떤 일이 발생했는가? 이에 대한 판단이 건축사의 입장과 태도를 결정한다.

항저우 중산로中山路 건설 프로젝트와의 접촉은 완전히 우연의 결과였다. 2007년 6월 나는 항저우시 건축위원회의 요청에 응하여 중산로 관련 토론회에 참가했다. 항저우에서 그곳은 역사적으로 번영을 구가한 도시 중심이지만 지금은 완전히 피폐하여 찾는 사람이 거의 없고 심지어 이미 망각된 구역이라고 할 수 있을 정도였다. 그러나 그 구역은 철거에서 살아남은 10퍼센트 역사 거리 중에서 가장 넓은 면적을 차지하고 있었다. 회의에는 역사 전문가를 비롯해 고대 건축사, 정부관리 등이 참석하였다. 우리는 이미 2년간 진행된, 그리고 장차 비준을 앞두고 있는 도시설계 방안에 의견을 제시해야 했다. 이 방안에는 새로운 생활을 영위하기 위한 미래가 드러나 있었지만 최근 유행하는 건설 경향에 불과할 뿐 아무런 흥미도 불러일으키지 못했다. 실제로 내가 열렬히 사랑하는 중산로는 내가 좋아하는 중국의 모든 거리와 마찬가지로 새롭고 오래된 풍경이 엇섞여서 소탈한 정취가 넘쳐나는 거리였다. 사람들은 문 앞이나 창가 아래, 거리 모퉁이, 가로변에서 수시로 각종 건축방법을 발명해 낸다.

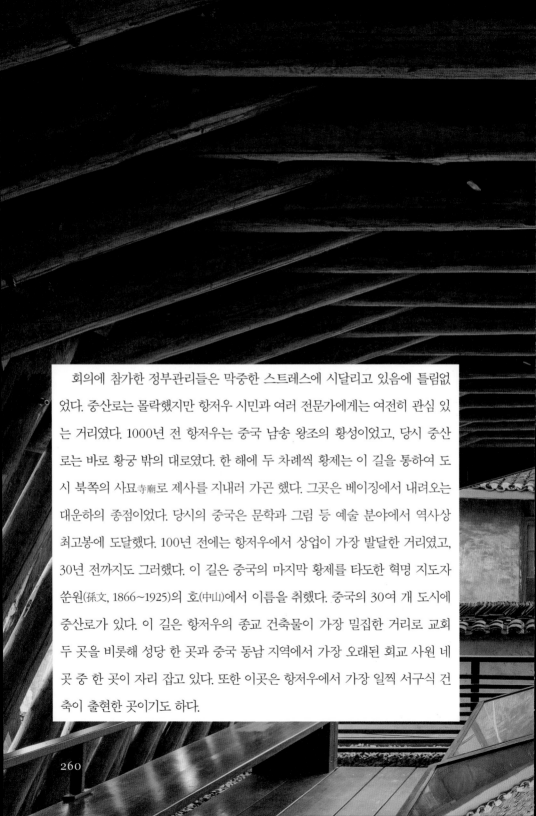

회의에 참가한 정부관리들은 막중한 스트레스에 시달리고 있음에 틀림없었다. 중산로는 몰락했지만 항저우 시민과 여러 전문가에게는 여전히 관심 있는 거리였다. 1000년 전 항저우는 중국 남송 왕조의 황성이었고, 당시 중산로는 바로 황궁 밖의 대로였다. 한 해에 두 차례씩 황제는 이 길을 통하여 도시 북쪽의 사묘寺廟로 제사를 지내러 가곤 했다. 그곳은 베이징에서 내려오는 대운하의 종점이었다. 당시의 중국은 문학과 그림 등 예술 분야에서 역사상 최고봉에 도달했다. 100년 전에는 항저우에서 상업이 가장 발달한 거리였고, 30년 전까지도 그러했다. 이 길은 중국의 마지막 황제를 타도한 혁명 지도자 쑨원(孫文, 1866~1925)의 호(中山)에서 이름을 취했다. 중국의 30여 개 도시에 중산로가 있다. 이 길은 항저우의 종교 건축물이 가장 밀집한 거리로 교회 두 곳을 비롯해 성당 한 곳과 중국 동남 지역에서 가장 오래된 회교 사원 네 곳 중 한 곳이 자리 잡고 있다. 또한 이곳은 항저우에서 가장 일찍 서구식 건축이 출현한 곳이기도 하다.

1927년 항저우를 시찰하는 쑨원을 환영하기 위해[1] 중화민국 정부에서는 중산로에서 장사를 하는 상인들에게 연도의 중국식 입면 건축을 서구 19세기 절충주의 스타일로 바꾸라고 명령했고, 폭 4미터의 거리를 12미터로 확장했다. 이 거리는 이미 쇠퇴한 지 20년이나 지났다. 그 밀도와 역사는 개발에 장애가 되었으며 지금도 피폐한 모습만이 남아 있다. 한 정부관리가 낮은 목소리로 내게 말했다. "정말 어떻게 해야 할지 모르겠어요. 개발이 잘못되면 백성들에게 된통 욕을 먹을 거예요. 그러나 철거하지 않고 보호한다 해도 이 거리의 현재 상황을 보면 완전히 허물어지고 말 겁니다."

　　그 회의에서 발언한 주요 내용을 나는 아직도 기억하고 있다. 내용은 대개 이러했다. 중산로의 건축물은 신구新舊 경향이 엇섞여 있고 건물의 밀도도 매우 압축되어 있으므로 새로운 도시계획으로는 대처하기가 매우 어렵다. 지금 자질구레한 자발적 재건축과 보수공사가 계속되고는 있지만, 절대 역사의 폐기물에 불과한 것으로 간주해서는 안 된다.

---

1 쑨원은 1925년 베이징에서 세상을 떠났기 때문에 1927년에 항저우를 시찰했다는 원본의 서술은 오류로 보인다. 물론 쑨원 생전에 1927년 항저우 시찰 계획을 세웠는지는 알 수 없다. 역사를 살펴보면 쑨원은 항저우를 두 차례 시찰했다. 첫 번째는 1912년이었고, 두 번째는 1916년이었다.

다른 사람들의 의견과 반대로 나는 지난 20년간 진행된 새로운 도시건설, 즉 큰 길을 닦고 고층 건물을 빽빽하게 세우는 방법이 이 도시의 핵심 구역을 파괴했다고 인식했다. 폭 40미터에서 60미터에 이르는 대로로는 도시의 참된 생활 분위기를 형성할 수 없고, 도시 중심을 오히려 도시 변두리로 변화시킨다. 중산로는 대부분 폭이 12미터에 불과하고 양쪽 측면에 작은 골목이 밀집되어 있어서 진정으로 도시생활 구조에 안성맞춤이다. 이 때문에 보행과 자전거 타기에도 편리하다. 이곳이 역사구역이기 때문에, 이곳이 피폐했기 때문에, 이곳에 관광객이 없기 때문에 개조해야 하는 것이 아니라 이곳을 도시의 훌륭한 간판으로 간주하고 이곳을 활성화하기 위해 개조해야 한다. 이것은 사실 도시로서의 항저우를 탐구하는 일인데 미국식으로 공동화되어 가는 상황을 어떻게 부흥시킬 것인가에 관한 해결 방안이 이 길에서 시작될 수도 있다.

이 길의 현 상황은 여러 가지가 손상되어 온전하지 못하므로 현상을 보수하는 것만으로는 충분한 활성화를 기대할 수 없다. 그러나 나는 새로 만들어내는 어떤 가짜 골동품도 반대했고, 마찬가지로 글로벌화된 어떤 유행하는 건축도 반대했다. 나는 이 거리의 자기 언어로 실마리를 탐색했고, 그것으로 어떤 새로운 건축물을 지을 수 있을 것인가를 구상해야 했다. 지방의 특색을 갖춘 다양한 새로운 건축을 지어야 이 지역에 활력을 불어넣고 미래를 예견할 수 있을 터였다.

그날 회의에서 행한 나의 발언은 정부관리의 두 눈을 반짝이게 만들었다. 나는 그들에게 계획서를 다시 수정하라고 건의했다. 왜냐하면 이 거리를 개조하는 일은 어쩌면 항저우 도시가 부흥할 수 있는 단 한 번밖에 없는 기회이기 때문이었다.

일주일 후 항저우 도시건설을 담당하는 관리 몇 명이 중국미술대학교를 방문하여 우리에게 새로 계획서 초안을 만들어달라고 요구했다. 중국미술대학교 총장은 자신이 직접 이 업무를 주관하기로 결정했다. 그리고 나는 이 업무의 집행위원장으로 임명되었다. 우리 건축예술대학의 교수와 학생들은 이 업무의 핵심 대오를 만들었다. 공공예술대학과 산업설계학과 등에서는 몇 가지 보조 단체를 구성했다.

공사는 대규모 현장조사에서 시작되었다. 7월에서 9월까지 약 50명의 교수와 150명의 석사과정생과 학부생이 중산로로 들어갔다. 중산로처럼 시간 속에서 자아를 축적한 거리는 그 특징이 수많은 차이성과 다양성에 존재하므로 어떤 설계 개념으로 단순화시킬 수 없다. 나는 조사연구팀에 구체적으로 모든 문패와 상호, 심지어 거리의 자질구레한 디테일까지 조사해야지, 선입견 위주로 어떤 것을 철거한다든가 어떤 흔적을 덮어버려서는 안 된다고 요구했다. 또 전문적인 조사팀은 이 거리의 역사적 문헌을 비롯해 상이한 시대의 모든 도시 지도, 역사적으로 진행된 이 거리 폭의 정확한 수치 변화, 반복해서 개조된 역사적 건축물의 신축적인 변화와 그 부지 범위 및 흔적, 주민들을 취재한 다량의 방문록, 녹음, 영상기록 등을 조사하고 연구했다.

10월 초 우리는 A3 용지에 쓴 두께 4센티미터의 계획서를 만들어 보고했다. 그 속에는 초보적인 개념과 방안이 포함되어 있었다. 이것을 기초로 나는 PPT 문건을 만들어 시청회의에서 당서기와 시장에게 전체 상황을 보고했다.

나는 PPT 문건으로 강렬한 메시지를 몇 가지 전달했다.

1. 오랜 시간 만들어온 차이성을 보존하는 방법으로 일을 해나가고 진실성의 원칙을 강조한다. 옛 건물을 대대적으로 철거하고 새롭게 다시 짓는 방법은 쓰지 않는다. 지속 가능한 도시건설 원칙과 훌륭한 도시재생모델을 포함시킨다.
2. 건축물 보호와 동등하게 생활방식 유지를 중요한 사항으로 간주하고, 강제 철거와 이주는 시행하지 않는다. 배우는 자세로 공사를 진행한다. 따라서 파괴하고 보호하는 일을 위한 것이 아니라 항저우의 '도시부흥' 운동을 시작한다는 마음가짐으로 일을 한다.
3. 도로는 보행구역, 교통서행구역, 혼합교통구역의 세 단계로 나눈다. 보행구역에는 일종의 경관景觀 시스템을 끌어들인다. 즉 원림과 전통가옥 뜰의 단면을 거리를 향해 개방하게 하고, 몇몇 석축누대식 건축을 만들어 1000년 전 송대 산수화 두루마리의 의미를 살린다. 또 모종의 새로운 건축물을 만들어 거리와 '우산'[1]을 연결한다. 원림에는 우리가 흔히 보는 굽이진 연못 언덕과 기이한 가산假山은 쓰지 않고, 송대 회화에서 간단하면서도 거대한 네모반듯한 연못을 가져와서 수경水景을 만든다. 송대 거리에서 배수용과 소방용으로 쓰인 얕은 도랑을 응용하여 거리로 물을 끌어들이고, 우산 위의 전통 돌담과 석축 방식을 도로포장 방식으로 전환하여 사용한다.
4. 이 거리의 역사구조를 다시 짜기 위해 방[2]과 항[3]의 경계처 길 위에 방을 나타내는 담장 일부를 만들고, 전체 거리는 10여 곳의 방 담장을 통해 거리와

---

1 우산(吳山): 중국 항저우시 시후 동쪽과 중산남로中山南路 서쪽에 위치한 야산.
2 방(坊): 동아시아 고대 도성이나 성읍에서 동서남북의 거리가 교차하며 만들어지는 네모꼴 구역. 대체로 주택이나 점포가 밀집하여 도시적 특성을 드러낸다.
3 항(巷): 고대 도시의 골목. 가로街路보다는 규모가 작아서 도시민의 실생활이 이곳에서 이루어진다.

전통가옥식의 정원이 합쳐지는 공간을 조성하여 전체 거리가 중국 전통 장회소설[4]식 서사구조를 갖추게 한다.

5. 이미 확장된 거리에는 부분적으로 인도를 향해 짧은 기루[5] 시스템을 만든다. 7미터 좌우의 2층 높이로 만들어 전체 거리의 폭은 12미터를 회복하게 하고, 2층의 역사적 건축물과 6~8층의 새로운 건축물 사이에 건축 규모의 과도적 성격을 드러내게 한다.

6. 지방성地方性이란 입장에서 건축물의 주요 재료 선택을 고려한다.

7. 노변의 플라타너스는 모두 보존하고 부분적으로 지방의 특성을 나타내는 상록수를 심는다. 거리 옆 연못이나 원림의 연못에는 갈대·창포·연꽃처럼 물을 좋아하는 야생식물을 심어서 항저우 특유의 산야 분위기를 만든다.

8. 예술가를 거리로 불러들여 조각에서 등불, 우체통 등 각종 방식으로 도시부흥에 참여하게 한다.

9. 단일한 설계팀은 이 거리의 각종 차이성을 보증할 수 없으므로 훌륭한 건축사 그룹을 조직하여 상세한 조사 보고와 지도 원칙 아래 공동으로 설계를 완성하게 한다.

10. 기왕의 1년 기한의 시장市長 주도의 프로젝트는 시행하지 않고, 더 이상 건축 외부만 중시하는 공사도 진행하지 않는다. 종심縱深이 있는 도시를 만들려면 3년의 기한이 필요하다.

이 열 가지 메시지는 모두 눈앞의 중국 도시건설 과정에서 매우 드문 내용이고 심지어 여태껏 실현한 적이 없는 요청이었다.

---

4 장회소설(章回小說): 내용이 긴 장편소설을 장章이나 회回로 나누어 서술한 소설. 『삼국지연의』『서유기』『홍루몽』 등이 장회소설에 속한다.
5 기루(騎樓): 건축양식의 하나. 주건물에서 인도 쪽으로 베란다처럼 내민 공간을 설치하고 그 위에 건물을 누각처럼 짓는 방식이다. 기루 아래에서 햇빛이나 비를 피할 수 있다.

그러나 나는 회의에서 이런 요청이 수용되리라고는 생각지도 못했다. 다만 시청 간부들은 모든 공사를 2년 안에 마치기를 희망했다. 시청 간부의 다음 말이 나의 뇌리에 매우 인상 깊게 남아 있다. "이 계획대로 추진해 나가십시오. 그러나 이 일은 1978년 중국의 개혁개방정책이 시행된 이래 추진된 항저우의 모든 도시개조사업 중에서 가장 어렵고 가장 복잡한 공사가 될 것입니다."

11월에 계획, 개념, 방안을 모든 시민에게 알렸다. 찬반의 목소리가 매우 강렬했다. 이와 동시에 건축예술대학 교수들은 몇 팀으로 나뉘어 각종 회의에 참석했다. 인민대표대회, 정치협상회의, 고건축 전문가, 중산로 시민대표 등의 단체와 끊임없이 회의를 열었다. 그중에서 정치협상회의의 질문이 가장 많았다. 내가 지켜본 결과 소통 부족이 가장 큰 문제였다.

12월에 수정계획서가 완성되었다. 나는 어느 한 가지 원칙도 양보하지 않았고, 구체적인 디테일과 시행방식에서 그 계획을 더욱 완벽하게 다듬었다.

내 입장에서 계획서의 목적은 각 항목의 목적과 방식을 토론하는 데 그치지 않았다. 가장 중요한 것은 중국 도시에 대한 자신감, 그리고 단순화되지 않은 지방성에 관한 자신감을 다시 세우는 일이었다.

12월 말에 계획서가 통과되었다. 항저우시 간부가 내게 우리 미술대학 단독으로 길이 6,000미터에 달하는 설계 전부를 맡을 수 있느냐고 물었다. 나는 그렇게 할 수도 없고 그렇게 해서도 안 된다고 대답했다. 이것은 전대미문의 복잡하고 세밀한 설계이기 때문이다.

나는 우리 미술대학의 역량에 비춰 보행 거리 1,000미터만 설계하기로 선택했다. 이 1,000미터가 가장 중요하고 가장 어려운 구간이라 다른 건축사들에게도 모범으로 작용할 수 있었다. 하지만 차이성과 다양성을 유지하기 위해서는 더 많은 건축사들이 참여해야 했다. 이로 인해 모종의 혼란을 가져올 수도 있었지만 도시의 활력을 회복하기 위해서는 적절한 혼란도 필요했다.

차이성을 드러내기 위해 중국미술대학교 건축예술대학 교수를 위주로 한 네 팀을 구성했고 여기에 교수 스물네 명이 참여하여 각각 일을 나눠 맡았다. 진정한 다양성을 갖추기 위해 나는 퉁지대학교의 퉁밍(童明, 1968~)과 장빈(張斌, 1968~), 둥난대학교의 첸창(錢强, 1963~), 난징대학교의 장레이(張雷, 1964~) 및 베이징대학교의 둥위간(董豫贛, 1967~)을 초청했다. 둥위간만 일정한 시간을 낼 수 없다고 말한 외에는 모두가 흔쾌히 참가하겠다고 했다. 전체 1,000미터 구역은 세밀하게 나눴는데 원칙에 따라 모두가 참여한 토론을 기반으로 일련번호를 붙인 '분지표分地表'를 만들었다. 한 줄기 거리로서의 정체성을 보증하기 위해 내가 직접 도로포장, 자재 선택, 담장 체계, 얕은 수로, 원림 개방, 높은 누대 등을 설계했다. 성문이 있는 기점에 나는 600제곱미터의 소규모 문물 시장을 설계했고, 화재로 건물이 소실된 한가운데 공터에는 고고학적으로 발굴된 송, 원, 명, 청, 민국 시대 거리 유적지를 둘러싸고 약 400제곱미터의 소규모 박물관을 설계해 넣었다.

내가 담당한 부분의 건축에 최소한 열아홉 종류의 소형 건축 스타일이 드러났고 그 모든 스타일은 많거나 혹은 적게 다양한 차이를 보여 주었다. 그러나 이들 스타일은 그룹은 나눴지만 서로 연관된 방식으로 이어졌는데, 이는 중국 서예에서 행서체와 초서체를 배치하는 방식과 같았다.

나는 직접 설계에 참여했기도 했지만, 다른 구역 건축사의 업무를 지도하기 위해 2008년 3월 대학원생에게 「연도입면설계지도원칙沿街立面設計導則」을 편집하게 했다. 또 2008년 5월에는 「종심시가설계지도원칙縱深街區設計導則」을 순조롭게 완성했다. 이들 문건은 정부가 각 설계팀에 배포했다.

하지만 상상하지 못한 일이 발생했다. 우리는 겨우 구舊 건축물 몇 동의 불완전한 도안만 손에 넣었을 뿐이다. 나머지는 우리가 시청에 측량을 해달라고 요청했다. 그러나 2008년 7월에야 시공도를 그리기 시작했다. 90퍼센트 이상의 건축물은 여전히 아무 자료도 확보하지 못했다. 설계를 멈출 수 없어서 우리는 부득이 건축대학 학생들에게 측량팀을 만들게 했다. 퉁지대학교, 둥난대학교, 난징대학교 학생들이 측량에 참가했지만 주민들은 많은 건축물의 측량을 허락하지 않았다. 모든 방법을 다 동원해도 설계를 추진해 나가기가 어려웠다.

언제부터인지 모르지만 나는 시청에서 공사시간표를 몰래 조정한 사실을 알아챘다. 2008년 9월에야 각종 설계도가 완성되었고, 완공시간은 이미 2009년 10월 1일로 정해져 있었다. 그러므로 도로포장은 반드시 2008년 말에 완공해야 했다. 신속한 공사 속도는 정말 불가사의할 정도였다. 10월에 노면의 재질과 포장방법 시험방안이 우여곡절 끝에 시청의 인가를 받았다. 연

말에 6,000미터 도로가 전부 포장되었다. 그중에서 2,000미터는 복잡한 돌 포장길이었고 거기에는 또 물도랑과 연못도 포함되어 있었다. 주변 건축시공 도가 2009년 1월에야 완성되자 각종 관쯜과 가로등 전선 매립에 큰 문제가 잠복하게 되었다. 하지만 얕은 물도랑 설치는 매우 성공적이어서 도심에서 심지어 졸졸 흐르는 물소리까지 들을 수 있게 되었다.

내가 설계한 기루 시스템은 모든 공사 현장에 10센티미터 두께의 석재를 깔았고 이 일은 이미 시청의 검사까지 통과했다. 그럼에도 기루를 계속 만들 수 있을지, 또는 기루 만들기를 재시공해야 하지 않을지 알 수 없었다. 2009년 설을 쉰 후 각 지역에서 공사를 시작하자 산적한 문제가 곳곳에서 터지기 시작했다. 사실 이 프로젝트는 시청이 건축물을 발주한 상인의 역할을 맡았다. 강제로 건물을 철거하거나 주민을 이주시키지 않기 위해서는 적절한 거래를 해야 한다. 집집마다 사람이 방문하여 건물 매매를 위한 조정을 하면서 거액의 보상금을 써야 한다. 그러나 그 건물에 거주하기 위해 팔려고 하지 않은 상인과 팔 의향이 있으면서도 매도를 고의로 늦추려는 상인, 아예 팔 생각이 없는 상인 등이 애를 먹였다.

공사를 추진하는 속도가 너무 빨랐기 때문에 시공 설계를 마쳤음에도 건축물 매매 담판은 아직도 지리멸렬한 단계였다. 소유주가 여러 명의 명의로 되어 있는 건축물의 경우, 그중 한 명만 팔지 않는다 해도 시공에 들어갈 수 없었다. 관리들은 이 일에 아무 책임도 지지 않았으므로 할 수 없이 건축사들이 설계를 수정해야 했다. 또 구 건축물 안에 거주하는 상인이나 건물주가 여러 이유를 대면서 설계를 수용하지 않으면 그 경우에도 건축사는 계속 설계를 변경할 수밖에 없다.

6월에 갑자기 기루 시공이 시작되었다. 포장이 끝난 인도를 다시 파고 기루의 기초를 만들었다. 이어서 골치 아픈 문제가 계속 발생했다. 도로 위에 세우는 기루 때문에 길이 막히자 상인과 건물주들은 온갖 민원을 제기했고 즉시 답변을 하지 않으면 고소장까지 제출하겠다고 으름장을 놓았다. 아주 직접적인 난관이었다.

그러나 나는 그다지 번거롭게 생각하지 않았다. 왜냐하면 나는 직접 자발적으로 성장해 가는 도시발전 과정을 체험했기 때문이다. 나와 시청 담당자는 반복해서 거리로 나가 그들을 만났다. 반대가 심하면 아예 공사를 취소했고, 공사를 계속할 가능성이 있으면 방법을 생각해 가며 작업을 조정했다. 결국 기루 3분의 1이 취소되었지만 전체 구조는 최대한 유지했다. 2개월 만에 전체 기루가 완공되었다.

그러나 역사적 건축물은 계획서에 제시한 기준에 의거하여 저울질해 본 결과 전부 좋지 않은 판정을 받았다. 시청 담당 부서에서는 전문 고건축 설계사무소를 찾아가서 거의 전부 철거한 후 원형에 따라 다시 짓기로 결정했다. 다행히 '계획서'상으로 맺은 약속도 있어서 일반적으로 흔히 보는 방식에 따르지는 않고, 교과서에 나오는 표준 스타일로 완전히 새로 설계했다. 그리고 모든 건축의 원래 모양에 따라 다시 지어서 최소한 건축물의 다양성은 유지했지만 모든 역사의 흔적은 깨끗이 사라지고 말았다. 이 일은 중국 건축의 빠른 속도를 따른다 해도 2년 만에는 완공할 수 없다. 그러나 표준화된 가짜 골동 건물 축조보다는 훨씬 좋은 방법이라고 할 만했다.

도시형 공사의 큰 방향에는 장기적이고 심오한 계획을 포함해야 한다. 그러나 도시의 자발성과 연관된 구체적인 사건은 왕왕 본래의 예측을 벗어나곤 한다.

전체 설계팀 스물여덟 명의 건축사가 얻은 최종 결과는 다음과 같다. 내가 설계한 소형 박물관은 완공되었다. 기루의 3분의 1은 짓지도 못했다. 방의 담장은 1,000미터 이내로만 건설되었고 나머지는 시도조차 못했다. 성문 안의 소규모 골동품 시장은 2009년 10월 1일에 개장할 예정으로 기초만 완공한 상태인데 상황으로 봐서는 계속 건설할 수 있을 듯하다.

장레이는 건축물 세 동을 설계했지만 철거와 이주 문제 때문에 결국 한 동은 짓지 못했다.

장빈이 설계한 건축은 연도의 절반만 완공했고 시청에 의해 강제로 1층을 더 올려야 했다. 장빈은 이 때문에 이 작품의 승인을 거부했다.

퉁밍의 설계는 몇 번의 수정과 압축을 거쳐 최후에 작은 건물 한 동만 완공했다.

첸창의 설계는 시청에 의해 강제로 수정되어 층수와 면적은 늘어났지만 마침내 성공적으로 완공되었다. 다만 시멘트의 품질이 너무 좋지 않아 곳곳에서 거푸집이 터져서 수습할 수 없을 정도였다. 내가 현장에서 고안해 낸 방법으로 수습했는데 최종적인 효과가 괜찮은 편이었다.

리샹닝(李翔寧, 1973~)이 담당한 건축은 시공도를 완성한 후 시청에 의해 강제로 층수가 늘어났으나 설계도 수정을 거쳐 지금 건축 중에 있다. 눈앞의 결과는 시청이 그 건물을 상품 매장에서 영화관으로 바꾸기로 결정했기 때문에 전체 설계도를 또 수정해야 한다.

리카이성(李凱生, 1968~)은 본래 2만 제곱미터에 달하는 가장 큰 구역을 맡았다. 그러나 최종 결과는 철거와 이주 문제 때문에 겨우 구 건축군의 작은 입면 정리 공사만 담당했다.

중국미술대학교 건축대학의 교수 중에서도, 다행스럽게도 넓은 지역을 포괄한 이도 있지만 아주 작은 부분에서만 기여한 이도 있었다. 경우에 따라 자신의 설계를 전혀 실현할 수 없는 이도 있었고, 전부 실현할 수는 있었지만 계속해서 설계 방안을 고치고 있는 이도 있었다.

10월 1일 구러우鼓樓에서 시후대도西湖大道에 이르는 중산로 1,000미터 보행 거리가 정식으로 개통되었다. 일주일 사이에 방문객이 130만 명에 이르렀다.

대화 對話

중국의 전통 건축에는 건축사도 없고, 건축역사 저작, 건축이론 저작도 없고, 건축설계 교과서도 없다. 아무것도 없는데 어떻게 존재했나? 살아 있는 장인 시스템 속에 존재했고, 손으로 직접 제작해 온 경험 속에 존재해 왔다.

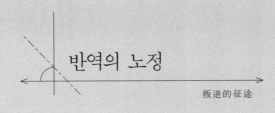

반역의 노정

叛逆的征途

대다수의 사람들에게 프리츠커상Pritzker Architectural Prize이 알려지지 않은 것은 이상하지 않다. 이 상을 아는 사람이 많지 않다. 1979년에 제정되어 건축계의 노벨상이라 불리는 이 상을 여러 세대의 건축사들은 받고 싶어도 받을 수 없었다. 그러자 이 상은 뜻밖에도 '반역'이란 말로 유명세를 타게 되었다. 오늘날까지도 이 상은 여전히 열심히 일하고 분투하는 건축사에게 주어지지만 대다수의 사람들은 그 결과를 의아하게 생각한다. 이 때문에 중국 건축계에서 이 상을 받을 만한 사람을 찾으려 한다면 청년 시대부터 반역으로 이름을 날렸고, 성년에 이를 때까지 반역자로 낙인찍힌 사람이 이에 해당할 것이다. 나는 나 자신이 틀림없이 그런 부류에 속한 사람이며 또 그중에서도 비교적 두드러진 사람이라고 생각한다. 사람들이 당신은 무엇에 기대 반역을 도모했느냐고 물으면 나는 청춘기의 미묘한 정서가 바로 '반역'이라고 대답하곤 했다.

청춘기의 사람들은 말로는 표현할 수 없는 정서를 품고 있다. 활력은 충만하지만 눈앞의 사회는 청춘들에게 알 수 없는 어떤 상태를 드러낸다. 기성세대들은 모두 청춘들을 가르치려 들며 이렇게 하라고 저렇게 하라고 강요한다. 청춘들은 대놓고 심한 반발을 하지 않지만 동시에 그들의 언행도 전적으로 옳은 게 아니라는 사실은 이미 알고 있다. 청춘기에는 대개 그런 정서를 품고 있다. 사람들은 의문을 품을 것이다. 청춘들은 구체적으로 언제부터 그런 상태에 처하게 되었을까?

중학교 시절 내가 어떤 학생이었는지 여러분은 상상하기 어려울 것이다. 나는 중학교 때 표준적인 모범생이었다. 어느 정도 모범생이었을까? 입학 이후부터 줄곧 반장과 청년단 지부 서기를 맡았고, 시안시 삼호[1] 학생으로도 뽑혔다. 그럼 이 같은 모범생이 어째서 나중에 반역을 도모한 학생이 되었을까?

한 가지 작은 일이 내 미래와 특별히 맞닿아 있다. 나는 중학교 시절, 역사를 공부하면서 역사교과서 외에 두 권의 책을 읽은 기억이 있다. 한 권은 『프랑스 대혁명사』이고, 다른 한 권은 판원란[2]의 『중국통사』였다. 이 역사책 두 권을 읽은 후 다시 교과서를 읽다가 나는 교과서를 쓰레기통에 던져버렸다. 왜냐하면 너무 유치하고 단순했기 때문이다. 교과서는 역사를 거의 아무 내용도 없는 듯이 단순하게 개괄하고 있었다. 중학교 때 내 역사 수업을 담당한 교사는 갓 대학을 졸업한 젊은이였다. 나는 교실 첫째 줄에 앉았는데 그는 늘 나의 태도에 의심을 품었다. 왜냐하면 그가 강의한 내용은 사실 그리 많지 않았지만 내가 노트에 필기한 내용은 강의 내용보다 훨씬 많았기 때문이

---

1 삼호(三好): 1954년부터 시행한 중국 모범생 선발 기준. 사상과 품행이 뛰어나고思想品德好, 성적이 우수하고學習好, 신체가 건강한身體好 학생을 삼호 학생三好學生이라 부른다.

2 판원란(范文瀾, 1891~1969): 중국의 역사학자. 대표 저서로 『중국통사 간편中國通史簡編』 『중국근대사中國近代史』 등이 있다.

다. 수업을 마칠 때 그가 말했다. "내게 노트를 좀 보여 줄 수 있겠니?" 내가 보여 주자 그가 또 말했다. "내가 집에 가져가서 좀 봐도 되겠니?" 나는 그렇게 하라고 말했다. 두 번째 역사 수업시간에 그는 말했다. "너는 장래에 틀림없이 대단한 성취를 이룰 것이다."

내가 진학한 대학은 당시에 난징공과대학이라 불렸다. 내가 입학했을 때 모든 과에서 학생대표 한 명을 뽑아 작은 회의실로 보내 학장의 훈화를 듣게 했다. 나는 건축과 대표였다. 만약 내가 충분히 모범적이지 않았다면 그 시절에 절대 학장의 훈화를 들으러 갈 수 없었을 것이다. 당시 우리 학교 학장은 매우 유명했다. 그는 첸중수 선생의 아우 첸중한으로 반역을 조장하는 학장이었다. 나는 깊은 인상을 받았다. 당시 훈화의 핵심은 "훌륭한 학생이란 무엇인가?"였다. 그의 말에 따르면 훌륭한 학생은 바로 과감하게 선생에게 도전하는 학생이었다. 그는 이렇게 말했다. "여러분은 여러분의 교수들이 매우 대단하다고 여기지 말아야 합니다. 대다수의 교수들은 무사안일에 빠져 그럭저럭 세월만 보냅니다. 여러분이 사흘 전부터 진지하게 예습을 하면 강의실에서 세 가지 질문만으로도 교수의 입을 막아 강단에서 내려오게 할 수 있습니다. 이런 학생이야말로 훌륭한 학생입니다." 그의 말은 내게 큰 충격을 주었지만 마찬가지로 나를 분발하게 만들었다. 왜냐하면 나는 정말 좋은 곳에 왔고 이곳이야말로 내가 오고 싶어 한 대학임을 의식했기 때문이다.

훗날 나의 대학 시절 견지한 공부 비결이 무엇이었는가 스스로 묻곤 했다. 내 대답은 간단했다. "그것은 바로 독학입니다." 첸중한 학장이 학생들에게 교수보다 더 열심히 예습하라고 말할 때 내가 바로 그렇게 스스로 예습하던 학생이었다. 나는 도서관이라 불리는 매우 훌륭한 장소를 일찌감치 발견하고 그곳으로 들어갔다. 수업시간에 가르쳐주지 않은 모든 것을 도서관에서 읽기 시작했다. 대학 2학년 때 나는 이미 나를 가르칠 교수는 없다고 호언장담하기 시작했다. 왜냐하면 교수들의 강의는 내가 읽은 책에 비해 천박하고, 유치하고, 보수적이고, 진부했기 때문이다. 물론 나의 이러한 태도와 행위는 수많은 동년배 학우들에게 긴장감을 야기했다. 기억하건대 나는 밤 12시쯤에 잠자리에 들었다. 하지만 내가 잠을 자려고 침대에 누울라치면 내 룸메이트는 잠도 자지 않고 계단 위에 앉아 헤겔의 철학사를 읽고 있었다. 계단에는 아직 전등이 켜져 있었기 때문이다. 내가 학우들에게 무언의 압력을 넣어 그런 상황이 벌어진 셈이다.

　재차 이른바 반역을 행한 때는 바로 내가 중량급 논문 「배후의 논리를 분쇄하라—중국 현대 건축학의 위기破碎背後的邏輯—中國當代建築學的危機」를 쓴 시기였다. 이 논문에서 나는 량쓰청으로부터 당시 내 지도교수 등에 이르기까지 10여 명의 인물을 비평했다. 나는 당시에 중국의 건축학이 어떻게 된 일인지 아픔도 없고 가려움도 없이 모든 것을 모호하게 얼버무리고 있음을 깨달았기 때문이다. 만약 영원히 아무 말도 하지 않는다면 결국 우리는 틀림없이 다음과 같은 상황에 처하게 될 것이다. "우리의 수준은 1930년대에 정체되어 더 이상 변화하지 못할 것이다." 이 때문에 나는 당시에 이 논문을 썼지만 아무도 발표를 허락하지 않았다. 그래도 나는 전혀 상관하지 않았다. 왜냐하면 이 논문은 나를 위해 쓴 것이었기 때문이다. 모름지기 사람이란 새로운 기세를 드러내기 위해서는 이와 같이 행동해야 할 터이다. 기본적으로 오늘 현재까지도 내가 행한 모든 일은 1987년 그 논문에서 말한 것을 확실하게 실천해 왔을 뿐이다. 나는 그런 것들이 발생할 가능성이 있다고 여겼고, 또 어떻게 해나가야 하며 어떤 방향으로 진행해야 할지를 그 논문에서 기본적으로 분명하게 밝혔다. 그러나 어떻게 결과물을 낼지에 대해서는 전부 다 말했다고 할 수는 없다. 나는 당시에 말한 것을 실천하기 위해 다시 25년의 시간을 들여 노력했다.

석사과정을 마칠 무렵 나는 완전히 앞의 논문을 이용하여 졸업논문을 썼지만 또 다른 한 편의 글도 보탰다. 아직 나는 몇 가지 내용을 분명하게 밝히지 못했다고 느꼈기 때문이다. 논문 제목은 이름하여 「죽은 집 수기」였다. 당시 중국 전체 건축계의 현상과 우리 학교를 포함한 전체 건축교육 현상을 겨냥한 비꼬기였다. 그러나 실제 내용은 당시 대가들이 열렬하게 추종한 서구 현대건축 기본 관념에 대한 재인식과 재비판이었다. 이 논문은 첫 번째 회의에서 만장일치로 통과되었지만 학술위원회에서 표결에 부쳐 내 석사학위를 취소해 버렸다. "이 학생은 정말 지나치게 광적이다"라는 평가로 나에게 학위를 주지 못하게 했다. 물론 이 일로 나는 타격을 받지 않았다. 나는 당시에 이미 독서를 통해 거의 초탈의 경지로 들어서고 있음을 느끼고 있었다.

반역은 거의 청년기에만 집중되지만 나는 그 시간이 훨씬 길었던 듯하다. 1992년 봄 새로운 개혁개방정책이 시작되자 온 천지가 돈으로 가득 찼고 건축사들에게 호시절이 도래했다. 바로 그 시각 나는 은퇴를 택했다. 왜냐하면 나는 유행하는 건물을 많이 지어 이 세상에 피해를 주고 싶지 않았기 때문이다. 불행하게도 내 말은 적중했다. 이후 10년 동안 무수한 중국 건축사들이 수많은 건물을 지어 중국 전체에 해악을 끼쳤다. 그들은 우리 문화를 철저하게 파괴하면서 중국의 도시와 시골을 거대한 규모로 변화시켰다. 그러나 그들이 무엇을 하는지 그들이 왜 그렇게 하는지를 생각하는 사람은 소수에 불과했고, 이러한 양태를 진실하게 생각하는 사람은 거의 없었다. 나는 나의 멍청함이 당시에 내게 도움을 줬다고 생각한다. 나는 생각이 분명하게 정리되지 않으면 감히 실천에 나서지 않는다. 이 때문에 그 10년의 세월 동안 나는 소소한 작업만 하면서 낡은 건축을 개조했을 뿐이다. 이 과정에서 나는 목수와 장인에게서 많은 것을 배웠다. 학교에서는 가르치지 않는 내용으로 가득차 있었다. 일꾼들은 매일 아침 8시에 출근하여 밤 12시에 퇴근한다. 첫날부터 나도 아침 8시가 되면 현장에 나가 있었고 밤 12시에 일꾼들과 함께 퇴근했다. 나는 당시 공사장에서 못 하나라도 어떻게 박는지 분명하게 봐두려고 했다. 우리가 학교에서 배우는 것은 지식과 책읽기에 불과하고, 어떻게 손을 움직여 일을 해야 하는지는 거의 배우지 않는다. 그러나 이 일은 특히 중요하다. 그 뒤 오늘날까지도 나는 어떤 물건을 만들 때 기본기에 충실한다. 왜냐하면 나는 가장 낮은 곳의 내막을 이미 경험했기 때문에 기본기에 충실한 것은 당연한 일이다. 물론 어떤 때는 사람의 정신이 좀 황홀해지기도 한다. 한번은 식사를 할 때 갑자기 내가 지도하는 대학원생이 온종일 타국의 노동자들과 함께 앉아 식사하는 것을 발견했다. 이 사회의 계층도 이렇게 뒤섞일 수 있는가? 당시에 나는 많은 것을 배웠고 이것은 이후 1998년 내가 산을 나설出山 때 충분히 준비된 자산으로 작용했다. 나중에 사람들이 내게 인생을 지탱해 준 무슨 격언이 있는지 질문할 때 나는 바로 "때를 준비했다"라는 한마디 말로 대답을 대신하곤 했다. 기회가 도래할 때를 대비하여 충분하게 준비를 해야 한다. 2000년 이후에 내가 해온 설계작업에 흥미를 갖고 두 번, 세번 나를 찾아오는 사람들이 갑자기 생겨나기 시작했다. 그들은 모두 이렇게 말했다. "우리는 현대적인 건물을 지으면서도 반드시 중국적인 감각을 넣고 싶습니다. 표면적인 모습에만 치중하지 말고요. 우리는 여러 사람을 반복해서 방문했지만 아마 중국에서 당신만이 그런 일을 할 수 있을 듯합니다. 당신은 우리의 유일한 선택입니다."

내 인생에서 맞이한 30대는 사람들이 상상하는 것처럼 그렇게 어려운 상황이 아니었다. 30대는 나에게 상당히 순조로운 시기였다. 그 과정에서 논쟁에 얽히는 등 몇 가지 어려움도 있었지만 피할 수는 없는 일이었다. 사람들에게 어떤 건축을 받아들이라고 하면서 완전히 전복적으로 건물을 바꾸는 것은 결코 쉬운 일이 아니다. 이 때문에 나는 좋은 건축을 탄생시키기 위해서는 바로 처음부터 순수하고 이상적인 생각을 가져야 한다고 말한다. 그 후에도 대장정처럼 수많은 난관을 뚫고 나가야 한다. 중간의 고비마다 당신을 폄훼하고 부정하는 사람이 있을 테지만 반드시 백절불굴의 정신을 견지하면서 사람들을 설득해야 한다. 그렇게 마지막 단계에 이르면 최초의 이상이 드러내는 순수성이 조금도 줄어들지 않을 뿐 아니라 심지어 더욱 견고해져 있음을 발견할 것이다. 이것이 바로 좋은 건축의 탄생이다.

내게도 사랑스러운 건축주가 한 명 있었다. 내가 닝보박물관을 건설할 때 그는 말했다. "도대체 왕 선생님께선 어떤 생각을 갖고 있습니까? 우리가 설계한 이곳은 새로운 중앙상가지역으로 우리 닝보 사람들은 '작은 맨해튼'이라 부릅니다. 그런데 선생님께선 이렇게 때 묻은 재료로 이렇게 거무튀튀한 건물을 이곳에 짓고 있습니다. '작은 맨해튼'이라는 이미지와는 전혀 어울리지 않습니다. 대체 무슨 생각을 하고 있습니까?" 내가 대답했다. "말씀 드리죠. 우리는 새로운 건물을 짓고 싶습니다. 그런데 이런 설계가 전통 속에 있습니까?" 그가 말했다. "없습니다." 내가 말했다. "현대 건축물에서 이런 설계를 본 적이 있습니까?" 그가 말했다. "아마 본 적이 없는 듯합니다." "그럼 우리는 완전히 새로운 건물을 짓는 것이지요?" 그가 말했다. "그렇습니다." "완전히 새로운 건물에 대해서 사람들은 잘 모르겠지요?" 그가 말했다. "그렇습니다." "그럼 책상 앞에 앉아 있는 잘 모르는 사람 중에서 누가 가장 잘 아는 사람일까요? 제가 아닐까요?" 그가 말했다. "그렇습니다." 내가 말했다. "그럼 당신은 내 말을 들어야 합니다." 물론 나중에 재미있는 일이 벌어졌다. 이 건축이 완공된 후 건축주는 최종적으로 사람들의 반응을 종합해서 내게 말했다. 즉 사람들이 닝보박물관에 보인 반응은 '네 가지 만족'이라는 것이었다. 대중 만족, 전문가 만족, 리더 만족, 갑 측의 만족이라는 설명이었다. 그러나 내 입장에서 가장 감동받은 지점은 짧은 시간 내에 네댓 차례나 다시 찾아오는 관객의 반응이었다. 나는 이유를 물었다. 그들이 대답했다. "이곳은 전부 철거되고 완전히 새로운 도시로 변했지만 오직 이 건축만이 내 과거 생활의 흔적을 찾아주기 때문입니다. 그래서 저는 다시 이곳에 옵니다." 나는 이 말을 듣고 크게 감동했지만 한편으로 스산한 느낌에 젖어들기도 했다.

기억하건대 내가 지난 세기 1990년대에 초 '반역'을 감행할 때에는 아직 컴퓨터조차 없던 시기였다. 나는 오늘날 컴퓨터가 범람하는 시대의 건축이 이처럼 메마른 고목처럼 추상화되고 개념화되리라고는 생각지도 못했다. 당시 나의 발언은 무슨 예언 같았지만 그 예언은 거의 적중했다. 그러나 내 주장은 경험으로 얻어진 것이다. 따라서 인간의 진실한 생활 경험을 기반으로 하는 건축은 오히려 세태와는 다른 부류, 즉 새로운 탐색으로 변했다. 지금 우리는 우리가 정말 어떤 일을 하려 한다면 그 일은 중국 문화에 관한 것일 뿐 아니라 심지어 중국 문화의 국경을 초월한 것이 되어야 한다고 의식할 것이다. 여기에는 모종의 보편적 가치와 의미가 담겨 있다. 그러나 어떻게 말하든 나와 같은 사람이 걸어온 인생 역정을 회고하면서 내가 가장 중요하게 생각해 온 것은 사람은 반드시 자신의 내면에 대해 매우 진실한 태도를 견지해야 한다는 점이다.

사실 내가 지은 모든 건축은 자기 내면의 진실을 견지한 것에 불과하다. 아울러 그것을 실현하기 위해 열심히 노력하고 있는 중이다.

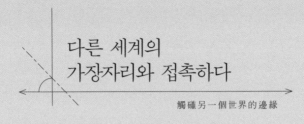

다른 세계의
가장자리와 접촉하다

觸碰另一個世界的邊緣

솔직히 말해서 프리츠커상의 수상은 나 자신의 생활을 크게 변화시키지 못했다. 나는 은둔형 인간이다. 공개적인 활동과 발언은 그렇게 많이 하지 않는다. 발언할 때마다 큰 반향을 불러일으키기는 하지만 말이다. 상을 받았든 받지 않았든 나는 줄곧 내 사무실을 소규모로 제한하려 애썼다. 나의 이상은 "마음 내키는 대로 일을 하고 마음 내키는 대로 일을 하지 않는" 것이다. 나의 작업 상황에 대해 말하자면, 나는 사무실을 때때로 한 달이나 몇 주간 비워두기도 한다. 나는 이것이 기본적인 자유라고 느낀다. 나는 이러한 자유를 필요로 한다. 이런 공백기를 통해 깊이 사고하고 깊이 침잠해야 기억의 전승에 바탕한 영감을 찾을 수 있고, 또 순박하고 진실함으로 귀의하는 생활에서 영감을 찾을 수 있으며, 아울러 건축사로서 가장 순수한 관점을 작품으로 전달할 수 있다. 프리츠커상 수상은 내게 물론 매년 한 가지 프로젝트를 더 맡게하여 모두 두 개의 프로젝트를 수행하게 했다. 더 많은 일은 하지 않는다. 나의 고집이다. 이 고집은 외부의 힘에 좌우되지 않는다.

상산캠퍼스는 나 스스로 만족하는 작품인데, 짧은 기간에 아주 낮은 가격으로 완공했다. 이 공사는 규모가 커서 건축에 대한 나의 관점을 실현할 기회를 제공했을 뿐 아니라 기후 조건을 포함하여 대학의 기본적인 학문정신까지 실현할 수 있게 했다. 여기에는 산수화와 환경에 대한 나의 이해도 함축되어 있어서 심지어 도시계획과 유사한 도시발전 실험도 구현할 수 있었다. 또 다른 측면에서는 공사비가 아주 저렴했기에 소박하고 청빈한 문화가치를 선전하는 일도 가능했다. 시간이 촉박했으므로 전체 건축을 살펴보면 결함도 있을 수도 있지만 일종의 철학, 즉 완벽한 아름다움을 추구하는 태도를 실현할 수 있었다. 그러나 그것이 표면적으로 아름다운 디테일을 추구하는 경향과는 거리가 있다. 또 다른 작품 닝보박물관은 상대적으로 비싼 공사비로 흠잡을 데 없는 세밀함을 실현했다. 이 두 건축 작품은 조건이 상이했지만 각각의 조건 안에서 최대한의 의미를 전달했으므로 내가 가장 만족하는 작품으로 칠 수 있다.

나를 '인문 건축사'라고 칭하는 평론가도 있지만, 내가 평소 일이 없을 때 목공예를 즐긴다는 사실을 아는 사람은 거의 없다. 나무로 몇 가지 작품을 만들기도 하고 학생들의 작품을 지도하기도 한다. 이렇게 함으로써 모래나 흙과 유사한 진실한 재질과 접촉할 수 있기 때문이다. 나는 이 세계의 진실한 느낌에 주의를 기울인다. 나는 또 서예 수련에도 큰 흥미를 갖고 있다. 내가 보기에 서예에서 가장 중요한 것은 이 세계가 한 가지 가능성에 그치지 않는다는 점을 일깨워 준다는 사실이다. 나는 항상 내가 "17세기에 태어난 사람"이라고 떠벌리곤 한다. 나를 젊게 산다고 평하는 사람도 있지만, 나는 오히려 나 스스로 매우 늙은 사람이라고 느낀다. 나는 이미 400살이 넘었다고 농담을 하곤 한다. 그러나 말로만 400살이 넘었다고 할 수 있을 뿐, 더 오랜 시대로 거슬러 올라가면 시대마다 나이가 더 보태질 것이지만 나이에 맞는 고도의 경지에는 쉽게 도달할 수 없을 터이다. 나는 줄곧 정상적인 생활 상태로 일을 해야 한다고 주장해 왔다. 지금 사람들은 창조적인 상상력을 틀림없이 매우 기괴하고 아주 특별한 것으로 간주할 테지만 사실 진실한 생활은 사람의 상상에 비해 더욱 풍부하고 흥미롭다.

나는 오늘날 언급되곤 하는 이른바 '다원화'라는 용어에 기만적 요소가 과하게 포함되어 있다고 생각한다. 본래 다원화는 상이한 문화가 나란히 존재하며 동일한 권리를 가지는 것을 의미한다. 그러나 오늘날 언급되는 '다원화'는 컴퓨터를 이용하여 모양만 다른 화려한 가상 이미지를 제작해 내는 것에 불과하므로 '동일화'에 불과할 뿐이다. 진정한 다원화는 사람들의 기본적인 생활방식이 모두 달라야 한다. 이 점을 위해 나는 줄곧 내 몸으로 내 신념을 실천해 왔다. 나는 고집스럽게 사람들에게 나의 상이한 가치관과 생활방식이 이 시대와 병존할 수 있음을 보여 주었다. 나는 '아마추어'로 이름 붙인 사무실을 운영하고 있지만 거의 일을 하는 듯 마는 듯 간헐적으로 출근하고 있다. 나는 남들처럼 사무실에 정시 출근하여 계속 일을 하지 않을 뿐 아니라, 일을 하는 중간에도 서예를 연습하고, 목공예를 하고, 벽돌과 돌을 쌓는다. 나는 사람들에게 또 다른 세계의 존재를 보여 주려 한다. 인터넷 커뮤니티에 가입하거나 블로그를 만들어 활동하지 않고, 내 주변 세계의 진실한 느낌에 주의를 기울인다. 현대사회에서 생활하는 사람들은 아마 나의 이러한 생활 패턴을 믿기 어려울 것이다. 그러나 나는 진실하게 10년의 세월을 들여 '망각하고' '거부했다.' 학교에서 배운 것을 망각했고, 흔히 할 수 있는 방법을 거부했다. 이런 방식으로 나 자신을 바꿨다. 어려웠지만 이런 태도를 견지하면서 마침내 나 자신이 다른 세계의 가장자리와 접촉하고 있음을 깨달았다.

"건축사는 자비와 연민의 마음을 가져야 한다." 이 말은 내 박사논문의 결론이지만 여러 해가 지난 오늘날에도 똑같이 적용할 수 있다. 나는 갈수록 늘어나는 건축업에 투신하는 젊은이들에게 독립적인 사상을 가져야 하고 심지어 특립독행特立獨行하는 사람이 되어야 한다고 격려한다.

인생은 너무나 짧다. 나는 젊은 시절, 길가에 서서 길 가는 사람을 가리키며 저 사람들은 전부 죽었다라고 말하곤 했다. 아마도 많은 사람들이 내 생각이 극단적이고 또 내가 고독한 영웅주의에 빠져 있다고 여기겠지만 나는 젊은이들이 반드시 이런 마음을 가져야 한다고 생각한다. 젊은이들은 존재에 대해, 진리에 대해, 인성에 대해 진실하게 추구하는 마음을 가져야 한다. 그렇게 해야 젊은 시절 인생의 중요한 여정을 돌파할 역량을 지닐 수 있다. 이 또한 자아실현과 자아수련의 과정이다. 청년 시절에 이렇게 하지 못하면 생활의 잡다한 사정이 이런 일의 실현을 갈수록 어렵게 만든다. 성공한 사람들은 아주 젊은 시절부터 이미 장차 대단한 인물이 될 소질을 드러냈다. 가난한 사람이라도 고결한 품성을 갖추게 되면 나는 그를 괄목상대하며 바라볼 것이다. 젊은 시절은 역량이 가장 강한 때다. 지금 이 시대의 특징을 살펴보면 젊은이들의 주장이 갈수록 우위를 점하고 있으므로 젊은이들에 대한 요구도 더욱 수준이 높아지고 있다. 그러므로 젊은이들은 상상의 나래를 마음대로 펼칠 수 있으며 어쩌면 이런 분방한 상상이 이후 세상을 뒤흔들 수도 있다. 나는 젊은 시절 책을 읽을 때 한나절 보아도 나 스스로 깨닫지 못하면 다시 한 번 처음부터 끝까지 읽곤 했다. 아주 얇은 책을 1년 동안 열여섯 번 읽고 마침내 분명한 의미를 깨달은 적이 있다. 젊은이들에게는 이런 정신이 필요하다.

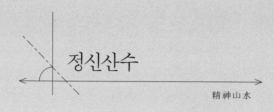

정신산수

精神山水

샹산캠퍼스를 설계하기 전 건축주로서 쉬장 학장은 구체적인 요구를 아무것도 하지 않았다. 그는 나에게 시 세 수를 적어주었다. 매우 시정이 넘치고 모호한 방식으로 자신의 요구를 전달한 셈이다. 마치 이전 시대 문인들이 시를 창화唱和하는 방식과 유사했다. 그는 내게 시를 써줬고 나는 건축으로 허虛를 실實로 바꿨다.

설계를 처음 시작할 때 중요하다고 생각한 문제는 우리가 마주한 시대가 바로 지금의 이와 같은 시대라는 사실이었다. 미학적인 사물들이 우선 우리 생활 주변에 자리하고 있어야 하지만 우리가 살고 있는 시대는 우리 신변에서 볼 만한 사물을 거의 모두 파괴했다. 중국의 대학 캠퍼스에서도 젊은 학생들은 이미 중국의 미학과 문화를 이해하기 어렵게 되었다. 이 때문에 샹산캠퍼스를 조성할 때 나는 이렇게 말했다. "이것은 설계가 아니라 하나의 세계를 만드는 것이다. 또한 중국인의 미학과 관념을 담은 살아 숨 쉬는 실물을 건조하려는 것이다." '볼 만한 것'을 제외하고도 '하나의 세계'의 핵심은 바로 캠퍼스 내의 생활방식을 변화시키는 것이다. 나는 이 건축물이 학생들에게 충분한 미학적 배경을 제공하여 그들로 하여금 직접 무엇인가 느끼게 하기를 바랐다. 심지어 캠퍼스 안에서 농사를 짓고 양을 방목할 수도 있기를 희망했다. 관념에 대한 영향은 몇몇 정신적인 토론을 제외하고도 육체적인 토론이 기초가 되어야 한다. 농사를 예로 들면 농사를 짓는 것과 짓지 않는 것은 완전히 다른 감각에 속한다. 우리는 문화가 형이상학이라고 말하지만 그 기반은 반드시 형이하학에 자리 잡고 있어야 한다. 형이상학적인 사물은 아무 형체도 없이 모든 형이하학 기반에 스며든다. 이것이야말로 더욱 중요하고 더욱 지속적이다.

근래 몇 년간 나의 건축활동은 이전 중국인들의 원림 조성과 좀 유사하다. 나는 이를 '원림 조성'이라고 칭하지, 건축이라고는 칭하지 않는다. 북송 시대 이격비는 『낙양명원기』에서 원림의 여섯 가지 원칙을 제기했다. "광대함, 깊숙함, 인간의 힘, 물, 고색창연함, 조망"이 그것이다. '광대함'은 물리적인 크기가 아니라 중국인의 미적 이미지인데, 여기에는 세계를 포용할 만한 감수성이 깃들어 있다. 그 후에 인간의 힘이 보태지면서 자연과의 대화가 이루어진다. '물'은 인간 세상의 핵심적인 생명이 물임을 설명한다. 이 때문에 중국의 원림은 자연과의 대화가 포함된 주관적인 관념 예술이다. 나는 이것이 바로 중국 문화 가운데서 가장 빛나는 문물이고, 오늘날에도 가장 현실적으로 의미를 살릴 수 있는 건축임을 느낀다. 이 시대 전 세계에서 가장 자주 보이는 심각한 대립 관계는 인공 문화와 자연의 대립이다. 이런 시절이야말로 전통을 이야기해야만 중요한 의미를 찾아낼 수 있다. 중국 전통에서 말하는 "도는 자연을 본받는다道法自然"라는 진술은 자연의 중요성을 강조하는 데 기본적인 의도가 깔려 있다. 이 때문에 샹산캠퍼스에서도 중국 미학을 다양하게 구현해야 했다. 나는 이 캠퍼스를 조성하면서 우리가 흔히 볼 수 있는 캠퍼스 배치는 전혀 고려하지 않고 주로 건축과 산수의 관계를 고려했다.

내가 처음 왔을 때 이곳은 드넓은 벼논이었다. 벼논 가에 시골 집 몇 채가 점점이 자리 잡고 있었다. 나와 쉬장 학장은 이곳을 한 바퀴 돈 후 똑같은 인식을 했다. 즉 우선 산은 움직일 수 없다는 점이었다. 산은 우리보다 먼저 도착했으므로 우리는 산을 존중해야 한다. 그다음으로 모든 건축은 산과 관련을 맺는다는 점이었다. 건축물의 주요 대화 대상은 바로 그 샹산이었다. 나중에 나는 산만 움직이지 않은 것이 아니라 심지어 모든 건축물을 이 부지의 바깥 테두리에 의지하게 했으며, 산과 인접한 지형은 모두 기본적으로 보존하게 했다. 구불구불한 길과 논두렁은 원래 이곳 농업 구조의 일환이었다.

샹산캠퍼스는 산북과 산남 두 부분으로 나뉜다. 산북에는 열 동의 큰 건물이 있고, 산남에는 열두 동의 큰 건물이 있다. 이 두 단계 사이에는 아주 큰 변화가 개재되어 있다. 산북캠퍼스는 산남보다 더욱 소박하고 직접적인 방식으로 조성되었다. 건축의 기본 유형 및 자연과의 관계를 제외하고 산북캠퍼스에서 해결하려 했던 것은 바로 척도 문제였다. 오늘날의 건축사들은 모두 척도 문제에 좀 막연한 태도를 보인다. 나는 늘 100년 동안 지어진 중국 건축은 모두 전통적인 형식이 현대에 어떻게 변화해야 하는가를 탐색하는 과정이었다고 말하곤 한다. 100년 동안 성공한 적은 없지만 가장 핵심적이면서도 가장 간단한 문제는 바로 척도 문제였다. 중국 전통 속에서 1~2층 건축에 쓰인 언어(척도)를 어떻게 5~6층, 심지어 더 높은 건물에 사용할 수 있겠는가? 이 한계를 돌파하는 일은 바로 중국의 척도를 성공적으로 그와 같은 높이에 옮겨 적용하는 것이다. 이에 비해 산남캠퍼스의 건축은 내재 공간의 논리에서 더욱 복잡하기 때문에 원림 구조에 더 가깝다고 할 수 있다. 우리는 산남캠퍼스의 건축이 산과의 대화에만 치중하지 않는다는 사실을 목도할 수 있다. 산남의 지형은 비교적 평탄하므로, 건축물이 산과 맺는 관계도 그리 직접적이지 않다. 이 때문에 전체 산남캠퍼스는 상산과 멀리서 대화를 나누는 관계라는 점을 제외하고도 건축물과 건축물 사이에도 이와 유사한 관계가 발생한다. 산만이 자연이 아니라 건축물도 본래 자연에 귀속되므로 건축물 사이에도 일종의 대화 관계가 발생하는 것이다.

건축과 자연의 민감한 반응은 매우 동양철학적이다. 전체 상산캠퍼스의 기초 관계는 유학과 산수에 바탕을 두고 있다. 유학은 예의와 제도를 핵심으로 삼아 방정方正함과 격식을 강조한다. 이들 건축군은 마치 산만한 것처럼 보이지만 건축물 하나하나를 자세히 살펴보면 매우 방정하다. 이 점이 매우 중요하다. 또 다른 맥락은 바로 산수다. 자연은 인간이 만든 제도에 비해 훨씬 수준이 높다. 따라서 자연이 이 건축군의 전체 배치를 결정한다. 한 건축사가 내게 상산이란 산이 언제부터 존재했느냐고 물은 적이 있다. 질문이 매우 현묘玄妙했다. 당시 내가 좀 뜨악해하며 대답을 하지 못하자 그 건축사가 바로 해답을 주었다. "이 캠퍼스가 완공된 후 상산이 비로소 출현하기 시작했어요." 이 밖에 사용한 모든 재료에도 내가 일정한 성격을 부여하여 그들이 서로 호흡하면서 생명력을 갖게 되었다. 우리는 나중에 상산캠퍼스 건축에 사용한 중고 자재 수량의 통계를 내본 적이 있다. 저장성 전 지역에서 회수한 벽돌, 기와, 석재가 700만 매에 달했다. 이는 실제로 이 시기 전통 촌락 건축의 파괴 정도를 반영한 숫자다. 우리는 늘 어디 어디에 청나라 벽돌 300만 매가 있다는 전화를 받곤 했다. 이렇게 많은 숫자를 보면 얼마나 많은 전통 건축이 철거되었는지를 알 수 있다. 당시에 나는 그런 전화를 받으면서 철거된 건축자재를 잘 대우해야 한다고 생각했다. 그런 자재를 반복해서 이용하는 것을 나는 '순환 건조循環建造'라 부른다. 사람들이 새것만 찾는 시대에 샹산 캠퍼스에서 이러한 옛 건축자재를 다시 이용한 것은 나름대로 의미 있는 일이라 할 만하다.

샹산캠퍼스에서 나는 또 간소함에서 심지어 빈곤함에 이르는 미학을 제창했다. 이는 더욱 소박한 상태로 회귀하려는 시도다. 본래 중국미술대학교가 구산孤山에 있을 때도 거대한 건물을 지어 자신의 존재를 표현하지 않고, 산수 가운데 융화되어 있었다. 아주 중요한 심미적 태도다. 이 또한 사회의 전체적 경향과 관련이 있다. 현대의 도시는 사치스러운 가치관을 길잡이로 삼고 있으므로 나는 미학적인 면에서 또 다른 목소리가 있어야 한다고 느꼈다.

한 지역의 생활에는 자체의 정신이 담겨 있고, 사상도 있으며 몽상도 포함되어 있다. 중국 건축은 중국 문화를 직접 표현한다. 책을 읽은 적이 없어서 유가 경전에 담긴 이론을 이해하지 못하는 사람도 전통가옥에서 거주하게 되면, 그가 설령 맹인이라도 손과 발로 그곳의 건물을 한 번 더듬기만 해도 천지 가운데서 생활에 필요한 기본 예절을 알 수 있게 된다. 그러나 지금 우리의 생활은 기본적으로 상상 속 서구생활을 바탕으로 삼고 있다. 때문에 생활에 변화가 생기자 기본 관념에도 변화가 생겼으며 더 나아가 5000년 문화도 공염불이 되고 말았다. 거의 모든 사람이 입으로는 중국 전통을 외치지만 마음속으로 짝사랑하는 것은 여전히 서구의 문물이다. 이것이 현 중국의 상황이다.

따라서 사람들이 샹산캠퍼스를 이용하는 것은 도전적인 일이므로 사람마다 이용할 것인가, 말 것인가의 문제가 발생한다. 대다수의 사람들은 자신의 감각에 따라 이용하겠지만 일부 사람들은 이용하기에 편리하지 않다고 느낄 수도 있다. 건축에 관념적인 의도를 자각적으로 포함시켜 인간의 의식과 인간의 입장을 테스트하는 동시에 인간의 의식을 추동하여 자각으로 나아가게 만들 수도 있다. 계단을 예로 들어보면 평소에 우리는 계단의 존재에 주의하지 않는다. 샹산캠퍼스에는 상하 층을 연결하는 서로 다른 높이의 계단이 있다. 이를 보고 우리는 갑자기 계단과 발의 존재를 발견한다. 광선도 마찬가지다. 사람들은 모두 현대건축의 밝은 창에 익숙하다. 그러나 나는 중국 전통건축의 광선을 '깊은 사색형'이라 부른다. 그것은 현대건축의 광선보다는 어둡다. 어두운 광선은 사람을 생각에 잠기게 하는데 그것이 바로 '사상의 광선'이다. 샹산캠퍼스에는 또 다양한 설비가 포함되어 있어서 우리가 평소에 전혀 주의를 기울이지 않던 사물을 찾아볼 수 있다.

오늘날의 건축사는 문화단절시대에 살고 있다. 전통 건축은 문인과 공장 工匠의 결합으로 이루어지지만 오늘날의 중국 건축사는 기본적으로 문인과 무관하게 활동한다. 건축설계는 기술과 서비스를 겸하고 있어서 강렬한 공리적 색채를 띠고 있다. 이제는 전통 건축을 사람들이 더 이상 이용하지 않게 되어, 모든 건축 기능에도 변화가 생겼다. 2001년 독일에서 개최된 전시회에 참가한 적이 있다. 당시에 한 독일인이 내게 말했다. "중국 건축사와 유럽 건축가의 설계 수준이 대등하리라고는 생각지도 못했습니다. 그러나 왜 중국 건축 속의 원형이 모두 우리 서양의 것입니까?" 이것은 아주 거대한 문제다. 이 때문에 나는 샹산캠퍼스가 보여 주는 한 가지 큰 의미가 건축의 기본 유형과 건축 기반에 새로운 정의를 내린 데 있다고 생각한다. 나는 이 점을 둘러싸고 지속적인 토론이 있기를 희망한다.

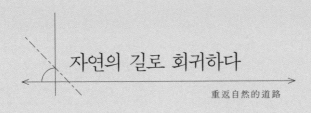

자연의 길로 회귀하다

重返自然的道路

내가 탄둔(譚盾, 1957~) 선생님의 음악을 들은 것은 아마 1985년부터일 것입니다. 이 때문에 탄둔 선생님은 35년 전부터 나의 기억 속에 존재했습니다. 나는 탄둔 선생님과 어느 날 우연히 만나는 상상을 하곤 했는데 오늘 드디어 그 일이 실현되었습니다.

오늘 내 이야기의 제목은 '자연의 길로 회귀하다'입니다. 이 제목은 탄둔 선생님과 어느 정도 관계가 있습니다. 왜냐하면 1985년은 기본적으로 내가 이 길을 걷기 시작한 기점이기 때문입니다. 당시 나는 아직 대학원생이었습니다. 그때 아마 탄둔 선생님이 처음 발표한 음악 테이프를 샀던 것 같습니다. 저녁에 기숙사에서 반복해서 들었습니다. 기억하건대 그날은 겨울이었고 밖에는 찬바람이 몰아쳤습니다. 룸메이트가 내게 물었습니다. "뭘 듣냐? 이것도 음악이냐? 귀신이 울부짖는 소리네!" 나는 그때 학교에서 좀 이단아로 취급받았습니다. 특히 일반 음악과 다른 부류의 음악 듣기를 좋아했습니다. 나는 그들에게 말했습니다. "너희들은 몰라!"

탄둔 선생님이 그때 만든 것이 음악일까요? 당시 많은 사람들이 그렇게 물었습니다. 오히려 나는 그의 음악에서 알 수 없는 감동을 느끼곤 했습니다. 당시에 전위파의 예술 탐색에 대해 들은 적이 있었고 자연과 인류의 본성에서 우러나온 소리도 들었습니다. 일찍이 들은 적은 있지만 이미 많은 부분을 잊어버렸습니다. 이런 소리는 샤머니즘의 주술과 유사합니다. 또 고대 남방 소수민족들이 몸으로 울부짖는 소리, 즉 자연의 소리와 닮았습니다. 이런 소리는 시적인 운치나 회화적인 의미가 담긴 음악과는 다릅니다. 이런 소리는 더욱 본질적이고 깊이가 있습니다. 나는 오늘 이 자리를 빌려 탄둔 선생님께 감사를 드립니다. 왜냐하면 이런 소리는 내게 아주 중요하기 때문입니다. 이런 소리가 나를 자연 회귀의 길로 이끌었고, 그쪽 방향으로 길을 찾도록 내게 많은 도움을 주었습니다.

'자연의 길로 회귀하다'라는 제목을 언급하자 많은 사람들이 중국 문화는 자연을 열렬히 사랑하고, 중국인도 자연이 무엇인지 잘 안다고 인식합니다. 나는 그렇지 않다고 생각합니다.

건축사로서 나는 좀 기괴한 사람입니다. 2012년에 '건축계의 노벨상'이라 불리는 프리츠커상을 받았습니다. 이 일은 중국 건축계를 뒤흔들었습니다. 왜냐하면 당시에 소수의 사람들만 나를 알고 있었기 때문입니다. 심지어 "왕수가 누구야?"라고 묻는 사람이 더 많았습니다.

동서양의 건축은 본질적으로 다릅니다. 한 독일의 유명한 건축가는 서구 건축의 4대 주요 원소를 지붕·울타리·토대·화당[1]으로 총괄했습니다. 이 원

---

1 화당(火塘): 실내 바닥을 파거나 화덕을 설치하고 그곳에 불을 피워 난방이나 취사를 하는 시설.

리에 의거하여 중국 건축을 묘사할 수 있겠습니까? 중국 건축은 앞의 세 가지 요소는 같지만 그 핵심은 화당이 아니라 물이라고 나는 생각합니다. 중국 건축의 핵심이 물일 뿐 아니라 중국 도시의 핵심도 물입니다.

나는 항저우에서 살고 있습니다. 항저우의 도시 중심은 물입니다. 물은 텅 비어 있으므로 건축의 중심이 없습니다. 건축물은 물을 둘러싸고 배치되어 있습니다. 물 한가운데에 서면 집들조차 분명하게 보이지 않습니다. 집은 어디에 있습니까? 중국인은 자연이 건축보다 더 아름답다고 인식합니다. 이 때문에 건축물은 모두 자연 속에 융합됩니다. 중국인이 자연을 좋아한다고 말할 수 있다면 그것은 기본적으로 이런 상태를 가리킨다고 봐야 합니다.

현재 항저우는 완전히 변했습니다. 기억하건대 내가 1980년대에 처음 항저우에 왔을 때, 항저우가 내게 준 가장 심각한 인상은 사람들이 끊임없이 시후 호숫가에 고층 빌딩을 짓는다는 사실이었습니다. 매번 고층 빌딩을 지으려 할 때마다 그 소식을 건설부에 고발하는 사람도 생겨났습니다. 이에 당시 항저우에는 고층 빌딩을 지을 수 없다는 당국의 목소리가 전해졌음에 틀림없습니다. 이 같은 도박을 거쳐 결국 1988년 50미터에 달하는 최초의 고층 건물이 시후 가에 세워졌습니다. 계율이 깨지자 그때부터는 더 이상 수습할 수 없는 경지로 치달았습니다. 항저우뿐이 아닙니다. 당시 전국의 수많은 도시가 철거되었고, 철거된 후 재건되었습니다. 최후의 결과가 바로 지금과 같은 모습입니다. 이런 꼴도 항저우라 할 수 있겠습니까? 남송 때의 그림과 비교하면 이곳은 항저우 같지 않고 미국의 도시와 훨씬 닮았습니다.

나는 늘 우리가 현재 이야기하는 동서 문화의 충돌이 사실 하나의 가설일 뿐 진정한 실체가 없다고 말합니다. 그 실체는 바로 우리가 스스로 전통을 좋지 않은 것, 나쁜 것으로 인정한 것입니다. 이른바 '가치 없는 것들'을 마음대로 철거하고 고층 빌딩을 짓는 행위는 사람을 곤혹스럽게 만듭니다. 시후는 중국인의 마음속에서 줄곧 신성한 곳으로 인식되어 왔습니다. 이 호수는 중국의 도시 건축문화의 가장 기본적인 내용, 즉 자연과 함께한다는 인식을 대표합니다.

지난 세기 1990년대에 이른바 전문가란 사람들이 미치광이의 발상과 같은 건의를 한 적이 있습니다. "시후를 평평하게 메우고 그곳에 전부 집을 짓자. 그럼 도시 중심이 얼마나 넓어지겠는가?" 시후 위에 큰 다리를 설치하여 호수를 건너자고 제안하기도 했습니다. 모두 '저명한 전문가들'의 머리에서 나온 생각입니다. 내가 1990년대 초 직업 건축사로서의 생애를 멈추고, 이른바 나의 작업을 포기한 이유가 바로 이 때문입니다. 나는 나의 길을 멈췄습니다. 더 이상 그렇게 할 수 없었기 때문입니다.

지난 세기 1980년대에서 온 우리는 아주 강렬한 탐구심을 갖고 있습니다. 그것이 바로 이른바 전위 의식입니다. 우리는 창끝으로 전통을 겨눴습니다. 당시 사람들의 입에 오르내린 전통은 진정으로 살아 있는 중국 전통이 결코 아니었고, 진부하고 폐쇄적이고 죽어가는 전통이었습니다. 우리는 우리가 추구하는 현대적이고 전위적인 것을 지극히 중요하게 여겼습니다. 그런데 당시 중국 전통은 어디에 있었습니까? 우리는 결국 중국인입니다. 우리의 목적은 결코 중국을 또 다른 미국으로 만드는 것이 아닙니다. 나는 멈췄습니다. 시후가에서 아무 일도 하지 않고 산수만을 즐겼습니다. 나는 사색 중이었습니다. 자연에 더욱 가까운 길을 가고 싶었기 때문입니다. 그 길은 우리가 가고 싶다고 해서 쉽게 갈 수 있는 길이 아닙니다.

나에게는 줄곧 곤혹스럽게 느끼면서도 해결하지 못한 문제가 하나 있습니다. 그것은 바로 중국 도시에서 흔히 볼 수 있는 장면입니다. 이른바 '가치 없는 것들'을 마음대로 철거한 후 그곳의 땅값이 너무 비싸서 결국 고층 빌딩을 지을 수밖에 없다는 논리입니다. 이런 장면을 만나면 참으로 참담합니다. 나는 이 장면이 20세기 인류 역사의 가장 참담한 광경 중 하나라고 생각합니다. 5000년의 역사와 문화를 보유한 국가가 자기 손으로 직접 자신의 전통 건축을 철거하고 있습니다. 더욱 우울한 것은 이에 대한 분노의 목소리를 거의 들을 수 없고 반대의 목소리조차 들을 수 없다는 점입니다. 극소수의 사람만이 이에 대해 통절한 마음을 표시합니다. 하지만 그들의 역량만으로는 이런 일을 저지할 수 없습니다.

오늘날 중국에서 조금 큰 도시라 할 수 있는 현급縣級 이상의 도시에는 문화가 모두 죽었습니다. 이 느낌을 솔직하게 말할 수 있습니다. 탄둔 선생님은 '활성화'해야 한다고 말씀하십니다. 그분의 말씀은 잠시 잠자고 있는 원림을 활성화하자는 것입니다. 나는 우리 앞에 더욱 어렵고도 거대한 임무가 가로놓여 있다고 느낍니다. 기본적으로 문화가 죽었는데 어떻게 그것을 '활성화'할 수 있겠습니까? 여러분은 전통을 회복할 수 있겠습니까?

우리 건축계의 적지 않은 사람들이 늘 다음과 같은 말을 합니다. "우리는 전문가일 뿐이다. 사업주가 우리에게 시키는 일과 사회가 우리에게 시키는 일을 우리는 좋은 기술로 봉사하면 된다." 만약 전체 중국 건축계가 모두 이와 같다면 나는 차라리 영원히 '아마추어' 건축사로 남을 것입니다. 내가 줄곧 주장해 온 것은 이러한 외부 요소에 우리가 어찌할 수 없음을 느끼지만 그럼에도 우리는 우리의 내부 논리를 장악하여 우리 스스로 무엇을 해야 하고 무엇을 하지 말아야 하는지 결정해야 한다는 것입니다.

진정으로 참된 생활과 자연 속을 거닐어야만 우리의 전통이 도대체 무엇을 의미하는지 점차 깨달을 수 있습니다. 나는 줄곧 자연스럽게 우리가 상상하는 전통으로 회귀할 수 있는 길을 찾아왔습니다. 이 때문에 나는 늘 "사상은 경계 넘기를 필요로 하고, 당신은 사상을 전환할 필요가 있다"라고 말합니다.

린위탕[2] 선생의 글 한 편을 기억합니다. 물론 그 글은 비판적인 색채가 농후합니다. 서양에 유학한 이후 그는 "중국이 전 세계에서 가장 느림보 국가이고, 중국인은 전 세계에서 가장 느린 사람들"이라고 말했습니다. 이 때문에 그는 매우 조급하게 중국의 분발을 희망했습니다.

현재 우리는 이미 분발에 성공해서 전 세계에서 가장 빠른 국가가 되었고, 전 세계에서 거의 가장 빠른 사람들이 되었습니다. 그런데 우리는 무엇을 잃어버렸을까요? 나의 철학은 더 빠른 속도를 추구하는 게 아닙니다. 내가 지금까지 내 일을 견지할 수 있었던 까닭은 하나의 신념 때문입니다. 나는 이 세계에 오직 이 하나의 세계만 존재한다고 믿지 않습니다. 틀림없이 서로 다른 세계가 동시에 존재할 것입니다. 나는 또 이 세계에 한 가지 시간만 존재한다고 믿지 않습니다. 서로 다른 시간이 동시에 존재할 것입니다. 그래야만 매력적인 세계라 할 수 있습니다.

나의 철학은 1세기 전의 중국 철학과 유사합니다. 내가 평소에 느끼는 가장 큰 흥미는 시골에서 진실한 어떤 것을 찾는 일입니다. 도시에는 이미 내가 찾는 것이 기본적으로 모두 사라졌기 때문입니다. 중국 문화는 아주 쉽게 어떤 기호, 즉 어떤 추상적인 기호로 변했습니다. 예를 들어 대형 개막식은 열기로 넘치지만 내용은 가짜인 경우가 많습니다. 그럼 진짜는 어디에 있습니까? 이 부분에 나는 진정으로 흥미를 느낍니다. 이것은 단순한 동서 문화의

---

2 린위탕(林語堂, 1895~1976): 중국의 작가. 미국 하버드대학교와 독일 예나대학교, 라이프치히대학교에서 공부했다. 나중에 장제스蔣介石 정권을 따라 타이완으로 이주했다. 다양한 분야에 저작을 남겼으며, 대표작으로 수필집 『인생의 향연人生的盛宴』 『생활의 발견』 등이 있다.

충돌을 뛰어넘고, 이른바 전통과 현대를 뛰어넘습니다. 이것은 진정으로 자연이라고 칭할 수 있는 것입니다.

나는 2000년에 항저우공원에서 열린 〈국제 조소雕塑〉전에 참가했습니다. 하나의 작품을 만들어 다음과 같은 문제를 토론했습니다. "수공手工 건축이 오늘날 가치가 있을까?" 사실 우리가 중국의 전통적 건축이 자연스럽다고 말하는 중요한 이유는 수공 기술로 지어졌기 때문입니다. 그러나 대다수의 사람들은 수공 건축과 오늘날 현대화된 기계식 건축을 대립시킨 후, 수공 건축은 낙후된 것이고 전통적인 것이라고 단순화해서 말합니다. 나는 이런 논법에 동의하지 않습니다. 이것이 나의 신념입니다. 수공 건축을 잃어서는 안 됩니다. 그것은 오늘날에도 자신만의 가치를 지니고 있습니다.

우리 대학교육은 거의 수공 건축을 가르치지 않습니다. 그러나 수공 건축을 이해하지 못하고 어떻게 중국 전통을 이해할 수 있으며, 특히 중국의 전통 건축을 이해할 수 있겠습니까? 중국의 전통 건축에는 건축사도 없고 건축역사 저작, 건축이론 저작도 없고, 건축설계 교과서도 없습니다. 아무것도 없는데 어떻게 존재해 왔습니까? 그것은 살아 있는 장인 시스템 속에 존재했고, 손으로 직접 제작해 온 경험 속에 존재했습니다. 직접 참여해 보지 않고 직접 만들어보지 않고 어떻게 전통을 알 수 있겠습니까? 우리가 만약 말끝마다 전통을 말하고 자연을 이야기하는 건축사가 있다 해도 그가 근본적으로 직접 건물을 짓지 않으면 그 전통은 틀림없이 가짜이고 단지 하나의 기호에 불과합니다.

내 입장에서도 직접 내 손으로 제작하는 것이 가장 중요합니다. 물론 나한 사람만 참여하는 것이 아니라 기술자, 그리고 아내와 함께합니다. 항저우공원에 작품을 제출할 당시 아내는 임신 중이었는데, 땅을 다지다가 자칫 아이를 잃을 뻔했습니다. 내 생각은 아주 단순합니다. 즉 흙으로 무엇인가를 만드는 것입니다. 그것이 어디에서 온 것이겠습니까? 모든 조소 작품은 녹슨 쇠가 아니고 돌이 아니고 동이 아닙니다. 모두 시멘트나 흙을 바탕으로 하고 있습니다. 나도 이 바탕을 이용하여 내 작품을 만들었습니다. 공원은 사람들이 휴식하는 장소입니다. 내 작품이 그곳을 오염시키거나 파괴해서는 안 됩니다. 내 작품은 진흙에서 왔고 마지막에는 다시 땅으로 돌아갑니다. 이것이 나의 기본적인 생각입니다. 그 조소 전시가 끝난 후에도 모든 조소 작품은 여전히 그곳에 남아 있었습니다. 그러나 흙으로 만든 내 작품은 3개월 후에 철거되었습니다. 철거 이유는 그 작품이 환경을 파괴할 수 있기 때문이었습니다.

여기에서 드러난 기본 정보는 무엇입니까? 사실 전통은 우리가 돌아가고 싶다고 해서 돌아갈 수 있는 그 무엇이 아닙니다. 오늘날 우리는 전통적인 문물의 복제품을 가짜 골동품이라고 합니다. 그것은 아무 의미가 없습니다. 오늘날 우리의 생활과 아무 관계도 없습니다. 이 때문에 전통은 가장 되돌리기 어렵습니다. 현대적인 것은 만들기가 아주 쉽습니다. 미친 듯한 현대적 문물도 만들기 쉽습니다. 많은 사람들은 이런 것을 창조적이며 새롭다고 말합니다. 그러나 그 속에는 기본적으로 창조적이며 새로운 것이 아무것도 없습니다. 이런 현상은 전 세계에 널리 존재합니다. 현대화가 이 지경으로 치달은 후에야 사람들은 생활 속의 진실한 내용이 중요하다는 것을 발견했습니다. 우리가 겪은 과거는 우리의 생활사에서 매우 중요합니다. 이런 것들을 오늘날 다시 살려낼 수 없을까요? 이러한 것들이야말로 창조적이고 새롭게 살려낼 필요가 있습니다. 창조적이고 새로운 것 없이는 다시 살려낼 수 없습니다.

2006년 중국은 베네치아비엔날레에 참가하기로 결정했습니다. 처음으로 큐레이터를 채용해서 말입니다. 나는 아홉 명으로 구성된 팀을 이끌고 현장으로 갔습니다. 기술자 세 명과 건축사 세 명, 그리고 아내, 제자 한 명을 데리고 말입니다. 우리에게 주어진 시간은 15일이었지만 마침내 13일 만에 전시물을 완공했습니다.

당시에 나는 줄곧 몇 가지 문제를 생각했습니다. 무엇이 중국 건축사인가? 중국 건축사가 전통에서 계승한 것이 있다면 이 작품을 통해 어떻게 중국을 세계에 드러낼 것인가? 기억하건대 내가 처음 작업을 시작할 때 이탈리아인들은 우리가 그렇게 짧은 기간에 전시물을 완공할 수 있으리라고는 믿지 못했습니다. 우리가 일주일의 시간을 들여 전시물을 어느 정도 만들어내자 그곳 경비원들이 모두 엄지손가락을 치켜세우며 우리에게 경의를 표했습니다. 우리는 6만 매의 기와를 하나하나 깔았습니다. 정말 불가사의한 공사였습니다. 당시 그 과정은 영감이라 말할 수 없고 사실은 완전한 육체노동이었습니다. 내 발에는 물집이 네 겹 생겼습니다. 한 겹이 터지면 다시 한 겹이 생겨나곤 했습니다.

우리는 항상 예술·미학·자연에 대해 이야기하기를 좋아합니다. 그러나 자연의 그 무엇을 접촉하려면 힘든 노동을 해야 합니다. 힘든 노동을 한 이후에야 소박한 정감을 느낄 수 있습니다. 소박함은 특별한 힘입니다. 중국 철학과 예술의 위대함은 우리가 아주 일찍부터 소박함에 가장 큰 힘이 있다는 걸 의식한 데 있습니다. 노자와 장자 모두 그것을 이야기했습니다. 우리가 말하는 자연은 사실 소박한 그 무엇입니다.

당시 최후로 만들어낸 작품에 나 자신조차 감동했습니다. 그것은 이미 건축이 아니라 한 마리 동물처럼 느껴졌기 때문입니다. 그것은 베네치아의 정원에서 호흡하며 엎드리기도 하고 서기도 하는 듯했습니다. 그것은 이미 우리가 일반적인 의미로 부르는 건축물이 아니었습니다. 베네치아의 큐레이터는 우리의 작품을 보고 감동했습니다. 그러나 그의 이해는 우리와 완전히 달랐습니다. 그는 그 작품이 베네치아를 위해 제작된 것이어서 베네치아의 바다에 베네치아의 건축과 하늘이 거꾸로 비친 듯하다고 말했습니다. 우리는 똑같은 물건이라도 서양인들은 완전히 상이하게 이해한다는 사실을 간파할 수 있습니다. 우리는 그 다면성을 보았습니다. 그것은 결코 단순한 상이함이 아니었습니다.

많은 중국 관객들도 베네치아비엔날레를 찾아 중국관이 어디 있는지 물었습니다. 사람들이 여기가 바로 중국관이라고 대답하자, 그들은 "아! 그렇군요"라고 말하며 건성으로 바라보고는 머리를 숙이고 바로 그곳을 떠났습니다. 그러나 세계 다른 나라에서 온 다수의 사람들은 중국관을 본 후에 감동을 느낀 나머지 그곳에 웅크리고 앉아 발길을 돌리지 못했습니다. 한 시간, 두 시간을 그렇게 머물러 있었습니다. 한 차례, 두 차례 계속 보러 왔습니다. 처음에는 혼자 왔다가 나중에는 가족들을 데리고 왔습니다. 나는 이것이 단순한 동서 문화의 차이 문제나 단순한 전통과 현대화의 문제가 아니라고 느꼈습니다. 현대화로 나아가는 발전 과정에서 우리는 아마도 중요한 어떤 것들을 잃어버린 듯합니다.

나는 남송 시대 그림 두 폭으로 무엇이 인간과 자연의 융합인지 말하고자 합니다. 한 폭에는 승려 한 사람이 나무 아래 잠들어 있습니다. 다른 한 폭에는 오리 한 마리가 그 나무 아래에 함께 있습니다. 시간에 따른 느낌은 거의 없습니다. 인간과 오리는 가까이서 자유로운 상태로 잠을 잡니다. 우리가 인간과 자연의 관계에 대해 말하고자 한다면 이것이 바로 중국인이 전달하려는 뜻입니다.

나는 중국 문화에서 찾아볼 수 있는 특히 재미있는 감각이 바로 우리가 형이상形而上이라고 부르는 풍경과 모종의 형이상학적 현상[3] 및 상상이 함께한다는 점입니다. 우리는 항상 이 두 가지를 하나의 사물에 동시에 실현합니다. 나는 이 점이야말로 중국 문화가 도달한 가장 고명高明한 지점이라고 생각합니다.

『천자문千字文』에는 다음과 같은 구절이 있습니다. "휑한 골짜기에 소리가 전해지고, 텅 빈 대청에도 메아리가 울린다空谷傳聲, 虛堂習聽." 중국 건축의 기본 개념은 온전한 실체實體가 아니라 텅 빈 허체虛體입니다. 나는 건축을 산처럼 만듭니다. 건축에서 가장 중요한 점은 내면에 무엇인가를 숨기는 것입니다. 앞으로 다가가야 발견할 수 있습니다. 그 입구는 매우 좁지만 그 속은 산처럼 넓습니다. 구체적 입면은 거의 없으며 텅 빈 공간만 자리 잡고 있습니다. 그 내부는 복잡합니다. 탐방하러 온 외국 건축가들은 그 복잡함에 대해 이렇게 묻습니다. "어떻게 만들었습니까?" 그것은 실제로 너무 복잡합니다. 이처럼 풍부한 다양성을 인간이 조직하여 만들었다고 그들은 생각하지 못합니다.

사실 중국 문화의 대단함이란 자연으로 충만한 다양성을 보존하고 있다는 점입니다. 그러나 서양인들은 '수학적 두뇌'와 '기하학적 두뇌'에 입각하여 이러한 다양성을 함께 조직해 내는 것이 불가능하다고 여깁니다. 이러한 구조를 나는 반복적으로 실험하여 10년이 걸려서야 마침내 결과를 얻었습니다. 이런 풍경을 나는 '형이상'이라 칭합니다. 잠시 굽어볼 때 우리가 목도하는 것은 하나의 건축이 아니라 하나의 세계입니다. 이 점이야말로 수천 년 동안 중국인이 이 세계를 대해 온 시각입니다.

---

3 현상(玄想): 말로 표현하기는 힘든 오묘한 생각.

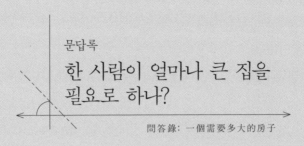

문답록

한 사람이 얼마나 큰 집을 필요로 하나?

問答錄: 一個需要多大的房子

문 당신은 반복해서 '척도'라는 개념을 제기하는데, '척도'는 도대체 무엇을 의미합니까?

답 중국 전통 건축, 원림, 회화(특히 산수화) 가운데서 공통적으로 상호 토론할 수 있는 주제가 바로 '척도'입니다. '척도'에 관한 가장 경전적인 서술은 바로 퉁쥔 선생이 말한 적이 있습니다. 원림 조성의 가장 기본적인 이치는 『부생육기』[1]에서 주인공의 입을 통해 드러났습니다. 그것은 바로 "작은 것 가운데서 큰 것을 보고, 큰 것 가운데서 작은 것을 본다小中見大, 大中見小"라는 여덟 자입니다. 이 '본다見'라는 글자는 일반적으로 눈으로 보는 것, 즉 시각으로 이해됩니다. 그러나 실제로는 중국인의 의식 속에 있는 '척도'에는 시각이라는 개념 외에도 '재다, 측정하다'의 뜻이 있습니다.

---

1 『부생육기(浮生六記)』: 청나라 화가 심복(沈復, 1762~1808)의 자전적 수필. 모두 네 권이 남아 있다. 죽은 아내 진운陳芸에 대한 그리움과 자연에 대한 사랑을 정감 있게 묘사했다.

영어로는 'measure'라는 의미이지요. 그 의미는 눈으로 목도한 것에 그치지 않습니다. 눈은 실제로 손과 비슷하므로 눈으로 보는 것은 이미 손으로 만지는 것이 됩니다. 이를 통해 사물의 크기, 강도, 굵기, 매끈함, 깊이 등을 체험할 수 있습니다. 이런 과정에서 그 내면에서 의식적인 투사가 이루어집니다. 이것을 '본다見'라고 칭합니다. 이 때문에 나는 항상 눈을 사용해야 한다고 말합니다. 이 눈이 바로 '본다'입니다.

이 과정에서 재미있는 것은 우리가 '인간이 세계 속에 존재한다'와 같은 주제를 의식한다는 점입니다. 이것은 매우 중국적인 방식인데, 인간과 세계를 분리하지 않습니다. 인간은 마치 특수한 동물처럼 세계를 관찰합니다. 우리가 '인간이 세계 속에 존재한다'고 의식하면, 큰 것과 작은 것 사이의 관계를 일정하게 고려하게 됩니다. 이것은 어떤 물건에 관한 단순한 크고 작음이 아니라 대소에 관한 이야기 혹은 서사입니다.

따라서 "작은 것 가운데서 큰 것을 보고, 큰 것 가운데서 작은 것을 본다"는 것은 척도이기도 하고 척도에 관한 이야기이기도 합니다.

사람들은 척도를 언급할 때 그것을 단순히 숫자로만 이해합니다. 그러나 실제로 중국인들이 토론하는 척도는 지금까지 모두 '척도'에 관한 '척도'였고, '척도'와 '척도'의 뒤얽힘이었습니다. 작은 것과 큰 것이 함께하고, 큰 것이 작은 것으로 변하며, 작은 것이 큰 것으로 변합니다. 작은 것 안에 큰 것이 있고, 큰 것 안에 작은 것이 있습니다. 척도란 이 같은 변증법적 관계입니다.

나는 어느 국학 대가의 말을 기억하고 있습니다. "글을 쓸 때는 큰 구조를 갖춰야 하고 거기에 작은 디테일을 포함시켜야 한다." 큰 것과 작은 것을 한데 버무려 넣을 때 당신은 성공하게 됩니다.

가장 좋은 척도는 바로 "작은 것으로 큰 것을 보는 것입니다." 그것은 소소한 인간이 자신의 몸으로 감지할 수 있는 것으로부터 모든 사물을 측량하는 것입니다. 이것은 인간의 경험에서 벗어나지 않고 인간의 몸에서 시작하여 외부로 척도를 확장해 나가는 것입니다. 이것은 틀림없이 진정한 경험으로 시작하는 것이며 인간의 몸에서 시작하는 것입니다.

만약 개념으로만 출발하여 무엇이 좋은 공간인가를 토론한다면 어떤 사람은 좋은 공간에 대해 콘크리트에 연연하며 반드시 질감이 전혀 없는 콘크리트이어야만 추상적인 공간의 감각을 표현할 수 있다고 여기기도 합니다. 이에 수많은 건축사는 순수한 콘크리트 공간에 열광적으로 미련을 가집니다. 이런 건축물은 오직 눈으로만 볼 수 있을 뿐 심지어 손으로 만지는 것도 불허합니다. 표면은 모두 매끈하여 아무것도 만질 것이 없습니다. 나 같은 사람이 지은 건축물을 보고 어떤 사람은 나를 촉감류의 건축사에 귀속시킵니다. 나는 모든 건축물에 대해서 반드시 접촉을 강조합니다. 나는 당신이 건물에 접촉해 보기를 희망하고 손을 뻗어 만져볼 것을 희망합니다. 이것은 완전히 다른 의식입니다.

문 **"작은 것 가운데서 큰 것을 본다"라는 견해는 원림 속에 어떻게 표현됩니까?**

답 당신이 원림을 만들면 자연 산수를 모방하려 하겠지요. 그런데 결국 그것은 인간이 만든 작은 정원에 불과한데 어떻게 큰 자연을 모방할 수 있겠습니까? 예를 들어 당신이 돌덩이 하나를 이용하여 태산을 모방한다면 겨우 3미터 크기로 어떻게 큰 태산을 그대로 모방할 수 있겠습니까? 이 때문에 중국인들이 원림을 만드는 수법은 시를 쓰는 방법과 유사합니다. 인간의 의식을 어떻게 모종의 수단을 통해 미묘한 순간에 구체화하여 그 작은 돌덩이를 1,000미터가 넘는 높이로 느끼게 하고, 또 그런 의식과 감각을 당신에게 전달할 수 있겠습니까? 이것이 바로 마술입니다. 그러나 당신은 그 속으로 들어가야 이 마술을 감지할 수 있습니다. 이것이 중국 원림에서 가장 훌륭한 점입니다. 이치에 따르면, 마술은 깨뜨릴 수 없지만 중국의 원림은 스스로 자신의 서양화된 경관을 깨뜨립니다. 왜냐하면 당신이 산의 정상에 오르면 스스로 척도감을 느낄 것이기 때문입니다. 당신은 한걸음씩 계단을 올라갈 때마다 계단의 높이는 고정적인데 다 올라가서야 아래에서 본 감각이 정확하지 않다는 사실을 발견합니다. 당신이 태산에 올라갈 때는 아마 수천 개의 계단을 올라가야 하지만 이곳 돌덩이 가산에서는 단지 10여 개 또는 20개 정도를 돌아가면 됩니다. 감각이 깨어지면 당신은 어떻게 하겠습니까?

이 순간에도 나는 여전히 흥미를 느낍니다. 나 이전에는 아무도 한 가지 사례조차 발견하지 못했습니다. 나는 최초로 쑤저우 원림에서 학생들에게 강의할 때 졸정원 원앙관鴛鴦館 곁에서 고립된 가산假山 하나를 가리키며 자세히 살펴보라고 했습니다. 이 가산의 체적은 대체로 3미터×3미터×3미터 정도이며, 서로 교차하지 않는 세 갈래길을 통해 마지막 정상에 도달하고 바닥에 구멍이 하나 있습니다. 이것은 마치 어떤 철학, 지혜, 시를 혼합한 장난감 같습니다. 사람들은 매우 즐거운 마음으로 한 줄기 길을 따라 올라갔다가 다시 다른 길을 따라 내려옵니다. 순환하고 반복하는 모양이 전형적인 도가철학의 순환·왕복 구조와 비슷합니다. 이 산은 마침내 당신으로 하여금 이것이 어쩌면 인생이 아닐까 의식하게 합니다. 또 이 산은 끊임없이 당신을 고통스럽게 하지만 산을 오를 때마다 겪는 경험은 매번 다르고, 각각의 등산로에도 미세한 차이가 있습니다. 몇 차례 올라본 이후에야 당신은 이것이 거의 이 세계의 축소판임을 의식할 수 있을 겁니다. 당신이 이 점을 의식할 때 이 작은 장난감은 우주처럼 커집니다. 그렇습니다. 이것은 거대한 사물입니다. 이 점이 바로 작은 것과 큰 것에 관한 중국인의 토론입니다.

문 도시에서 원림의 이런 정취를 실현할 수 있습니까?

답 완벽하게 가능합니다. 그런데 당신이 원림에 대해 어떤 관점을 갖고 있는지 봐야 합니다. 원림은 소규모 중국식 동호회와 비슷합니다. 지금은 이미 때로는 사적이고 때로는 공적인 문화공간으로 바뀌었습니다. 우리는 그렇게 많은 대형 광장을 수리하면서도 왜 생각을 전환할 수 없을까요? 쑤저우 원림이 우리에게 시사하는 바가 있습니다. 그곳 원림은 실제로 인구도 많고 건축 밀도도 높은 도시에 건설되었습니다. 필요한 공간도 결코 화려하게 꾸미지 않고, 좁은 공간에 많은 것을 구현해 놓았습니다. 따라서 때로는 문화의 구현이 결코 크고 호화로운 공간에서만 이루어지는 것이 아니라는 사실을 알 수 있을 겁니다.

여기에 중요한 점이 또 하나 있습니다. 기후를 고려해서 말하면 하나의 원림은 바로 작은 습지입니다. 원림 조성이 일정한 양에 이르면 그곳 기후를 조절하는 효과도 있습니다. 쑤저우의 기록에 의하면 일찍이 조성된 원림이 400곳을 넘었다고 합니다. 원림은 입체적인 산수화이므로 그림을 건축방식으로 도시 속에 완전히 융합해 넣었다고 할 수 있습니다. 기본적으로 모든 거리마다 여러 곳의 원림이 있습니다. 중요한 명절에만 개방하는 곳도 있고, 사적인 공간으로 남아 있는 곳도 있습니다. 서로 다른 느낌을 주는 원림도 다양하게 존재합니다. 그것은 당신이 도시에서 생활하고 거주하면서 겪은 모든 경험과 완전히 다릅니다.

원림에서 작은 의미라도 찾으려는 행위도 흔히 볼 수 있습니다. 흔히들 쑤저우의 수많은 고가古家의 한 모서리에 나무 한 그루가 심어져 있고, 바위 두 덩이가 놓여 있는 풍경을 볼 수 있을 겁니다. 그런 단순하고 소박한 기법이 모든 도시의 각종 건축물 속에 스며들어 있습니다.

문 **"작은 것으로 큰 것을 본다"라는 정취를 현대에는 벌써 잃어버린 듯합니다.**

답 "작은 것으로 큰 것을 본다"라는 말은 개인의 나약한 성정을 출발점을 삼는 심미 의식입니다. 그것은 역사 속 거대한 주제, 혁명적 주제, 기념할 만한 주제, 막강한 권력 의식이 포함된 주제, 당신에 비해 높고 큰 어떤 것과 관련된 주제를 전제로 삼지 않습니다. "작은 것으로 큰 것을 본다"라는 것은 가볍고 쾌활한 말인지라 기념할 만한 모든 것을 직접 전복하는 효과를 발휘합니다.

현재 도시에 건설된 초대형 건축물이 구현하는 것은 권력과 부富에 관한 전형적인 과시 의식입니다. 어떤 의미에서는 중국 문화의 순환 구조가 퇴보했다고 말할 수도 있습니다. 작은 것과 큰 것에 관한 중국인의 이 같은 토론은 위진魏晉시대부터 시작되었습니다. 위진시대에 와서야 비로소 정밀한 단계로 들어섰으며 개인의 감수성을 핵심으로 하는 토론이 벌어지기 시작했습니다. 그 전에 중국이 거친 진秦과 한漢 왕조는 모두 권력과 부를 핵심으로 하는 시대였습니다. 그 시대에 중국인들은 거대한 건축물을 많이 지었습니다. 누각 하나를 건설하는데 걸핏하면 60장[2]이나 100장 높이를 고수했습니다. 상상해 보십시오. 그 시절 중국 도성에는 고층 건물이 즐비했을 뿐 아니라 그 모든 것이 거대한 척도의 목조 건물이었습니다. "촉산이 우뚝하게 맨머리를 드러내자, 아방궁이 하늘로 치솟아 올랐네蜀山兀, 阿房出"[3]라는 시구가 있습니다. 산의 나무를 모두 베어내어 벌거숭이가 되었습니다. 당신은 이 시구에서 그 시절 열광적인 건축 분위기를 간파할 수 있을 겁니다. 중국은 현재 아마도 진나라와 한나라 시대로 되돌아간 듯합니다.

이는 권력과 부의 정점이지 문화의 정점은 아닙니다.

문 공공 건물뿐 아니라 개인 주택을 보더라도 공간 장식에 대한 요구가 날이 갈수록 사치스러워지는 듯합니다.

답 인간은 늘 그렇습니다. 특히 극한 상황, 극한 위기에 이르지 않으면 문제를 전혀 의식하지 못합니다. 인간이란 동물은 반드시 교훈이 있어야 변화를 생각합니다.

일본도 이와 유사한 단계를 밟았습니다. 1960~70년대 고도성장 시기에 새 주택은 모두 200평(약 661제곱미터) 이상을 요구했습니다. 200평이 되지 않으면 표준에서 벗어났다고 생각했습니다. 오일쇼크를 한 차례 겪고 난 이후에야 사람들의 의식이 바뀌었습니다. 지금 당신이 만약 도쿄 중심에 9평(약 30제곱미터)의 집을 갖고 있다면 스스로 대단하다는 자부심을

---

2 장(丈): 길이 단위의 하나. 1장丈은 10척尺이므로 대략 3.3미터에 해당한다.
3 당나라 두목杜牧의 「아방궁부阿房宮賦」에 나오는 구절.

가질 수 있습니다. 모든 의식이 변하자 사람들은 인간이 그렇게 과분한 삶을 살거나 그렇게 사치스러운 생활을 해서는 안 된다고 생각하게 되었습니다. 스스로 마주하고 있는 전체 환경을 고려하면서도 만약 모두가 그런 사치스러운 표준을 지켜야 한다고 생각한다면 이 세계는 파괴되고 말 겁니다.

이 순간 당신은 노자가 『도덕경道德經』에서 한 말을 떠올릴 수 있을 겁니다. 그 시대에 벌써 중국인은 이런 과도한 생활을 계속 해나가면 문제가 발생할 것이라고 의식했습니다. 인간은 자신에게 도덕적 자율을 요구하기 시작했으며 자신의 물욕에 대해서도 자율을 요구하기 시작했습니다.

문 한 사람은 도대체 얼마나 큰 집을 필요로 합니까?

답 나는 항상 펑지중 선생의 허레이헌으로 비유하곤 합니다. 허레이헌은 크기가 매우 작아서 100~200제곱미터에 불과합니다. 펑지중 선생은 총면적이 수천 제곱미터나 되는 지붕이 있는 큰 구조의 건물을 지을 수 있었지만 중국에는 아주 작은 집을 지었습니다. 당신은 큰 것과 작은 것 사이에서 절제하는 노 선생의 의식을 간파할 수 있을 겁니다. 이외에도 예찬의 「용슬재도」에는 큰 것과 작은 것에 대한 상대적 의식이 구현되어 있습니다. 이 그림에서 인간이 차지한 공간은 사실 작고도 작습니다.

나는 일찍이 타이후방을 설계한 적이 있습니다. 건축면적은 6미터×6미터였고 전체 3층 건물에 100제곱미터 정도의 크기였습니다. 이것이 바로 한 가족을 위한 구조입니다. 여기에는 중국 문화의 그림자와 문인의 격조가 담겨 있습니다. 크기는 작지만 아주 호화로운 주택이라 할 수 있습니다. 정자와 누각까지 갖추고 있기 때문입니다.

당신이 만약 일본을 방문해 위생도구를 판매하는 상점에 가보았다면, 그들이 다방면에 걸쳐 세밀한 연구를 했음을 발견할 수 있을 겁니다. 세면대 하나의 폭이 15센티미터, 길이 40센티미터에 불과하고, 화장실 전체 최소 공간은 폭 80센티미터에 길이 120센티미터에 불과합니다. 그들은 인간이 사용할 수 있는 공간을 어느 정도까지 줄일 수 있는지 연구했습니다. 생존을 위한 스트레스가 사람을 이렇게까지 하지 않을 수 없게 만들었습니다. 그러나 사람들은 평온한 마음으로 받아들일 수 있습니다. 그것은 틀림없이 자신의 의식으로 받아들인 결과일 것입니다. 이런 과정에서 인간이 모종의 도덕적 반성을 수행한 것입니다.

문 사치 이외에도 우리는 빛나고 가지런한 것을 좋아합니다.

답 이틀 전 나는 리스본에 있었습니다. 당신은 심지어 리스본이 좀 퇴락한 도시라고 말할 수도 있습니다. 어수선한 곳이 많아서 중국의 수많은 도시에 비해 비교적 쇠퇴한 곳으로 느껴지겠지만 또 그곳이 매우 인간미가 넘치는 곳이라고도 느낄 수도 있을 겁니다. 이런 느낌에는 일종의 의식이 작용합니다. 인간에게 의미 있는 모든 것이 탄생하고, 보호되고, 아직 남아 있다는 의식 말입니다. 중국의 수많은 도시는 진짜가 아니라 가짜인 듯합니다. 모든 시간의 흔적은 사라졌고, 역사의 흔적도 사라졌습니다. 모든 인간이 기괴하게 습관적으로 범한 오류의 흔적을 하나도 찾을 수 없게 되었습니다. 전부가 진실하지 않은, 인공으로 만든, 가짜 환경입니다. 매우 두렵습니다. 이 때문에 지금 우리의 생활은 인류 역사에서 가장 공포스러운 환경에 처해 있다고도 말할 수 있습니다.

문 당신은 남송 황제의 거둥길을 만들 때 원래 존재했던 생활의 흔적을 남겨 두어야 한다고 강조했습니다.

답 당시 나는 항저우시 건설위원회 서기를 설득했는데, 뜻밖에도 그가 내 말을 받아들였습니다. 나는 아직도 다른 사람에게 성공적으로 영향을 끼칠 수 있다고 생각했습니다. 당시에 그는 이렇게 말했습니다.

"훌륭한 감각입니다. 왕 선생님의 조사에 따르겠습니다. 심지어 규정을 위반한 건축이라도 보호해야 할 것은 보호하겠습니다."

오늘날 규정을 위반한 건축을 보호한다는 발상은 거의 실현할 수 없습니다. 사실 규정을 위반한 건축은 도시에서 중요한 역할을 합니다. 관점을 바꿔서 문제를 바라봐야 합니다. 당신이 만든 건축이 규정에 맞지 않을 경우, 규정을 위반한 건축은 인간의 실제 수요를 표현합니다. 전문가가 아닌 사람은 건축을 일종의 생존활동으로 삼아 직접 건축 행위에 참여합니다. 이 지점은 인성의 빛이 반짝이는 부분입니다. 이런 다수의 건축물은 매우 큰 의미가 있으므로 보존할 만한 가치가 있습니다. 게다가 이런 점은 중국의 도시에서 가장 부족한 부분입니다. 역사가 이미 사라졌으므로 우리는 최소한 인간의 흔적이라도 남겨놓아야 합니다.

인간은 교화된 동물이며 의식이 있는 동물입니다. 나는 이런 말을 한 적이 있습니다.

"당신의 머리에서 역사적이고 문화적인 모든 것, 시간과 관련된 모든 것을 불필요한 것으로 간주하여 청소하는 데는 50년이면 충분합니다. 중국인이 자신이 중국인임을 망각하면 중국 문화는 그림자조차 찾아볼 수 없게 될 것입니다."

따라서 문화는 저절로 그곳에 있는 것이 아닙니다. 문화는 지극히 나약하므로 한 세대, 한 세대 반복해서 노력하여 양성하고, 보호하고, 다시 전승해야 합니다.

* 이 글은 저자와 편집자가 2016년 6월에 나눈 한 차례 대담을 정리한 것이다.

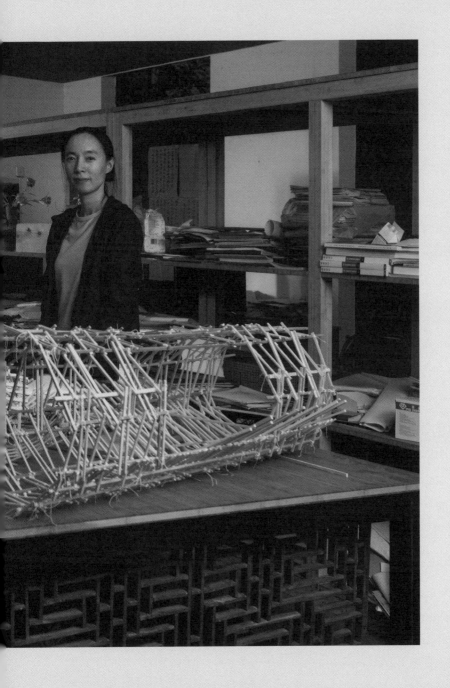

그날

那一天

그날 나는 닝보로 가는 열차이거나 아니면 항저우로 돌아오는 열차에서 옛날 민가를 보았다. 푸른 기와에 하얀 벽으로 된 단층집이었다. 뒷간 형식으로 볼 때 단칸집이 분명했다. 나는 처음으로 단칸 민가의 척도가 그렇게 작다는 걸 의식했다. 열차의 높이가 수평 시야보다 다소 높은 조감식 시선을 제공했다. 이를 통해 기와를 덮은 민가의 곡면 지붕이 크게 드러났지만 처마 끝의 높이는 대략 2미터가 조금 넘어 보였다. 멀지 않은 곳에 고도 20~30미터 정도의 작은 산이 있었다. 나는 산이 그 집의 척도를 결정했다고 의식했다. 그 집은 한 그루 나무처럼 산기슭에 심어져 있었다. 옛날 산수화에서 제멋대로 그려진 듯이 보이는 집과 탑은 그 척도가 진실한 것으로 봐야 한다. 그 집은 벼논 가운데 홀로 자리 잡고 있어서 고독한 느낌을 주었다. 먼 곳에 있는 신식 주택도 소박하기는 했지만 척도는 훨씬 크게 느껴졌다. 척도를 결정하는 것이 이미 산이 아니라 먼 도시의 건축이었다. 나는 또 한 번 병존하는 두 세계를 동시에 목도했다. 그들 사이에는 아무런 연계도 없었다.

　　그날 나는 저장성 타이저우시臺州市 루차오구路橋區 강변에서 강 맞은편의
집들을 바라보았다. 집들은 몹시 허름했고 띠처럼 이어져 있었지만 그 가운
데서 "쏴아 하고 귓전을 스쳐가는 세찬 바람소리"●를 들을 수 있었다. 그러나
자세히 살펴보면 건물 하나하나의 경
계선이 명확해서 마치 글자의 음절을
나눠 놓은 것 같았다. 그중에서 나무

● 프랑스 작가 알랭 로브그리예가 1963년에
쓴 「레몽 루셀 작품의 의혹과 투명」 참조. 그
의 비평집 『누보로망을 위하여』(후난미술출판
사)에 실려 있다.

로 만든 입면에서는 나무 계단의 단면까지 드러났고, 그것은 입면에 새겨진
듯 하나의 평면 위에 납작하게 눌려 있었다. 이처럼 철저한 투명성은 나를 빠
져들게 했으며, 나는 강변에서 한참 동안이나 넋을 놓고 바라보았다.

　　그날 학교의 통지를 받고 좐탕으로 부지를 보러 갔다. 스쿨버스에 올라보
니 대학 보직자들과 각과의 중간 간부 30여 명이 와 있었다. 그날 좐탕 스쯔
산獅子山과 샹산 등 네 곳을 보았다. 전형적인 강남땅 시골 마을이라 산은 모
두 높지 않아서 높이가 50미터 안팎이었다. 기억하건대 그날 일은 흡사 집터
의 풍수를 보는 것과 같았다. 사람들이 가장 많이 이야기한 내용은 이 산과
저 산의 기氣가 어떠어떠하다는 것이었다. 집을 지을 때 어떻게 지어야 할 것
인가는 거의 이야기하지 않았다. 오직 산의 기에 맞게 지어야 한다는 것뿐이
었다. 부지는 최종 샹산으로 낙착되었다. 나는 렌더링을 그리는 사람을 데리
고 가서 부지를 둘러보며 말했다. "어떤 산의 이미지를 마음대로 효과도에 따
붙이기 하지 마세요. 반드시 현장을 보고 그려야 합니다." 우리는 현장에서
적지 않은 사진을 찍었다. 나는 가장 먼저 총면적 65만 제곱미터나 되는 크기

에 관심을 기울였다. 규모가 방대한 캠퍼스가 어떻게 저렇게 작은 산과 공존할 수 있을까? 왜냐하면 그 산은 먼저 그곳에 자리 잡고 있기 때문이다. 산은 건축물 남쪽 측면에 존재하는데 캠퍼스의 건축물들은 장차 그 산을 어떻게 대면하면서 서로 무슨 말을 주고받을까? 2년 후에 〈샹산 삼망象山三望〉전을 개최하기 위해 나는 대학원생에게 시켜 당시에 찍은 사진들을 컴퓨터에서 순서대로 이어붙이게 했다. 그 대학원생이 내게 물었다. "이 사진들은 초점과 거리가 들쭉날쭉합니다. 심지어 그 차이가 너무 크고 시각도 갑자기 꺾입니다. 컴퓨터에서 조정하거나 다시 순서를 배열해야 하지 않을까요?" 나는 그럴 필요가 없다고 했다. 결과적으로 나는 좀 놀랐다. 컴퓨터 모니터에 나온 사진과 완공 후의 건물에서 산을 본 경험이 그처럼 유사했기 때문이다. 깊은 사색에 잠긴 시선이 그 세계를 마주하고 있었다. 고요하고 따뜻했다. 갑자기 꺾이는 시선은 주의력을 분산시키는 듯 보였다. 혹은 건축물을 짓기 전, 심지어 그곳 건축물이 내 머릿속에 아직 출현하기 전에도 나는 이미 건축물 안과 각 건축물 사이에서 산을 보는 것이 장차 어떤 모습일지 알고 있었다고 말할 수도 있다. 하지만 그 모습을 깨달은 것은 2년 이후의 일이다. 또 사진과 산이 마주하는 위치와 각도로부터 그날 내가 걸은 길을 다시 추측할 수도 있다. 나는 동쪽 끝에서 현장으로 들어가서 제방을 따라 걸었다. 산이 동쪽에서 남쪽을 향해 꺾이는 곳은 산세가 가장 험준한데 나는 남쪽을 향해 논둑을 따라 약 40미터를 걷다가 뒤를 돌아보며 사진 한 장을 찍었다. 이어서 서쪽을 향해 가다가 모든 논 가장자리 경계에서 사진을 찍었다. 그리고 큰 양어장 한곳을 한 바퀴 돌아 다시 제방으로 되돌아왔다. 그곳에서 정서正西 방향을 향해 사진을 한 장 찍었다. 또 원래의 지점을 180도 돌아서 다시 한 장을 찍었다. 이외에도 서로 다른 장소에서 사진 여러 장을 찍었다. 그날 걸었던 노선은 틀림없이 이보다 훨씬 복잡할 것이다. 항상 갈림길이 나타나곤 했으니 말이다. 이들 노선과 나중에 캠퍼스가 완공된 후 내가 사람들을 데리고 구경한 노선을 비교하면 아마도 재미있는 결과가 나올 것이다. 한 가지 강조할 점은 카메라가 결코 투명한 도구가 아니라는 것이다. 그것은 눈앞에 드러난 이미지만 찍는 투시 상자에 불과할 뿐이다.

그날 나는 도판 위에 엎드려 있었다. 부지의 총 도면 초안을 마주한 채 연필을 들고 어떻게 시작할 것인지 심사숙고하고 있었다. 그림 위의 벼논은 도랑이 종횡으로 얽혀서 전통 중국 도시, 즉 베이징, 창안長安, 쑤저우의 평면도와 같았다. 상이한 점은 어떤 초자연적인 것도 없었고, 어떤 상징주의적 사물도 그 속에 숨어 있지 않았다는 것이다. 일종의 농작물 재배와 일종의 질서, 어떤 프레임, 시간과 절기를 복제하는 일종의 시스템만 존재했다. 이에 앞서 작성한 설계를 수정하는 범위에서 변경이 이루어졌다.

그날 나는 내가 거주하고 있는 작은 구역 앞거리로 나갔다. 눈앞의 광경이 나를 좀 황홀하게 했다. 나는 카메라로 길가의 집을 찍었다. 중화민국시대의 소박한 주택 한 채였다. 골목에 면하여 배열되었지만 이미 마당은 없었다. 주민들은 거리를 향해 툇간과 같은 구조물을 지었다. 마치 그 집의 본래 모습을 훼손하는 것 같았다. 버섯 모양을 한 툇간 구조는 생활 자체의 수요를 제외하면 어떤 다른 묘사도 할 수 없다. 이런 구조가 누적될수록 이 집은 더욱더 본래 의미의 깊이를 잃게 된다. 혹은 이러한 툇간식 구조 배후에는 어떤 특별한 생각도 없다고 말할 수 있다. 과거 어느 날 나는 이러한 구조의 집을 정면에서 사진을 찍은 적이 있다. 거리에는 겨우 10미터 정도의 공간만 있을 뿐이어서 한 컷씩, 한 컷씩 차례로 찍어나갈 수밖에 없었다. 어떤 투시도 있을 수 없었고 구도도 신경 쓸 수 없었다. 다만 카메라를 이용하여 수평만 맞추고 순수하게 풍경을 묘사했다. 시간이 지나 시청에서 전 도시를 상대로 가로변에 불법으로 지어진 건축물을 철거하는 캠페인을 벌였다. 그러자 이들 집이 다시 본래 모습을 회복했다. 뒷간을 철거한 집은 털이 빠진 암탉처럼 아무 생기도 없었다. 그러나 그날 나는 처음으로 그 집들을 본 것처럼 느꼈다. 왜냐하면 죽었던 모든 것이 다시 나타났기 때문이다. 나는 한 세계의 재생을 직접 목격했다. 게다가 그처럼 신속하면서도 아무런 소리도 들리지 않았다. 사실 그 작은 집들은 다소 변화가 있었지만 그 변화는 완전히 언어 영역에 속한다. 이것과 지난번 저것은 같은 모양의 두 문장과 같아서 미세한 차이만 있을 뿐이다. 또 서로 다른 집 주체 간에 위치만 바꿨을 뿐인데 거리의 생활은 완전히 생기를 되찾았다. 나는 집에서 카메라를 가져와 자전거 수리점이 다시 지어지는 장면을 찍었다. 그곳에서 아저씨 한 분이 벽돌을 쌓아 빨래터를 만들고 있었다. 아랫부분은 물에 씻긴 깨끗한 벽돌이었고, 붉은 벽돌과 검푸른 벽돌을 섞어서 함께 쌓고 있었다. 아저씨는 마치 철학자처럼 핵심 문장 두 곳이 갈라지는 미세한 변화의 중요성을 분명하게 알고 있었다. 소소한 차이와 비틀림이 모든 것을 변화시키기에 충분했다. 그는 특이한 자세로 한 마리 새처럼 그 빨래터 위에 앉아 있었다. 열심히 일하는 모습에서 어떤 광채가 번쩍였다. 그 아저씨 같은 주민이 바로 진정한 도시의 주민이며 나의 스승이다. 그는 집짓기의 목적을 분명하게 알고 있다. 그 목적은 생활 세계의 재생을 위함이다. 이외에는 그 어떤 다른 의미도 표출하려 하지 않는다. 나는 일찍이 '건축'과 '집'의 구별에 대해 이야기한 적이 있다. 나는 건축은 이야기하지 않고 집짓기만 이야기하곤 한다. 그것은 고요하고 따뜻한 세계를 짓기 위해서

일 뿐 아니라 건축 자체를 뛰어넘기 위해서다. 현대건축에서 가장 무능한 점을 꼽으라면 우선 좀 자족적인 작품만 만들다가 늘 진실한 생활 세계로 회귀하는 길을 찾지 못한다는 것이다.

그날은 2002년 설날 전으로 기억한다. 나는 장융허를 만나러 베이징대학교로 갔다. 베이징대학교 서문西門에서 건축학연구센터로 가는 길은 폐지된 청나라 원림이다. 집들은 이미 존재하지 않지만 산수는 아직도 남아 있어서 굽이굽이 원림의 경치가 반복된다. 나는 갑자기 청나라 장인들이 어떻게 원림을 조성했는지 의식하기 시작했다. 그들은 먼저 산과 물을 정리했고 그 후에 집을 배치할 적당한 위치와 고저 향배를 선택했다. 세상에서 오직 중국인만이 이렇게 한다. 인공의 방법을 이용하여 일종의 유사 자연을 만든다. 모종의 상이한 분류법과 지식을 따라서 말이다. 오늘날 살펴보면 이런 방법은 완전히 관념적이다. 집을 짓는 것은 우선 하나의 세계를 짓는 일이다. 이런 생각을 근거로 나는 좐탕캠퍼스의 부지 이용법을 명확하게 설정했다. 그 산기슭의 시냇물, 양어장, 줄풀, 갈대는 모두 그대로 보존하고 원래의 지세에 순응하여 순조로운 변화를 만들어냈다.

그날 나는 갑자기 청등서옥[1]을 보러 사오싱紹興으로 다시 가려고 했다. 내 인상 속에 새겨진 그곳은 내가 지금까지 본 집 중 가장 훌륭한 집이다. 고요한 분위기로 둘러싸인 작은 정원이다. 배치가 좀 제멋대로여서 심지어 나는 그 전체 구조를 분명하게 기억할 수 없다. 틀림없이 무슨 우연한 이유 때문에

---

1 청등서옥(靑藤書屋): 중국 저장성 사오싱에 있는, 명나라의 문학가이자 예술가 서위(徐渭, 1521~93)의 고택. 원림의 특징을 보유한 중국 전통 민가다.

당시에 나는 그곳으로 가지 못했다. 나중에 다시 몇 번 가보려 했지만 역시 가지 못했다. 그러다가 가려는 마음을 접었다. 이에 녹음으로 가려진 그곳 정원은 하나의 몽상으로 바뀌었고, 이제는 마침내 내가 완공한 샹산캠퍼스 안에 그 모습이 숨어 있다.

그날 나와 아내는 자동차를 타고 항저우 메이자우[2]로 가서 농촌식 밥을 먹었다. 도중에 룽징차龍井茶 계단식 밭을 거쳤다. 계단식 밭의 돌도랑은 아주 길었는데, 도로가 아주 가까운 거리에서 돌도랑의 양끝을 사람의 시선 밖으로 초월하게 했다. 내가 아내에게 말했다. "이것이 바로 내가 만들고 싶은 건축 기반이야. 이 돌도랑은 시각을 초월하는 모종의 힘이 있지만 오히려 땅에 흡수되어 가볍게 지평선을 긋고, 한 세계의 한계를 획정하고 있어."

그날 또 아내를 이끌고 샹산캠퍼스 현장으로 갔다. 나는 일군의 건축물이 산에 매우 근접해 있을 때는 산 정상에서 내려다보는 것이 아주 중요하다고 생각한다. 산 정상의 최고 지점에는 원형의 시멘트 수조탑이 있었다. 올라가기가 좀 어려웠지만 올라간 후 눈앞에 펼쳐진 광경은 나의 추측을 인증해 주었다. 나는 이 건축군의 옥상을 비탈 지붕으로 만들겠다고 결정했다. 강남에는 비가 많이 내리므로 기와를 사용해야 하지만 그것을 어떻게 사용할지가 하나의 문제로 떠올랐기 때문이다. 현대 건축사들은 줄곧 비탈 지붕을 두려워하며 상하가 없는 네모꼴 옥상을 만든다. 그러나 나는 중국의 집은 언제나 하늘도 있고 땅도 있는 형태로 지어왔다고 생각한다. 그것은 마치 한 세계에

---

2 메이자우(梅家塢): 항저우 시후풍경구西湖風景區 서쪽에 위치한 전통 차茶 문화촌.

반드시 하늘도 있고 땅도 있는 것과 마찬가지다.

그날 웨이웨이와 나는 건축학과에서 학생들에게 콜라병을 이용하여 집을 짓게 했다. 정오 휴식 시간에는 아무 할 일이 없어서 좀 무료했다. 창밖에는 비가 거세게 내리고 있었다. 나는 류허탑에 올라가 그 탑이 빗속에서 어떤 모습을 하고 있는지 보자고 건의했다. 웨이웨이도 흔쾌히 동의했는데 나는 좀 의외라고 생각했다. 차를 몰고 류허탑으로 가는 도중에 나는 이 탑을 매우 좋아한다고 말했다. 그러자 웨이웨이가 말했다. "퇴락한 탑 아닙니까? 이런 탑은 중국 도처에 있어요. 뭐가 좋다는 거죠?" 비가 많이 내려서 밖에 머물 수 없었다. 우리는 바로 탑 안으로 들어갔다. 류허탑의 체적은 상당히 크고 높이도 60미터에 달한다. 탑이 소재한 산의 형세는 상산과 매우 비슷하다. 그러나 탑 안으로 들어가면 방대한 체적감이 완전히 사라진다. 탑은 매 층이 육각이고 거기에 완전히 동일한 창이 열여덟 개나 달려 있다. 나는 모든 창에서 밖을 향해 사진을 한 장씩 찍었다. 창도 같고 산도 같지만 위치는 달랐다. 나는 이 열여덟 장의 사진을 펼쳐놓는 것이 바로 이 캠퍼스 건축군이 내부에서 청산을 돌아보는 구조를 결정한다고 의식했다. 이는 건물 기반에서, 내부 정원에서, 문동[3]에서, 문칸에서, 집 사이 좁은 틈에서 각각 청산을 돌아보는 구조를 가리킨다. 탑은 산에서 아주 가까운지라 창밖으로 직접 다가오는 것처럼 느껴진다. 나는 총 설계도의 3호동이 산에서 더욱 가깝다고 생각했다. 중국의 산과 건축의 관계는 지금까지의 경관景觀 관계가 아니라 모종의 공존 관계로 존재해 왔다. 우리가 탑을 떠날 때 비는 이미 그쳤고 산 위에서는 산

---

3 문동(門洞): 중국식 주택에서 대문을 거쳐 집 안으로 들어가는 통로. 위에 지붕이 있다.

안개가 피어오르고 있었다. 외부에서 탑을 바라보면 빽빽한 기와지붕이 어두운 탑 색깔을 내리누르고 있다. 처마 끝은 아주 얇은데 재료와 산의 몸체가 호응하여 탑이 마치 절반의 산속에 흡입되어 있는 듯하다. 샹산처럼 안개가 흔한 기후 속에서 탑은 심지어 완전히 모습을 숨기며 아주 가볍게 변하기도 한다. 그 순간 나는 방대한 비탈 지붕 건축에 가능한 입면 건축법을 분명하게 알게 되었다. 그것은 바로 안팎이 서로 스며드는 입면이다. 그리고 이 탑의 가벼움과 은닉성을 보고 나는 샹산캠퍼스가 귀의해야 할 길을 보았다. 나는 웨이웨이에게 마음속으로 생각한 것을 아무것도 말하지 않았다. 나는 웨이웨이가 무슨 생각을 하는지도 묻지 않았다.

그날 하이닝에 사는 화가 친구와 나는 시골 마을의 연로한 한의사의 집을 방문했다. 연로한 한의사는 그곳에서 꽤 명망이 있었고 이미 여든 살이 넘은 고령이었다. 그 집 뜰에 들어서자 분위기가 매우 고요하면서도 소박했다. 회랑이 하나 있는 남향 단층집에 비탈 지붕을 하고 있었다. 그 집은 동서 방향이 길었고, 북쪽에서 남쪽을 바라보고 있었다. 실내로 들어서자 광선은 밝지 않았지만 청명한 느낌이었고 공기가 잘 통했다. 실내에서 남쪽으로 좁고 긴 뜰을 바라보니 밝은 기운이 눈을 찌를 정도였다. 집 안팎의 이런 광선 차이는 강남의 민가와 원림에 모두 존재한다. 나는 이런 실내의 은은한 빛을 '유幽'라고 부른다. 창틀은 고의로 실내의 광도를 눌러서 어둡게 하는 것처럼 보인다. 이것이 바로 중국의 집 창호가 갖는 의미인데 현대건축의 창문과 다르다. 현대건축의 창문은 모종의 위생 기준에 의거하여 광도를 제공하기 위해 존재한다. 그러나 전통 창호는 실내에서 실외를 바라보게 한다. 이것이야말로 진정한 창호이며, 세계를 바라보는 고요한 태도와 현묘한 분위기를 표현한다. 집

밖으로 나가자 남쪽 뒷간에 밝은 햇빛이 비치고 있어서 매우 쾌적하게 느껴졌다. 나는 바로 좐탕캠퍼스의 강의동에도 태양이 비치는 뒷간 같은 회랑 몇 세트를 만들고 창문으로 비쳐드는 광선을 어떻게 통제할 것인가를 생각했다. 회화실에는 고른 북광北光이 필요하므로 남향의 회랑을 하나 만들면 통풍이 아주 잘될 것이다. 회랑 연도沿道에는 완전히 열 수 있는 삼나무 창문을 단다. 강의동 안쪽 뜰의 가장 높은 곳은 4층인데 창문을 닫으면 뜰 내부가 깨끗해서 놀라운 단순성까지 느껴질 터이다. 창문을 여는 일에 대해서는 실제로 시종일관 아무도 그것이 어떻게 열리는지 모르므로 그 뜰이 경쾌한 다양성을 구비할 수 있게 할 것이다. 밝은 햇빛은 그것을 통과하면서 또 어떻게 변할까? 그것은 그 안쪽 뜰을 이중 바닥의 마술 상자로 변하게 할 것이다. 나는 이런 상상을 하면서 황홀감을 느꼈다. 고령의 한의사가 뜰 안에 심은 것은 보통 화초가 아니라 각종 약초였다. 나는 이어의 반무원半畝園 혹은 중국의 서원을 상기했다. 나는 서원의 진정한 의의는 한결같이 뜰로 둘러싼 순수한 경관에 있다고 생각한다. 그 속에 모종의 식물과 동물도 빠짐없이 배치한다(어쩌면 보르헤스가 모방한 중국식 분류법에서 묘사한 바와 같다). 공부하는 장소로서 서원의 뜰은 실내와 마찬가지로 중요하다. 실내와 실외가 서로 합쳐져야 완전한 세계라 일컬을 수 있다. 나는 또 어린 시절에 거주했던 신장의 대원大院을 생각해 냈다. 그곳은 사범대학으로 담장이 하나의 세계를 둘러싸고 있었다. 강의를 하지 않고 '혁명을 하러' 갈 때 교수들은 바로 농부로 변했다. 교정은 강의동을 제외하고는 모든 땅을 개간하여 밭으로 만든 후 옥수수와 채소를 심었다. 일종의 전원식 학교였다. 나는 어릴 때 그곳에서 즐겁게 뛰어놀았다. 캠퍼스에서 건축보다 중요한 것은 그곳이 학생들에게 어떤 세계를 경험하는 장소로 제공되느냐이다. 몇 가지 종류의 건축과 식물을 선택·운용하여 학생들에게 어떤 생활을 하게 하느냐가 관건인 셈이다. 내가 의도한 것은 바로 사람들이 목적 없이 거닐며 한 차례 또 한 차례 자신의 몸과 가까운 서로 상이한 장소에서 그 청산靑山을 바라보게 하는 것이다. 이를 통해 우리는 점점 망각해 가는 지식을 돌아보면서 과거 한 세기 동안 폄하된 생활방식을 생생하게 되살릴 수 있을 것이다.

그날 항저우에 들렀던 둥위간이 나에게 붙잡혀 내 사무실에 머물렀다. 학교에서는 내게 한 달의 시간만 주고 건축설계 방안을 심화하라고 했다. 내 작업방식은 연필로 평면도, 입면도, 단면도를 모두 그리고 나서 문이나 창문의 크기를 표기한 후 이 도면을 제출하여 컴퓨터로 다시 그리고, 그것을 설계원에서 요구하는 종이에 인쇄하는 과정을 거친다. 둥위간은 컴퓨터를 익숙하게 다루므로 나는 그를 잡아놓고 설계도를 그리게 했다. 작업실은 캠퍼스 건설 프로젝트를 위해 학교에서 내게 빌려준 곳이었다. 시후 가의 2층으로 된 중화민국식 작은 건물이었다. 학교의 사람들은 내가 별장에 거주한다고 여겼다. 그해에 마침 난산로南山路 개조 공사가 시행되어서 시공팀이 이 건물의 창문 전부를 뜯어냈다. 8월의 항저우는 대낮 실내 온도가 거의 40도에 육박하고 밤에는 모기가 무리를 지어 달려든다. 나는 둥위간을 그 방에 붙잡아 두고 사흘 동안 땀을 비 오듯 쏟게 했다. 날씨가 너무 더워서 우리 두 사람은 삼각팬티만 남기고 모든 옷을 벗었다. 둥위간은 넓적다리에 땀이 많이 흘러서 걸상에 다리가 달라붙을까 봐 아예 걸상 위에 쪼그리고 앉아 손가락 하나로 자판을 두드리며 설계도를 그렸다. 그 모양이 나뭇가지 위에 앉은 새와 같았다. 시공 인부들이 흙손과 회통灰桶을 들고 우리 둘 사이를 왔다갔다하자 설계도 위에 횟가루가 가득 떨어졌다. 나는 잠시 후 판대기로 그것을 쓸어냈다.

둥위간은 이곳이 지금까지 자신이 본 중국 건축사 사무실 중에서 가장 열악한 곳이라고 투덜거렸지만 나는 전혀 힘들지 않았다. 사실 나는 이런 분위기를 좋아한다. 왜냐하면 설계도를 그릴 때 바로 앞당겨서 건축 상태의 분위기로 들어갈 수 있기 때문이다.

그날 나는 설계도를 그리는 틈에 붓을 들고 종요(鍾繇, 151~230)의 「선시표」[4]를 임서했다. 나는 갑자기 이런 서예 연습이 내가 그리는 건축설계도 초안에 어떤 영향을 미치는지 의식했다. 지금까지 진정한 의미의 초안도를 그린 적이 없다. 나는 초안도를 그리면 그 디테일까지 매우 자세하게 그린다. 왼쪽에서 오른쪽으로 또는 위에서 아래로 초안을 그려나간다. 집과 경관, 몽롱한 정감과 상상의 시각이 점차 행동의 정확성과 명징성을 구체적인 형상으로 드러낸다. 그 특징의 하나는 바로 그림의 즉각성과 동작의 방향성이다. 나는 샹산캠퍼스를 내 머릿속에서 8개월 동안 생각했지만 진정한 설계도 초안으로 그려낸 것은 겨우 몇 시간에 불과하다. 높아졌다 낮아지는 지형, 한 사람이 작동할 수 있는 문 열기 동작, 그 또는 그녀가 손으로 잡는 손잡이, 뜰에서 발생할 수 있는 사건, 사람이 청산을 돌아보기가 가능한 공간, 혹은 길에 설치한 몇 가지 모양의 물체, 빼낸 처마를 통해 아래를 내려다보거나 위를 올려다보는 시선, 영화 같은 광경—나중에 나는 빔 벤더스[5]의 사진에서 이와 유사한 장면을 보았다—또 건축의 수평을 따라 먼 곳으로 뻗어나가는 무한한 시

4 「선시표(宣示表)」: 중국 삼국시대 위나라 서예가 종요의 소해小楷 서첩이다. 진본은 전하지 않고 왕희지王羲之의 임모본으로 알려진 「돈화각첩敦化閣帖」「대관첩大觀帖」 등이 전한다.
5 빔 벤더스(Wim Wenders, 1945~): 독일의 영화감독. 2008년 제65회 베네치아국제영화제 심사위원장을 지냈다. 2015년 제65회 베를린국제영화제에서 명예 황금곰상을 수상했다. 대표작으로 「더 블루스—소울 오브 맨」「베를린 천사의 시」 등이 있다.

야, 삼원법 투시에서 일점 투시에 이르는 자각적인 장면 전환, 돌연한 비틀림, 중단, 중첩, 햇볕이 쏟아져 들어오는 구역과 각도, 한 개인의 행동과 여러 사람의 행동, 안과 밖, 들어가기와 나오기 등이 모두 여기에 존재하는데, 각 디테일의 정확성은 각고의 노력으로만 얻을 수 있다. 마치 확대경으로 본래 크기의 진실한 광경을 보여 주는 것처럼 이 모든 것이 마침내 완전히 정지되어 움직이지 않은 채 진실한 척도의 건축 현장으로 구체화되고, 그 청산을 마주 바라보는 일련의 민감한 자태만 남는다.

그날 나는 사무실이 있는 작은 건물 아래층을 걷고 있었다. 사방의 모든 것이 이미 철거되고 구식 방범용 창살만이 허공에 도드라지게 걸려 있었다. 나는 문득 마음이 움직여서 위층으로 올라가, 설계도를 그리는 차이팅材挺 선생에게 말했다. "아래층으로 내려가서 창 크기를 좀 재봅시다." 창 높이 60센티미터에 맞춰서, 창살 간격을 24센티미터로 확대하고 1호동 도서관 입면에 끼워넣은 방식이었다. 나는 이것으로 일종의 건축방식을 만들어냈음을 의식하고 흥분했다. 가격이 싼 보통 창문으로 하나의 전체 입면을 만들면 충분한 채광과 통풍이 가능하고, 한 면 전체에서 얻는 시원한 느낌도 유지할 수 있다. 이 창문으로 바라보는 세계는 또 어떨까? 미세한 디테일을 큰 폭으로 확대하자 사람은 하나의 평면과 그것이 단절된 세계에 놓이게 되었다. 이에 눈앞의 모든 것이 낯설게 변하여 사실상 건축 배후의 이른바 의미가 모두 배제되었다. 기본적으로 나는 형식적인 회고에는 아무 흥미도 없다.

그날 웨이웨이는 또 우리 건축과에서 강의를 했다. 나는 그를 데리고 막 제작이 끝난 캠퍼스 목조 전체 모형을 보러 갔다. 내가 1반의 학생들을 이끌고 시공도에 맞춰 만든 것이다. 그때 캠퍼스 공사는 이미 시작되었으므로 나는 이 모형을 이용하여 척도의 표준으로 삼으려 했다. 웨이웨이는 이 모형을 보고 나서 한마디 툭 던졌다. "집들을 매우 반듯하게 만들었군요."

그날 나는 또 캠퍼스 공사장으로 갔다. 공사 기간이 겨우 1년뿐이어서 나는 갈수록 빈번하게 공사장으로 갔다. 매주 최소 세 번은 갔을 것이다. 공사 감독관인 우샤오화吳小華 선생이 내게 물었다. "옛날 기와를 쓸 겁니까? 옛날 기와는 새것보다 절반은 쌉니다." 내가 말했다. "물론 쓸 겁니다. 있는 대로 모두 사용하십시오." 중국에서는 건축재료를 계속 돌려썼다. 한 번 썼다고 버리는 것은 중국의 전통이 아니다. 하물며 이런 방식은 내가 이미 철저하게 계획한 것이다. 옛날 기와를 쓰면 집을 완공하는 순간, 수십 년의 세월을 지니게 되고 심지어 100년이 넘는 역사를 갖기도 한다. 옛날 기와는 숨결과 색채가 완전히 달라서 집을 경관 속에 숨기면서 산과 호흡을 주고받는다. 항저우에는 비가 많이 내리므로 나는 처음부터 이들 건물이 빗속에 서 있게 될 상황을 상상했다. 현장에 운반해 온 기와는 날이 갈수록 많아졌다. 기와 외에도 옛날 벽돌과 석판도 실어왔다. 우샤오화 선생은 전문적으로 벽돌과 기와를 취급하는 상인을 찾아 저장성 전체에서 그것을 수집하게 하면서 옛날 집을 철거하는 곳이면 어디든 그들을 보냈다. 좐탕에는 본래 폐품 수집상이 적지 않았다. 그들은 아예 영업방침을 바꿔서 다른 고물은 수집하지 않고 옛날 벽돌, 기와, 석판만 수집했고, 수집한 것은 모두 캠퍼스 현장으로 보냈다. 그것이 현장에 쌓이자 일망무제의 바다처럼 보였다. 나중에 나는 우샤오화 선생에게 전체 공사에 사용한 양이 얼마냐고 물었다. 그는 통계를 내보더니 330만 매를 넘는다고 대답했다.

그날 나는 공사장에서 공장工匠들과 함께 돌 쌓는 방법을 궁리하고 있었다. 공장들은 두 패로 나뉘었다. 한 패는 산둥에서 온 사람들이고, 다른 한 패는 저장 현지 사람들이었다. 산둥 출신의 공장은 매우 반듯하게 쌓았지만 좀판에 박힌 듯했다. 나는 돌을 다듬지 말고 감각에만 의지하여 돌 모양에 맞는 적당한 곳에 돌을 채워넣으라고 했다. 저장 출신의 공장들은 융통성이 있고 기민했지만 돌 틈을 똑같은 곡선으로 처리해 나갔다. 나는 그것을 허물고 장식 없이 마음대로 쌓으라고 했다. 나중에 공장들이 내게 물었다. "집에서처럼 마음대로 쌓으면 됩니까?" 내가 대답했다. "맞습니다. 집에서 돌을 쌓는 것처럼 마음대로 쌓으세요."

그날 공사 감독관인 허하이위안何海源과 바오궁鮑工이 내게 전화를 걸어와 기와지붕의 기울기를 좀 고쳐야 할 것 같다고 말했다. 나는 지붕 기울기를 의식적으로 작게 만들었다. 평평한 지붕과 비탈 지붕 사이의 중간 상태를 만들어, 벽면으로 빼낸 처마와 기와지붕을 더 쉽게 연결하려는 의도였다. 이것은 전통적인 문장 구법 중에서 두 원본이 나뉘는 구절을 한곳에 모아서 배열하는 방법과 같다. 지붕을 벽면으로 비스듬히 내려가게 하여 일종의 연속성을 확보하려는 것이다. 이로써 이런 방법과 전통의 직접적인 연관성은 단절된다. 그러나 지나치게 평평한 기울기는 지붕의 배수를 역류하게 할 수도 있다. 우리는 또 한 차례 함께 모여 토론했고, 이후 유사한 토론을 얼마나 많이 했는지 모른다. 허하이위안과 바오궁은 경험이 풍부하여 모든 건축방법을 익숙하게 알고 있었다. 우리는 기와지붕에서 정상적인 배수가 가능한 최소한의 기울기를 함께 도출했다. 이런 방법에는 또 다른 의도가 숨어 있다. 건물을 하나의 측면에서 바라보면 완전히 평평한 지붕 같고, 다른 측면에서 바라보면 엄연히 비탈 지붕인데, 그것을 밀집해서 배열하면 작은 각도의 평면이 살짝 굽이치며 꺾이는 듯하여 황홀감을 느끼게 한다. "이것이 같은 집 지붕이란 말인가?" 그러나 사실 그 차이는 여기에서 아주 미세하게 분별된다. 캠퍼스 건축은 마침내 일종의 '대합원大合院' 형식의 취락으로 낙착되었다. 단순한 합원合院이라도 다양한 기능적 스타일에 적응할 수 있으므로 여기에서 실험한 것은 합원이 중심이 되는 자유유형학이었다. 합원은 산, 햇별, 인간의 의도에 따라 불완전성을 드러낼 수 있으므로 가변성과 정체성을 함께 고려해야 한다. 건물 중심이 될 두 곳의 뜰은 완전히 같은 모양일 테지만 평면의 각도, 산의 위치, 이웃한 건축, 실외 장소에서 미세한 차이를 드러낼 것이다. 이로써 언뜻 보기에는 기본적으로 변하지 않는 단순한 형체가 하나의 미궁迷宮을 형성하고, 이처럼 작은 단위로 나뉜 공사장으로 인해 대규모의 건축도 신속한 건설을 가능하게 한다. 이 기회를 틈타 나는 4호동과 5호동의 높이를 자연스럽게 다시 1미터 낮췄다. 이 건축군 중에서 수평으로 빽빽하게 나열된 기와 처마는 또다시 건축군의 수평 추세를 강화하고 산의 몸체와 비교해서 일종의 평행 건조물로 작용한다. 이를 통해 광대한 면적이 야기하는 거대한 체적 용량을 통제하고 해소한다. 본래 평탄한 건축부지는 산과 물의 형세에 따라 전형적인 낮은 구릉의 지형처럼 개조된다. 그 구릉은 연속되다가 갑자기 꺾어지기도 하고, 높아졌다가 낮아지기도 하며, 또 끊임없이 갈림길로 나눠지는 시스템에 의해 수평으로 길게 이어지는 산책 장소가 되기도 한다.

그날 나는 7호동 48미터 지점에 올라 아래를 내려다보다가 시공 중인 체육관 지붕을 보고 흥분에 휩싸였다.

그날 나는 공사장에서 불같이 화를 냈다. 나는 공사 감독관과 공장들에게 늘 겸손한 태도를 보여 주었지, 화를 내는 경우는 극히 드물었다. 그러나 그날은 달랐다. 시공팀이 치장 콘크리트architectural concrete에 몰래 회칠을 하고 있었다. 다음 날 나는 공사장을 사납게 감독했다. 이런 상황이 도처에서 일어나고 있었기 때문이다. 현재 현장의 일꾼들은 이미 벽에 회칠을 하거나 도료를 칠하거나 옹기 벽돌 붙이는 일을 습관처럼 하고 있는데, 내가 요구한 방법은 그들을 곤혹스럽게 만들었다. 나중에 공사 감독관 허하이위안이 결론을 내렸다. "우리가 잘못했다고 인정하면 왕 선생이 이의를 달지 않겠지만, 우리가 옳다고 인정하면 아마 문제가 발생할 것입니다." 대학교수로서 공사 감독관에 임명된 사람들은 점차 내 요구를 이해하고 부정확한 방법을 쓴 곳에 나를 불러 바로잡게 했다. 나는 그들에게 말했다. "나는 고생을 두려워하지 않습니다. 일이 생기면 전화하세요. 어디서든 부르면 바로 달려갈 겁니다." 하루에도 두 번이나 현장으로 달려간 적도 있었다.

그날 공사장의 목공 감독관이 나를 불러서 계단 손잡이의 실제 모형을 보러 가자고 했다. 특히 그중에서도 굽어지는 모서리 부분이 문제인데, 일꾼들이 나의 설계도 규정에 맞춰 제작하면 좀 어려운 점이 있기 때문에 또 다른 방법을 생각해 보자고 했다. 그 모형을 보고 나는 거의 미친 듯이 기뻤다. 현장 일꾼들은 너무나 총명했다. 굽어지는 손잡이 부분을 내 요구에 맞춰 수평으로 만들면서도 윗부분의 선만 수평으로 하고 쇠와 나무의 특성을 최대한 이용했다. 나머지 부분은 모두 공간 가운데서 비틀어 자연스러운 흐름에 따랐다. 실제로 이 공사장에서 시공한 많은 방법은 감독관과 공장의 지혜에서 나왔다. 처음 시작할 때는 내가 의식적으로 시공 과정을 따르며 현장 상황에 따라 즉각적으로 방법을 조정했고, 이어서 민간 수공 작업과 재료를 공사 기준으로 삼으며 공장들의 열정을 촉발시켰다. 이에 나의 집짓기는 전적으로 설계에 따라 결정되는 것이 아니라, 현장에서 다량으로 사용하는 수공 작업 과정에 따라 설계를 변경하는 경우가 많다. 이 때문에 연결 리스트聯系單가 매우 중요하게 변했고, 설계도 이에 따라 개인 창작과 현장 기사의 전문 통제를 뛰어넘어 수공 작업을 핵심으로 하는 집체 노동으로 발전했다. 부지불식간에 일반적인 관점과 다른 건축 영조관이 현장에서 형성되기 시작했다.

그날 공사 감독관 우샤오화 선생이 나를 불러 세웠다. 그는 내가 설계한 크기에만 따르면 목조 창문에 달아야 할 돌쩌귀와 경첩을 살 수 없으므로 어쩌면 좋으냐고 물었다. 나는 그에게 시골 읍내로 나가서 대장장이가 있는지 찾아보라고 했다. 며칠 후 그는 대장장이를 찾았다고 했다. 그 사람은 그와 아는 사람인데 일찍이 철거 작업을 위해 그 사람과 일을 할 뻔했다고도 말했다. 돌쩌귀와 경첩을 만들어달라고 하자 대장장이는 너무나 기뻐하며 열정을 다해 일했다. 사실 시골의 작은 대장간에서는 지금까지 괭이나 낫을 만드는 일 외에 이렇듯 큰 공사에 참여해 본 적이 없었을 터이다. 며칠 지나고 나서 나는 재차 목조 창문에 장착된 돌쩌귀와 경첩을 보았다. 둥근 단면으로 된 강철 뼈대 옆으로 네모반듯한 모서리를 붙였고 거기에 제작 골선骨線까지 드러나 있어서 정말 일품이었다.

그날 나는 공사장에서 일어난 한 가지 일 때문에 깜짝 놀랐다. 비계를 철거하고 난 후 발견한 강의실 문의 높이는 모두 2.7미터인데, 계단 사이의 문은 겨우 2.2미터였기 때문이다. 결과적으로 높이가 다른 두 종류의 문이 직접 병치되어 있었다. 나는 무슨 문제가 발생했음을 알아챘다. 나는 건축과의 젊은 교수와 대학원생을 데리고 3개월 동안 항저우시 설계원의 건축시공도를 처음부터 끝까지 다시 그렸지만 그 계단은 여전히 본래의 설계도와 같을 뿐이었다. 공사 감독관들이 내게 어떻게 할 것이냐고 물었다. "계단 사이의 문을 뜯어내고 다시 만들까요?" 그곳에 서서 오랫동안 고민하다가 말했다. "뜯지 말고 그대로 둡시다." 나는 우연에 따르기를 좋아한다. 우연에 따라 시공해 가며 거기에 내포된 원리를 파악한다. 중국의 원림을 조성하기 위한 전통적인 작업 과정에서는 틀림없이 이런 상황이 자주 발생했을 것이다. 이는 건축 척도에 관한 우리의 고정관념을 해체한다. 흥미로운 것은 그 작은 문들이 바로 인간의 척도에 따른 것인 데 비해 그 근처의 문은 높이가 6미터에 달한다는 점이다. 그것이 바로 건축 속에 포함된 몽타주였다. 높이가 6미터에 달하는 문은 3호동에 있다. 그것은 바로 내가 의식적으로 산과 아주 가까운 곳에 설치한 문이었다. 그 문의 비례는 범관의 「계산행려도」에 따랐다. 안쪽에 서서 그 문을 통해 청산을 돌아보면 매우 멀다는 느낌을 받는다. 정확한 시점은 알 수 없지만 아마 준공일이 가까워 올 무렵 샹산은 온통 백로로 가득 덮였다. 흰색과 갈색 두 종류였다. 소문에 의하면, 수천 마리나 된다고 했다.

그날 공사 감독관 선생님들이 나를 찾아와 공사비에 대해 좀 상의해 보자고 했다. 학교에서는 어찌하든 간에 공사비를 매 제곱미터당 2,000위안 안팎으로 유지해 주기를 요청했다. 그것은 현장 환경을 비롯해 설비와 인테리어까지 포함된 가격이었다. 현장에 자주 가면 좋은 점이 생긴다. 즉 구석구석의 상황과 모든 디테일을 정확하게 파악할 수 있다. 모든 공사가 설계 도면에 의해서만 결정되지 않고, 현장의 직관적인 경험에 따라 결정된다. 나는 가능하면 목조 문짝을 달려던 계획을 취소하자고 했다. 3호동은 전부 취소하고 6호동은 3분의 2를 취소하자고 했으며, 고층 건물 외부의 계단 위에 설치하려고 계획한 스테인리스 난간도 모두 없애자고 했다. 감독관들이 계산해 보더니 그렇게 하면 최소한 200만 위안은 절약할 수 있으므로 비용이 충분하다고 했다. 후에 나의 이러한 결정이 정확했음을 알 수 있었다. 급하게 공사를 진행하다 보면 소홀한 점이 여기저기에서 생기게 마련이지만, 나는 줄곧 설계가 현장 감각의 정확성에 따라야 하며 그것이 더 중요하다고 생각해 왔다. 이는 사물을 대하는 태도가 정확해야 함을 설명하는 것이기도 하다.

그날 나는 공사 감독관 허하이위안과 7호동 아래를 지나갔다. 이 건물은 이 캠퍼스에서 유일한 고층이다. 나는 의식적으로 매우 수척한 모양으로 건축하여 강남땅에 산재한 고탑古塔의 비례에 근접하게 했다. 맨 처음의 컴퓨터 설계도는 둥위간이 걸상 위에서 그렸다. 이 탑의 외관은 투명한 유리로 장식되었다. 탑이 수척하므로 그 투명성이 더 쉽게 드러난다. 이로써 이 캠퍼스의 유일한 중심은 텅 비어 있게 되었다. 기단을 공중으로 떠오르는 모양으로 설치해서 탑신이 검정 벽돌 뜰 위로 떠오르는 듯하다. 나는 검정 벽돌 뜰에 벽돌을 다 쌓고 나서 세 겹만 벽돌 높이를 낮추자고 말했다. 허하이위안은 일꾼들의 느낌에 의하면 설계한 탑의 높이가 너무 높아서 시선에 영향을 줄 우려가 있기 때문에 탑을 좀 낮추자고 했지만 지금은 공사기간이 너무 촉박하여 되돌려서는 안 된다고 했다. 나는 "우선 이렇게 완공하고 나서 이후에 조정합시다"라고 말했다. 문제는 높낮이에 있지 않고 세계를 바라보는 감각의 한계에 있기 때문이다. 높이를 세 겹 높이거나 낮추는 것은 시선의 경계를 이쪽에 둘 것이냐 저쪽에 둘 것이냐를 정확하게 결정하는 일이다. 준공 이후에 살펴보니 만약 세 겹 낮췄다면 캠퍼스의 뜰이 기상을 잃을 뻔했다.

그날 독일에서 돌아온 동료와 함께 공사장을 보러 갔다. 그는 빼낸 처마 위에 기와를 인 공법에 주의했다. 빼낸 처마가 벽면과 직접 연결된 모양을 보고 그는 실내 광선이 너무 어둡지 않겠느냐고 물었다. 나는 그곳을 살펴보며 말했다. "전적으로 광선 문제 때문만이 아닙니다. 이렇게 바람막이처럼 설치하면 태풍이 닥쳤을 때 사고가 생길 수 있습니다." 나는 감독관과 그 일을 상의했다. 그들은 빼낸 처마를 1.8미터로 만들고 기와 아래의 대나무판을 1.2미터로 만들면 벽에 연결하기 위한 길이가 충분하지 않다고 말했다. 나는 연결할 필요 없이 1.2미터로 만들고 나머지 60센티미터는 그냥 틈으로 남겨두자고 했다. 그곳으로 바람이 빠져나갈 수도 있고 창도 편리하게 여닫을 수 있기 때문이다. 이후 태풍 라나님Rananim이 불어닥친 밤에 나는 잠을 이룰 수 없었다. 다음 날 아침 공사장에 전화를 걸어보니 별다른 문제가 발생하지는 않았다고 했다. 나중에 보도를 통해 그 태풍이 좐탕을 지나갈 때의 바람 세기가 초속 최대 28미터에 달하는 노대바람이었음을 알았다.

그날 나는 공사 감독관 몇 분과 현장에서 건축 기반을 지면에 설치하는 방법을 두고 토론을 벌였다. 나는 '노출 콘크리트exposed concrete' 공법을 쓰자고 요구했다. 나는 구체적으로 이야기했다. "시골 마을의 콘크리트 길은 사람들이 많이 다니면 표면이 닳아서 콘크리트 속에 섞인 자갈이 그대로 노출됩니다. 그 자갈은 빽빽하면서도 고릅니다." 이 문제는 이미 여러 차례 토론했고 일꾼들도 여러 차례 실험을 거쳤다. 인조 대리석, 미장스톤, 콘크리트 샌딩, 테라조 등 상이한 돌과 공법을 써봤지만 시종일관 내 요구를 맞추지 못했다.

나는 그날을 분명하게 기억한다. 허하이위안이 다음과 같은 한마디를 던졌기 때문이다. "우산_{吳山} 쓰이로_{四宜路} 산 입구의 그 길과 같은 걸 말하는지요?" 내가 말했다. "그렇습니다." 이로써 문제가 말끔히 해결되었다. 그러나 내가 생각한 것은 여기에 그치지 않는다. 노출 콘크리트를 쓰면 걸으면서 발에 감각을 줄 수 있고 건축 유지·보수의 스트레스를 줄일 수 있다. 기와, 벽돌, 막돌, 치장 콘크리트, 시멘트 사이딩, 댓조각과 죽판 등은 실재로 모두 건물과 시간이란 문제를 포함하고 있다. 원림을 조성한다는 생각으로 캠퍼스를 조성하면 캠퍼스 원림은 인간의 양성_{養成}과 느낌을 필요로 한다. 그것은 오늘날 유행하는 주류 건축학과 다른 건축 전통에까지 영향이 미친다.

그날은 준공일이 얼마 남지 않은 때였다. 강구조_{steel structure} 회사에서 또 내게 시냇물을 가로지르는 회랑식 다리 끝을 어떻게 마감할 것인지 물어왔다. 이 문제는 이미 토론한 적이 있지만 나는 줄곧 결정을 미루어두었다. 두 곳의 회랑식 다리는 폭이 동일하며 산을 따라서 캠퍼스를 삼등분하고 산과 건축을 연결하는 도로로 기능한다. 또 3미터가 넘는 교량 폭은 일부 강의실의 폭과 같다. 하나는 철근 콘크리트로 만들었고 길이는 80미터에 달한다. 다른 하나는 강철구조로 만들었고 길이는 180미터이다. 콘크리트 다리는 단순하고 직접적인데, 그 오묘함은 다리 아래 기둥의 배열 방식에 있다. 공사가 절반 정도 진행되었을 때 공사비 때문에 나는 설계를 변경하고 다리 위의 회랑을 다리 아래로 옮겨 설치했다. 유형상의 작은 변화는 인간의 행동이나 사건에 결정적인 영향을 끼친다. 강철로 만든 다리는 대숲과 같은 비스듬한 철주로 지탱했고, 심지어 다리 폭의 3분의 1 위치에 자리 잡은 철주도 있다. 이는 심사숙고하여 고의로 차례의 혼란을 만든 흔적이다. 이 다리의 세 단락은 구부정한 평면 각도로 강의동 간의 연결에 이용되는데, 이는 시공 중에 점차 모습을 드러내면서 의문을 자아냈다. 설령 철주 사이의 절대 폭도 모두 1.8미터 이상이고 또 발걸음을 가볍게 옮기면서 전체 3미터 폭을 볼 수 있지만 사람들은 여전히 다리 사이에 박힌 철주가 보행에 영향을 준다고 단정한다. 어쩌면 이런 점이 바로 내가 다리의 유형을 바꾼 의미다. 그것은 교량 유형 분류에 혼란을 초래한다. 나는 사람들이 고정된 의미나 유형을 찾을 수 없어서 초조해하며 불안감을 느낀다고 생각한다. 실제로 이 두 다리의 단락이 바로 좀 작은 미로다. 본래 원림 속에서는 너무 빨리 걸을 수 없다. 길기도 하고 짧기도 한 다리의 각 단락을 지난 후의 결과는 180미터의 강철구조 다리 위에 게시된다. 비스듬한 철주는 무한히 복제되어 시각을 초월하는 민감도에 도달한다. 마치 본래 상관없는 두 지점을 이어주는 듯하다. 다리 위에서 그림을 그리는 학생들도 철주에 몸이 가려지며 모습이 나타났다 사라졌다 하는데, 마치 이미 미로에 빠진 상황이라 할 수 있다. 그날 나는 회랑식 강철 다리 끝에 서서 공사 감독관 허하이위안에게 말했다. "이 다리는 여기에서 끊어졌습니다. 장차 이으려면 여기에 끊어진 느낌을 남겨야 하겠지요. 오늘부터 항저우는 정말 끊어진 다리斷橋를 갖게 되었습니다."

그날 나는 완공된 캠퍼스를 기록하기 위해 사진을 찍으러 갔다. 아내도 나와 함께 갔다. 어찌된 일인지 내가 찍은 사진은 전부 좋지 않았고, 아내가 찍은 사진은 정말 보기 좋았다. 아내는 웃으면서 말했다. "당신에게는 이곳이 너무 익숙해서 어떻게 찍어야 좋은지 몰라. 당신이 지은 집은 단독 건물만 찍어서는 안 되고 전망을 잘 넣어서 찍어야 해. 만약 문 뒤나 난간에서 찍는다면 이 건물을 끼고 저 건물을 찍어야 해. 또 회랑식 다리를 넣고 건물을 찍든가 혹은 건물의 일부를 넣고 산을 찍는 것이 좋아." 나는 웃으면서 말했다. "나 자신이 어째서 또 본래 계획대로 돌아가려는지 모르겠네. 여기 건물들은 본래 사진 촬영을 방해하기 위해 지었어. 우선 시각을 위해 지은 것이 아니라고 말할 수도 있지. 빼낸 기와 처마 같은 것이 바로 그렇지. 시선을 방해한다고 말하는 사람도 있지. 당신도 위를 바라보거나 아래를 바라볼 수밖에 없잖아." 시각이 모든 것인, 시각 지상의 시대에 사람들은 이미 시각 이외에 다른 감각이 있다는 것을 망각했다. 이곳의 건축군은 사진상으로는 그리 보기가 좋지 않다. 당신을 떠밀어 현장으로 가게 하고 또 현장 안으로 들어가게 한다.

그날 나는 미국 로드아일랜드디자인스쿨RISD 건축과 학과장 피터 티져리(Peter Tagiuri, 1953~) 교수를 모시고 곧 완공될 캠퍼스로 갔다. 캠퍼스를 다 둘러보고 티져리가 내게 물었다. "당신은 저 산이 언제 출현한다고 생각하십니까?"

그날 시공관리처 처장 우샤오화가 내게 물었다. "건축물 가의 복토覆土에 초목을 심을 계절은 이미 지났습니다. 어떤 사람이 보리를 심자고 건의했는데 괜찮겠습니까?" 나는 웃으며 대답했다. "물론 좋습니다." 이에 건축물 주변 흙비탈에 보리의 일종인 귀리를 심었다. 그때가 12월이었다. 이듬해 4월에 귀리가 청록색을 뽐내며 이삭을 드러냈다. 5월이 되자 귀리가 황금색 물결을 연출했다.

왕수의 집짓기—일상 속 원림 경영

저자 왕수는 2012년 프리츠커상(청동메달 수여) 수상자다. 프리츠커상은 영국 왕립건축가협회Royal Institute of British Architects에서 수여하는 'RIBA 로열 금메달', 미국건축가협회American Institute of Architects에서 수여하는 'AIA 금메달'과 함께 세계 3대 건축상에 속한다. 이 상은 미국 프리츠커 가문이 운영하는 하얏트 재단에서 1979년부터 세계 건축가들에게 수여해 왔다. 'RIBA 로열 금메달'이나 'AIA 금메달'보다 역사는 일천하지만 매년 창의적이고 개성적인 건축가에게 상을 수여함으로써 건축계의 노벨상이란 칭송을 받고 있다.

왕수가 구현해 온 독창적인 건축 세계는 프리츠커상의 취지에 잘 부합한다. 그는 건축이라는 말 대신 '영조營造'라는 용어를 좋아하고, 설계라는 말 대신 '흥조興造'라는 용어를 내세운다. 두 가지 모두 중국 전통 속에서 가져온 용어이지만 왕수는 여기에 내포된 능동적이고 주체적인 의미를 되살려 근대 건축의 차갑고 형식적인 성격을 넘어서려 한다.

왕수는 특히 '영조'의 의미를 현대적으로 되살려 내기 위해 중국 원림의 일상성과 지속성을 강조한다. 즉 어떤 시점에 건물이나 시설을 완공함으로써 건축 행위를 끝내는 것은 원림이 지향하는 목표가 아니다. 원림의 주인은 끊임없이 시공간을 '경영하고營' 경관을 '지음造'으로써 원림과 삶을 완성해 나간다. 이를 위해 왕수는 중국 산수화의 관법을 건축에 응용하여 자연과 건물 사이의 대화 및 건물과 건물 사이의 융화를 도모하고, 서예의 문자 조형과 운필運筆 리듬을 건물 배치에 적용하여 '조화 속 부조화'와 '부조화 속 조화'를 추구한다. 왕수가 "집짓기는 바로 하나의 작은 세계를 창조하는 일이다"라고 갈파한 의미도 바로 여기에 있다. 이 때문에 그는 책 제목에도 건축이라는 말을 쓰지 않고 '집을 짓다造房子'라는 용어를 사용한다. 이에 따르면 그가 지은 집은 크든 작든 모두 원림인 셈이다.

이 책은 바로 '집을 짓는' 일에 대한 왕수의 잡설雜說이다. 여기에서 '잡설'이라 함은 그의 글쓰기 체제의 다양성을 포괄하려는 선의의 용어다. 원서에 두른 띠지에서는 이 책을 '건축수필집建築隨筆集'이라 규정하고 있지만 이 책속에는 가벼운 수필류만 들어 있지 않다. 그는 「머리말」에서 자신의 건축 역정을 회고하며 이 책이 수필임을 드러내는 듯하나, 점차 자신이 지은 대표적인 건축물을 이론적으로 해설하는 과정에서는 동서양 이론을 아우르는 인식의 깊이를 보여 준다. 이는 마치 평범한 원림의 입구로 진입하여 점점 그윽하고 깊숙한 비경 속으로 빠져드는 과정과 유사하다. 그가 쓴 글도 수필, 회고록, 논설, 인터뷰 등 매우 다양한 형식을 포괄한다. 이는 풍부한 차이를 모아 살아 숨쉬는 집을 지으려는 그의 건축 유형학과 닮아 있다. 그는 자신의 영조 이론을 이 책의 체제와 구성에까지 구현하고 있다.

아울러 왕수는 자신의 건축 또는 영조 이론을 보여 주기 위해 대형 사진을 다량 배치했다. 그의 대표작인 샹산캠퍼스, 닝보미술관, 복원된 중산로 등이 우리 눈앞에 생생한 모습을 드러낸다. 건축은 3차원의 입체성이 특징이고, 글은 1차원의 평면성이 특징이기에 두 가지 형식 사이에는 어쩔 수 없는 간극이 존재한다. 이 간극을 메우기 위해서는 결국 2차원의 이미지에 의지할 수밖에 없다. 우리는 이 책에 실린 사진을 통해 그의 영조 이론이 구현된 현장을 즐겁게 확인할 수 있다. 하지만 사진 또한 2차원의 한계를 지닌 평면적 영상이므로 이 책을 읽어나갈수록 그가 지은(영조한) 건축물(원림)을 직접 보고 싶다는 욕망에 사로잡힌다. 그런 의미에서 이 책은 '미완성의 완성'인 동시에 '완성의 미완성'이기도 하다. 이 역시 왕수의 영조 이론이 구현된 하나의 현장이라 할 만하다. 이 책을 읽는 독자들, 특히 건축사들께서는 왕수의 영조 이론과 그것이 구현된 현장을 직접 확인하면서 우리 건축의 새로운 미래를 꿈꾸길 희망한다.

건축사이기 이전에 문인이기를 자처하는 왕수의 이 책은 인문의 깊이와 건축의 향기가 잘 어울린 저서다. 특히 나는 왕수의 대학 시절 격정과 반항이 나의 경우와 유사함에 매우 놀랐다. 그가 대학교 2학년 때 교수들을 향해 "나를 가르칠 사람은 아무도 없다"라고 선언한 정서를 나도 대학 시절에 똑같이 지니고 있었다. 지금은 오히려 "모든 사람이 나의 스승이다"라는 마음으로 살고 있지만 대학 시절의 그 정서가 지금의 나를 있게 했음을 부정할 수 없다. 서로 전공은 다르지만 문인을 자처하는 왕수의 현재 의식과 일상도 나의 공감을 불러일으키기에 충분했다. 왕수는 중국미술대학교 건축예술대학에서 개최하는 포럼의 이름을 '수석 포럼樹石論壇'이라고 부른다. 나는 몇 년 전 대구에서 약목若木으로 이사 오면서 내 거처를 '수목루水木樓'라 명명했다.

이 책을 소개해 준 노승현 선생에게 감사의 마음을 드린다. 노 선생의 책읽기는 매우 광범위하다. 이번에 소개해 준 이 책도 그의 광범위한 책읽기의 한 측면을 잘 보여 준다. 몇 가지 우여곡절 끝에 이 책은 아트북스의 지면을 빌리게 되었다. 출간을 결정해 준 정민영 대표에게도 깊이 감사한다. 또한 이 책의 문장을 잘 다듬어준 이남숙 선생과 디자인, 장정 등 이 책의 탄생에 기여한 모든 분의 노력에도 고마운 마음을 전한다.

2020년 6월
수목루에서
옮긴이 김영문

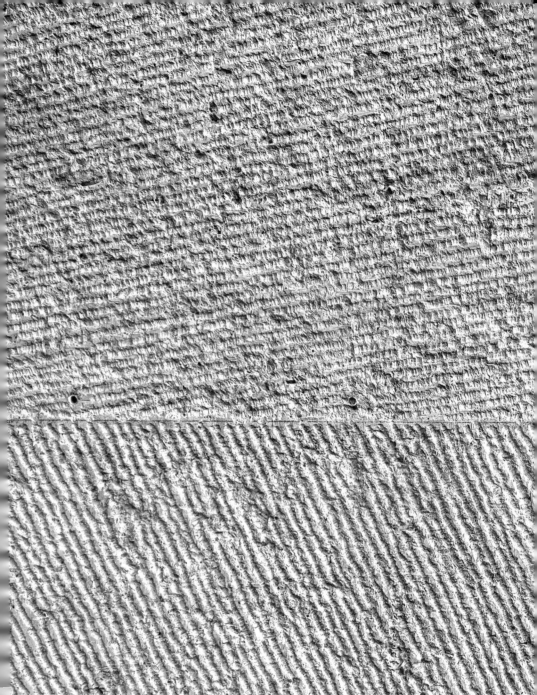

집을 짓다
건축을 마주하는 태도

초판 인쇄 2020년 6월 11일
초판 발행 2020년 6월 22일

지은이 왕수
옮긴이 김영문
펴낸이 정민영
기획 노승현
책임편집 이남숙 김소영
디자인 이보람
마케팅 정민호 박보람 우상욱 안남영
제작처 영신사

펴낸곳 (주)아트북스
출판등록 2001년 5월 18일 제406-2003-057호
주소 10881 경기도 파주시 회동길 210
대표전화 031-955-8888
문의전화 031-955-7977(편집부) 031-955-8895(마케팅)
팩스 031-955-8855
전자우편 artbooks21@naver.com
페이스북 www.facebook.com/artbooks.pub
트위터 @artbooks21

ISBN 978-89-6196-373-2 03540

이 도서의 국립중앙도서관 출판예정도서목록(CIP)은 서지정보유통지원시스템 홈페이지(http://seoji.nl.go.kr)와
국가자료종합목록 구축시스템(http://kolis-net.nl.go.kr)에서 이용하실 수 있습니다. (CIP제어번호 : CIP2020022258)